普通高等教育仪器类"十三五"规划教材

虚拟仪器技术分析与设计
（第 3 版）

张重雄　张思维　编著

电子工业出版社
Publishing House of Electronics Industry
北京·BEIJING

内 容 简 介

虚拟仪器是现代仪器技术与计算机技术相结合的产物,代表着仪器发展的最新方向和潮流,是信息技术的一个重要领域。

本书系统地介绍了虚拟仪器的相关技术与设计方法,内容包括虚拟仪器的总线接口技术,软件标准,图形化编程语言 LabVIEW 2015,数据采集与信号处理,通信技术。从工程实用的角度出发,详细论述了虚拟仪器的综合设计。本书内容丰富,理论联系实际,通过大量的实例,深入浅出地介绍了虚拟仪器的设计技巧。为了适合教学需要,各章末均附有思考题和习题,并配有电子课件。

本书可作为高等院校"虚拟仪器"课程的教材或教学参考书,也可作为工程技术人员开发设计虚拟仪器的参考书。

未经许可,不得以任何方式复制或抄袭本书之部分或全部内容。
版权所有,侵权必究。

图书在版编目(CIP)数据

虚拟仪器技术分析设计 / 张重雄,张思维编著. —3 版. —北京:电子工业出版社,2017.1
普通高等教育仪器类"十三五"规划教材
ISBN 978-7-121-30364-7

Ⅰ. ①虚… Ⅱ. ①张… ②张… Ⅲ. ①虚拟仪表—高等学校—教材 Ⅳ. ①TH86

中国版本图书馆 CIP 数据核字(2016)第 276291 号

责任编辑:凌　毅

印　　刷:天津嘉恒印务有限公司
装　　订:天津嘉恒印务有限公司
出版发行:电子工业出版社
　　　　　北京市海淀区万寿路 173 信箱　邮编　100036
开　　本:787×1 092　1/16　印张:16.75　字数:430 千字
版　　次:2007 年 8 月第 1 版
　　　　　2017 年 1 月第 3 版
印　　次:2018 年 5 月第 3 次印刷
定　　价:39.80 元

凡所购买电子工业出版社图书有缺损问题,请向购买书店调换。若书店售缺,请与本社发行部联系,联系及邮购电话:(010)88254888,88258888。

质量投诉请发邮件至 zlts@phei.com.cn,盗版侵权举报请发邮件至 dbqq@phei.com.cn。
本书咨询联系方式:(010)88254528,lingyi@phei.com.cn。

第 3 版前言

虚拟仪器技术是现代仪器技术与计算机技术相结合的产物,是 21 世纪科学技术中的核心技术之一。它的出现导致传统仪器的结构、概念和设计观点都发生了巨大的变革,代表着仪器发展的最新方向和潮流。

虚拟仪器利用计算机软件代替传统仪器的硬件来实现信号分析、数据处理和显示等多种功能,突破了传统仪器由厂家定义功能,用户无法改变的固定模式。虚拟仪器具有组建灵活、研制周期短、成本低、易维护、扩展方便和软件资源丰富等优点,"软件即是仪器"最本质地刻画出虚拟仪器的特征。

美国国家仪器公司(NI)在 20 世纪 80 年代最早提出了虚拟仪器(Virtual Instrument,VI)的概念。30 多年来,虚拟仪器这种计算机操纵的模块化仪器系统在世界范围内已得到了广泛的认同和应用。近几年来,我国对虚拟仪器应用的需求开始急剧增长,虚拟仪器的应用范围也在不断扩大。特别是伴随着计算机技术的飞速发展,高性能的计算机推动了以软件作为核心的虚拟仪器技术的快速发展。虚拟仪器技术已被广泛应用于军事、科研、测量、检测、计量、测控等众多领域。

本书 2007 年出版第 1 版,得到了读者的鼓励和鞭策,并提出了许多宝贵意见,2012 年在对第 1 版内容进行相应增删的基础上出版了第 2 版。本次再版结合虚拟仪器技术的最新发展和读者的反馈意见,在内容方面又进行了补充与调整,并对第 2 版中出现的印刷错误进行了修订。

本次再版以美国国家仪器公司最新推出的 LabVIEW 2015 图形化编程语言为虚拟仪器开发平台,介绍虚拟仪器的基本原理与设计方法,并给出大量的虚拟仪器设计实例,其目的是通过理论与实例结合的方式,图文并茂,深入浅出地介绍虚拟仪器的设计方法和技巧。

全书分为 8 章。第 1 章简要介绍虚拟仪器的基本概念和组成;第 2 章介绍 GPIB、VXI、PXI、LXI 等几种目前用于虚拟仪器的专用总线;第 3 章讲述程控仪器标准命令(SCPI)、虚拟仪器软件结构(VISA)、虚拟仪器驱动程序等虚拟仪器软件标准;第 4 章介绍图形化编程语言 LabVIEW 的基本特性以及 LabVIEW 2015 的编程环境与虚拟仪器的创建步骤和调试方法;第 5 章介绍程序结构,字符串、数组和簇,局部变量和全局变量,文件操作,图形显示等几种 LabVIEW 编程中常用的控件和函数的用法;第 6 章结合实例,介绍在 LabVIEW 中进行数据采集、信号产生、信号分析与处理的方法和技巧;第 7 章介绍串行通信,TCP/UDP 网络通信,NI 的 DataSocket 通信,共享变量,IrDA 无线数据通信的 LabVIEW 实现方法;第 8 章从工程实用的角度出发,结合实例,介绍虚拟仪器的工程设计。

本书配有电子课件等教辅资料,读者可以登录华信教育资源网 www.hxedu.com.cn 下载。

由于虚拟仪器技术发展迅速,应用广泛,限于编者水平,缺点错误在所难免,欢迎读者批评指正。

编　者

2016 年 12 月

目　　录

第1章　绪论 ·················· 1
 1.1　虚拟仪器的基本概念 ········· 1
 1.2　虚拟仪器的组成 ············ 2
  1.2.1　虚拟仪器的硬件结构 ······ 2
  1.2.2　虚拟仪器的软件结构 ······ 4
  1.2.3　虚拟仪器系统 ············ 5
 1.3　虚拟仪器的特点 ············ 5
 1.4　虚拟仪器的应用 ············ 6
 1.5　虚拟仪器技术发展趋势 ······· 7
 本章小结 ························ 8
 思考题和习题1 ················· 8

第2章　虚拟仪器总线接口技术 ····· 9
 2.1　GPIB总线 ·················· 9
  2.1.1　GPIB的基本特性 ········· 9
  2.1.2　GPIB器件及接口功能 ····· 10
  2.1.3　GPIB总线结构 ············ 11
  2.1.4　GPIB仪器系统 ············ 14
 2.2　VXI总线 ··················· 15
  2.2.1　VXI总线的特点 ··········· 15
  2.2.2　VXI器件、模块与主机箱 ··· 16
  2.2.3　VXI总线组成及功能 ······ 19
  2.2.4　VXI总线的通信协议 ······ 22
  2.2.5　VXI总线系统资源 ········ 25
  2.2.6　VXI总线仪器系统 ········ 26
 2.3　PXI总线 ··················· 27
  2.3.1　PXI总线的特点 ··········· 28
  2.3.2　PXI总线规范 ············· 28
  2.3.3　PXI仪器系统 ············· 34
 2.4　LXI总线 ··················· 36
  2.4.1　LXI的特点和优势 ········ 36
  2.4.2　LXI总线规范 ············· 37
  2.4.3　LXI仪器系统 ············· 40
 本章小结 ······················· 43
 思考题和习题2 ················· 43

第3章　虚拟仪器软件标准 ········ 45
 3.1　可编程仪器标准命令
  （SCPI） ··················· 45
  3.1.1　SCPI的目标 ············· 45
  3.1.2　SCPI仪器模型 ··········· 46
  3.1.3　SCPI命令句法 ··········· 47
  3.1.4　常用SCPI命令简介 ······ 51
  3.1.5　SCPI编程方法 ··········· 53
 3.2　虚拟仪器软件结构（VISA） ···· 54
  3.2.1　VISA的结构与特点 ······· 54
  3.2.2　VISA的现状 ············· 55
  3.2.3　VISA的资源结构 ········· 55
  3.2.4　VISA的应用 ············· 57
 3.3　虚拟仪器驱动程序 ·········· 58
  3.3.1　VPP仪器驱动程序 ······· 59
  3.3.2　IVI仪器驱动程序 ········ 66
 本章小结 ······················· 70
 思考题和习题3 ················· 70

第4章　虚拟仪器软件开发平台
   LabVIEW ················ 71
 4.1　LabVIEW概述 ·············· 71
  4.1.1　LabVIEW的含义 ········· 71
  4.1.2　LabVIEW的特点 ········· 71
  4.1.3　LabVIEW的发展 ········· 72
  4.1.4　LabVIEW 2015的安装与
    运行 ··················· 74
 4.2　LabVIEW 2015编程环境 ····· 75
  4.2.1　LabVIEW 2015的基本
    开发平台 ··············· 75
  4.2.2　LabVIEW 2015的操作
    选板 ··················· 77
  4.2.3　LabVIEW 2015的菜单和
    工具栏 ················· 80
  4.2.4　LabVIEW 2015中的数据

　　　　　　类型 …………………… 81
　4.3　LabVIEW 2015 的初步操作 … 84
　　　4.3.1　创建虚拟仪器 …………… 85
　　　4.3.2　调试虚拟仪器 …………… 86
　　　4.3.3　创建和调用子 VI ……… 89
　　　4.3.4　虚拟仪器创建举例——
　　　　　　虚拟温度计 ……………… 90
　本章小结 ………………………………… 93
　思考题和习题 4 ………………………… 93

第 5 章　虚拟仪器设计基础 …………… 94
　5.1　程序结构 ………………………… 94
　　　5.1.1　循环结构 ………………… 94
　　　5.1.2　条件结构 ………………… 97
　　　5.1.3　顺序结构 ………………… 99
　　　5.1.4　事件结构 ………………… 100
　　　5.1.5　公式节点 ………………… 103
　5.2　字符串、数组和簇 ……………… 105
　　　5.2.1　字符串 …………………… 105
　　　5.2.2　数组 ……………………… 107
　　　5.2.3　簇 ………………………… 109
　5.3　局部变量和全局变量 …………… 111
　　　5.3.1　局部变量 ………………… 111
　　　5.3.2　全局变量 ………………… 113
　5.4　文件操作 ………………………… 114
　　　5.4.1　LabVIEW 支持的文件
　　　　　　类型 ………………………… 114
　　　5.4.2　文件操作函数 …………… 115
　　　5.4.3　文件操作举例 …………… 116
　5.5　图形显示 ………………………… 120
　　　5.5.1　波形图和图表 …………… 121
　　　5.5.2　XY 图 …………………… 125
　　　5.5.3　强度图和图表 …………… 125
　　　5.5.4　数字波形图 ……………… 127
　　　5.5.5　三维图形 ………………… 128
　本章小结 ………………………………… 131
　思考题和习题 5 ………………………… 131

第 6 章　虚拟仪器的数据采集与
　　　　　信号处理 ……………………… 133
　6.1　数据采集 ………………………… 133

　　　6.1.1　数据采集系统的含义 …… 133
　　　6.1.2　数据采集系统结构 ……… 134
　　　6.1.3　数据采集卡的选用及产品
　　　　　　介绍 ………………………… 136
　　　6.1.4　数据采集卡的安装配置 … 142
　　　6.1.5　基于 LabVIEW 的数据
　　　　　　采集过程 …………………… 144
　　　6.1.6　基于 LabVIEW 的数据
　　　　　　采集 VI 设计 ……………… 145
　6.2　信号产生 ………………………… 151
　　　6.2.1　数字信号的产生与数字化
　　　　　　频率的概念 ………………… 151
　　　6.2.2　信号生成 ………………… 152
　　　6.2.3　波形生成 ………………… 154
　6.3　信号的时域分析 ………………… 159
　　　6.3.1　卷积运算 ………………… 159
　　　6.3.2　相关分析 ………………… 161
　　　6.3.3　微积分运算 ……………… 164
　6.4　信号的频域分析 ………………… 166
　　　6.4.1　快速傅里叶变换(FFT) … 166
　　　6.4.2　频谱分析 ………………… 168
　　　6.4.3　频率响应分析 …………… 172
　　　6.4.4　谐波分析 ………………… 173
　6.5　数字滤波器 ……………………… 176
　　　6.5.1　调用数字滤波器子程序
　　　　　　应注意的问题 ……………… 177
　　　6.5.2　LabVIEW 中的数字
　　　　　　滤波器 ……………………… 178
　　　6.5.3　窗函数 …………………… 178
　　　6.5.4　数字滤波器应用举例 …… 179
　6.6　曲线拟合 ………………………… 181
　　　6.6.1　LabVIEW 的曲线拟合
　　　　　　函数 ………………………… 182
　　　6.6.2　曲线拟合举例 …………… 182
　本章小结 ………………………………… 186
　思考题和习题 6 ………………………… 186

第 7 章　虚拟仪器通信技术 …………… 188
　7.1　串行通信 ………………………… 188
　　　7.1.1　串行通信的概念 ………… 188
　　　7.1.2　串行通信节点 …………… 190

7.1.3　串行通信应用举例 …………… 192
　7.2　网络通信 ……………………………… 194
　　　7.2.1　TCP 通信 ……………………… 194
　　　7.2.2　UDP 通信 ……………………… 198
　　　7.2.3　DataSocket 通信 ……………… 200
　7.3　共享变量 ……………………………… 205
　　　7.3.1　创建项目文件 …………………… 206
　　　7.3.2　创建共享变量 …………………… 206
　　　7.3.3　共享变量的使用 ………………… 208
　　　7.3.4　共享变量用于网络通信 ………… 209
　7.4　IrDA 无线数字通信 ………………… 211
　　　7.4.1　IrDA 概述 ……………………… 212
　　　7.4.2　IrDA 节点 ……………………… 212
　　　7.4.3　IrDA 通信编程举例 …………… 212
　本章小结 ……………………………………… 213
　思考题和习题 7 ……………………………… 213

第 8 章　虚拟仪器设计实例　215

　8.1　虚拟仪器的设计原则 ………………… 215
　　　8.1.1　总体设计原则 …………………… 215
　　　8.1.2　硬件设计的基本原则 …………… 215
　　　8.1.3　软件设计的基本原则 …………… 216
　8.2　虚拟仪器的设计步骤 ………………… 216
　8.3　虚拟仪器软面板设计技术 …………… 217
　　　8.3.1　虚拟仪器软面板的设计
　　　　　　思想 ………………………………… 217
　　　8.3.2　虚拟仪器软面板的设计
　　　　　　原则 ………………………………… 218
　8.4　虚拟仪器设计实例 …………………… 220
　　　8.4.1　虚拟数字电压表 ………………… 220
　　　8.4.2　虚拟示波器 ……………………… 225
　　　8.4.3　基于 LabVIEW 和声卡的
　　　　　　数据采集系统 ……………………… 230
　　　8.4.4　基于 NI myDAQ 和
　　　　　　LabVIEW 的音频信号
　　　　　　处理系统 …………………………… 238
　　　8.4.5　基于虚拟仪器的电能质量
　　　　　　监测系统 …………………………… 243
　本章小结 ……………………………………… 254
　思考题和习题 8 ……………………………… 254

参考文献 ……………………………………… 255

第1章 绪 论

本章主要介绍虚拟仪器的基本概念、虚拟仪器的组成、虚拟仪器的特点与应用和虚拟仪器技术的发展趋势,重点突出"软件即仪器"的观点。

随着微电子技术、计算机技术、软件技术、通信技术的迅速发展,新的测量理论、测量方法、测量领域和新的仪器结构不断出现,在许多方面已经突破了传统仪器的概念。尤其是以计算机为核心的仪器系统与计算机软件技术的紧密结合,导致了仪器的概念发生了突破性的变化,出现了一种全新的仪器概念——虚拟仪器(Virtual Instrument,VI)。

虚拟仪器是现代仪器技术与计算机技术相结合的产物,它的出现是仪器发展史上的一场革命,代表着仪器发展的最新方向和潮流,是信息技术的一个重要领域,对科学技术的发展和工业生产将产生不可估量的影响。

1.1 虚拟仪器的基本概念

虚拟仪器是指,在以通用计算机为核心的硬件平台上,由用户自己设计定义,具有虚拟的操作面板,测试功能由测试软件来实现的一种计算机仪器系统。虚拟仪器突破了传统电子仪器以硬件为主体的模式。实际上,测量时使用者是在操作具有测试软件的计算机,犹如操作一台虚拟的电子仪器,虚拟仪器因此得名。"软件即仪器"(Software is Instrument),最本质地刻画出虚拟仪器的特征。它比传统的电子仪器更为通用,更能适应迅猛发展的当代科学技术对测量仪器提出的不断更新的要求,推动着传统仪器朝着数字化、模块化、虚拟化、网络化的方向发展。

测试仪器的种类很多,功能各异。但无论何种测试仪器,其组成都可以概括为数据的采集与控制、数据的分析与处理、结果的输出与显示三大功能模块,且都以硬件形式存在,所以开发、维护的费用高,技术更新周期长。即便是后来出现的数字化仪器、智能仪器,使传统仪器的准确度提高、功能增强,但仍未改变传统仪器那种独立使用、手动操作、任务单一的模式。为此,总线式仪器和系统应运而生。人们研制出多种通信接口,用于将多台智能仪器连在一起,构成功能更强、适应面更广的测试系统,但这种总线式仪器中仍有许多重复的部件或功能单元。

虚拟仪器技术的出现,打破了传统仪器由厂家定义功能、用户无法改变的固定模式。虚拟仪器技术给了用户一个充分发挥自己的才能和想象力的空间。用户可以随心所欲地根据自己的需求,设计自己的仪器系统,满足多种多样的应用需求。

虚拟仪器的概念是对传统仪器概念的重大突破,是计算机系统与仪器系统相结合的产物。它利用计算机系统的强大功能,结合相应的硬件,大大突破了传统仪器在数据采集、显示、传送、处理等方面的限制,使用户可以方便地对虚拟仪器进行维护、扩展和升级等。

虚拟仪器中"虚拟"的含义表现在两个方面。一方面是指虚拟仪器面板,虚拟仪器面板上的各种"控件"与传统仪器面板上的各种"控件"所完成的功能是相同的,传统仪器面板上的控件都是实物,并且是通过手动和触摸进行操作的;而虚拟仪器面板上的控件是外形与实物相像的图标,其操作对应着相应的软件程序,使用鼠标或键盘操作虚拟仪器面板上的控件,就如使用一台实际的仪器。另一方面是指虚拟仪器的测控功能是通过软件编程来实现的;而传统仪器,特别是早期的仪器,它们的功能是通过硬件来实现的。

需要指出的是，虚拟仪器实质上是一种创新的仪器，而非一种具体的仪器。换言之，虚拟仪器可以有各种各样的形式，完全取决于实际的物理系统和构成仪器数据采集单元的硬件类型，但是有一点是相同的，那就是虚拟仪器离不开计算机控制，软件是虚拟仪器设计中最重要、最关键的部分。

1.2 虚拟仪器的组成

虚拟仪器的组成包括硬件和软件两个基本要素。

1.2.1 虚拟仪器的硬件结构

虚拟仪器的硬件结构如图1.1所示。硬件是虚拟仪器工作的基础，主要完成被测信号的采集、传输、存储处理和输入/输出等工作，由计算机和I/O接口设备组成。计算机一般为一台PC或工作站，是硬件平台的核心，它包括微处理器、存储器和输入/输出设备等，用来提供实时高效的数据处理工作。I/O接口设备即采集调理部件，包括PC总线的数据采集（Data Acquisition，DAQ）卡、GPIB总线仪器、GPIB接口卡、VXI/PXI/LXI总线仪器模块、串口总线仪器/PLC和现场总线仪器模块等标准总线仪器，主要完成被测信号的采集、放大和模数转换。

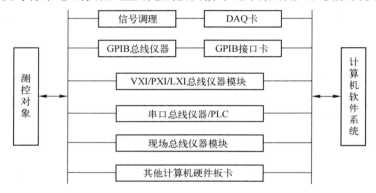

图1.1 虚拟仪器的硬件结构

根据构成虚拟仪器接口总线的不同，可分为如下几种构成方案。

(1) 基于数据采集卡的虚拟仪器

在以PC为基础的虚拟仪器中，插入式数据采集卡是虚拟仪器中最常用的接口形式之一，其功能是将现场数据采集到计算机中，或将计算机中数据输出给受控对象，典型结构如图1.2所示。

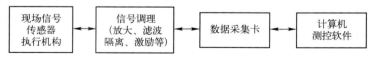

图1.2 基于数据采集卡的虚拟仪器的典型结构

这种系统采用PC本身的PCI或ISA总线，将数据采集卡插入到计算机的PCI或ISA总线插槽中，并与专用的软件相结合，完成测试任务。它充分利用了微型计算机的软、硬件资源，更好地发挥了微型计算机的作用，大幅度地降低了仪器成本，并具有研制周期短、更新改进方便的优点。这种插卡式实现方案性价比极佳。

(2) 基于GPIB总线方式的虚拟仪器

通用接口总线（General Purpose Interface Bus，GPIB）是由HP公司于1978年制定的总线标准，是传统测试仪器在数字接口方面的延伸和扩展。

典型的基于GPIB总线方式的虚拟仪器系统由一台PC、一块GPIB接口卡和若干台GPIB形式的仪器通过GPIB电缆连接而成,如图1.3所示。通过GPIB技术可以实现计算机对仪器的操作和控制,替代了传统的人工操作方式,提高了测试、测量效率。

图1.3　基于GPIB总线方式的虚拟仪器系统构成示意图

（3）基于VXI总线方式的虚拟仪器

在虚拟仪器技术中最引人注目的应用是基于VXI(VMEbus eXtension for Instrumentation)总线的自动测试仪器系统。由于VXI总线具有标准开放、结构紧凑、数据吞吐能力强、定时和同步精确、模块可重复利用、众多厂家支持等优点,所以得到了广泛应用。经过近30年的发展,VXI系统的组建和使用越来越方便,尤其是在组建大、中规模自动测试仪器系统和对速度、精度要求高的场合,具有其他仪器无法比拟的优势。典型的基于VXI总线的虚拟仪器系统的构成如图1.4所示。

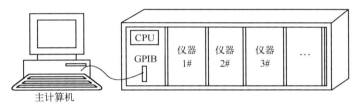

图1.4　基于VXI总线的虚拟仪器系统构成示意图

（4）基于PXI总线方式的虚拟仪器

PXI(PCI eXtension for Instrumentation)总线是NI公司在1997年9月1日推出的全新的开放性模块化仪器总线规范。它以Compact PCI为基础,是PCI总线面向仪器领域的扩展。PXI总线符合工业标准,在机械、电气和软件特性方面充分发挥了PCI总线的全部优点。PXI总线的传输速率已经达到132 MBps(32位数据总线)或264 MBps(64位数据总线)。

目前,由于PXI模块仪器系统具有良好的性价比,所以越来越多的工程技术人员开始关注PXI的发展,尤其是在某些要求测试系统体积小的使用场合。另外,由于PXI测试系统的数据传输速率高,所以在某些高频段的测试已经采用了PXI测试系统。

把台式PC的性价比和PCI总线面向仪器领域的扩展优势结合起来,将形成未来主流的虚拟仪器平台之一。典型的基于PXI总线方式的虚拟仪器的构成如图1.5所示。

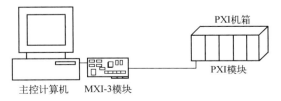

图1.5　基于PXI总线方式的虚拟仪器构成示意图

（5）基于LXI总线方式的虚拟仪器

2004年9月,VXI科技公司和安捷伦公司共同推出一种适用于自动测试系统的新一代基于局域网(LAN)的模块化测量仪器接口标准 LXI(LAN-based eXtension for Instrumentation),即基于 LAN 的仪器扩展。开放式的 LXI 标准于 2005 年 9 月正式公布,随后,LXI 标准的特有模块仪器和测量系统投入市场。LXI 是整合了可编程仪器标准 GPIB 协议和工业标准 VXI 的成果而发展起来的接口总线技术,它将台式仪器的内置测量技术、PC 标准 I/O 接口与基于插卡框架系统的模块化集于一体,具有数据吞吐量高、模块化结构好、开放性强、即插即用等特点。

作为以太网技术在自动化测试领域的应用扩展,LXI 为高效能的仪器提供了一个自动测试系统的 LAN 模块式平台。无论是相对 GPIB、VXI 还是 PXI,LXI 都将是未来总线技术的发展趋势。以 LXI 为主体的虚拟仪器网络结构如图 1.6 所示。在这种构成方案中,GPIB,VXI,PXI,LXI 共存于系统,它们通常仅是 LAN 上的一个节点,这样不仅能够最大地发挥各自的功能和优势,而且可以相互进行数据的传输和资源的共享。

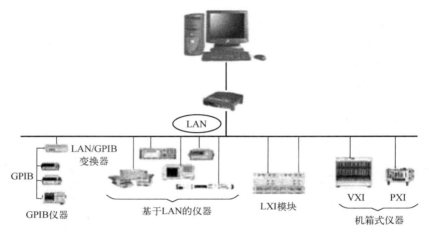

图 1.6 以 LXI 为主体的虚拟仪器网络结构

1.2.2 虚拟仪器的软件结构

当虚拟仪器的硬件平台建立起来之后,设计、开发、研究虚拟仪器的主要任务就是编制应用程序。软件是虚拟仪器的关键,通过运行在计算机上的软件,一方面实现虚拟仪器图形化仪器界面,给用户提供一个检验仪器通信、设置仪器参数、修改仪器操作和实现仪器功能的人机接口;另一方面使计算机直接参与测试信号的产生和测量特征的分析,完成数据的输入、存储、综合分析和输出等功能。虚拟仪器的软件一般采用层次结构,包含以下 3 部分。

(1) 输入/输出(I/O)接口软件

I/O 接口软件存在于仪器与仪器驱动程序之间,是一个完成对仪器内部寄存单元进行直接存取数据操作、为仪器驱动程序提供信息传递的底层软件,是实现开放的、统一的虚拟仪器系统的基础和核心。虚拟仪器系统 I/O 接口软件的特点、组成、内部结构与实现规范等在 VPP(VXI Plug&Play)系统规范中有明确的规定,并被定义为 VISA(Virtual Instrument Software Architecture)软件。虚拟仪器软件框架如图 1.7 所示。

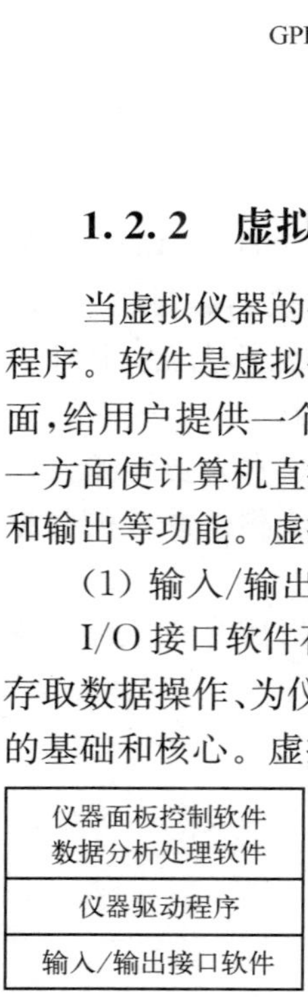

(2) 仪器驱动程序

仪器驱动程序的实质是为用户提供用于仪器操作的较抽象的操作函数集。对于应用程序,它和仪器硬件的通信、对仪器硬件的控制操作是通过仪器驱动程序来实现的,仪器驱动程序对于仪器的操作和管理,又是通

图 1.7 虚拟仪器软件框架

| 仪器面板控制软件 |
| 数据分析处理软件 |
| 仪器驱动程序 |
| 输入/输出接口软件 |

过调用I/O软件所提供的统一基础与格式的函数库来实现的。对于应用程序的设计人员,一旦有了仪器驱动程序,在不是十分了解仪器内部操作过程的情况下,他们也可以进行虚拟仪器系统的设计。仪器驱动程序是连接顶层应用软件和底层I/O软件的纽带和桥梁。虚拟仪器的组成结构和实现在VPP规范中也做了明确定义,并且要求仪器生产厂家在提供仪器模块的同时提供仪器驱动程序文件和DLL文件。

(3) 应用软件

顶层应用软件主要包括仪器面板控制软件和数据分析处理软件,完成的任务有:利用计算机强大的图形功能实现虚拟仪器面板,给用户提供操作仪器、显示数据的人机接口,以及数据采集、分析处理、显示和存储等。VPP规范要求应用软件具有良好的开放性和可扩展性。

虚拟仪器软件的开发可以利用Visual C++、Visual Basic等通用程序开发工具,也可以利用像HP公司的VEE、NI公司的LabVIEW与LabWindows/CVI等专用开发工具。VC、VB作为可视化开发工具具有友好的界面、简单易用、实用性强等优点,但作为虚拟仪器软件开发工具,一般要在仪器硬件厂商提供的I/O接口软件、仪器驱动程序的基础上进行应用软件开发。HP公司的VEE、NI公司的LabVIEW及LabWindows/CVI等是随着软件技术的不断发展而出现的功能强大的虚拟仪器软件专用开发工具,具有直观的前面板、流程图式的开发能力和内置数据分析处理能力,提供了大量的功能强大的函数库供用户直接调用,是构建虚拟仪器的理想工具。

1.2.3 虚拟仪器系统

以PC-DAQ接口的虚拟仪器为例,虚拟仪器系统的整体结构如图1.8所示。

传感器将被测信号转换为电信号,经信号调理电路调整为标准信号后,送数据采集卡进行采集。数据采集卡中通过多路模拟开关、A/D转换芯片和数据缓存几个部件将模拟信号转换成数字信号并存储在缓存中。计算机通过虚拟仪器编程软件开发的应用程序调用设备驱动程序对数据采集卡进行控制,读取并处理采集的数据,通过虚拟仪器面板,显示、打印、输出测试结果。

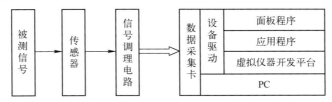

图1.8 虚拟仪器系统的整体结构

1.3 虚拟仪器的特点

虚拟仪器是计算机技术介入仪器领域所形成的一种新型的、富有生命力的仪器种类。在虚拟仪器中计算机处于核心地位,计算机软件技术和测试系统更紧密地结合,形成了一个有机整体,使得仪器的结构概念和设计观点等都发生了突破性的变化,形成既有普通仪器的基本功能,又有一般仪器所没有的特殊功能的高档低价的新型仪器;从使用上来说,虚拟仪器利用强大的图形化开发环境,建立直观、灵活、快捷的虚拟仪器面板(即软面板),可以有效地提高仪器的使用效率。综合虚拟仪器的构成及工作原理,它具有如下技术特点。

(1) 突出"软件就是仪器"的概念

传统仪器的某些硬件在虚拟仪器中被软件代替,由于减少了许多随时间可能漂移、需要定期校准的分立式模拟硬件,再加上标准化总线的使用,这些变化使仪器的测量精度、测量速度和可重复性都大大提高。

(2) 丰富和增强了传统仪器的功能

融合计算机强大的硬件资源,突破了传统仪器在数据处理、显示、存储等方面的限制,大大增强了传统仪器的功能。虚拟仪器将信号分析、显示、存储、打印和其他管理集中交由计算机处理,充分利用了计算机强大的数据处理、传输和发布能力,使得组建系统变得更加灵活、简单。

(3) 仪器由用户自己定义

虚拟仪器打破了传统仪器由厂家定义功能和控制面板,用户无法更改的模式。虚拟仪器通过为用户提供组建自己仪器的重要源代码库,可以很方便地修改仪器功能和面板,设计仪器的通信、定时和触发功能。仪器用户可根据自己不断变化的需求,自由发挥自己的想象力,方便灵活地组建测量系统,系统的扩展、升级可随时进行。

(4) 开放的工业标准

虚拟仪器硬件和软件都制定了开放的工业标准,因此用户可以将仪器的设计、使用和管理统一到虚拟仪器标准,使资源的可重复利用率提高,功能易于扩展,管理规范,生产、维护和开发费用降低。

(5) 便于构成复杂的测试系统,经济性好

虚拟仪器既可以作为测试仪器独立使用,又可以通过高速计算机网络构成复杂的分布式测试系统,进行远程测试、监控与故障诊断。此外,用基于软件体系结构的虚拟仪器代替硬件体系结构的传统仪器,还可以大大节约仪器购买和维护费用。

虚拟仪器与传统仪器的比较如表 1.1 所示。

表 1.1 虚拟仪器与传统仪器的比较

传 统 仪 器	虚 拟 仪 器
关键是硬件	关键是软件
厂商定义仪器功能	用户定义仪器功能
开发与维护费用高	软件的应用,使得开发与维护费用低
封闭、固定	开放、灵活,与计算机技术保持同步发展
技术更新周期长(5~10 年)	技术更新周期短(1~2 年)
功能单一,互连能力有限	与网络及其他周边设备互连方便
价格高	价格低,可复用,可重配置性强

1.4 虚拟仪器的应用

虚拟仪器作为新兴的仪器代表,由于具有绝对的技术优势,被广泛应用于电子、机械、通信、汽车制造、生物、医药、化工、科研、军事、教育等各个领域。从简单的仪器控制、数据采集到尖端的测试和工业自动化,从大学实验室到工厂企业,从探索研究到技术集成,都可以发现虚拟仪器技术的应用成果。

在测量仪器方面,示波器、逻辑分析仪、频谱仪、信号发生器、电压电流表,是科研机关、企业研发实验室、大专院校的必备测量仪器。随着计算机技术在测试系统的广泛应用,由于传统的仪器设备缺乏相应的计算机接口,因而,配合数据采集及数据处理十分困难。在完成某些测试任务时,可能需要许多仪器,如示波器、电压表、频率分析仪、信号发生器等,对复杂的数字电路系统还

需要逻辑分析仪、IC测试仪等。这么多的仪器不仅价格昂贵、体积大、占用空间，而且相互连接也不方便。而虚拟仪器将计算机资源与仪器硬件、DSP技术结合，在系统内共享软/硬件资源，既有传统仪器的功能，又有传统仪器所没有的特殊功能。它把厂家定义仪器功能的方式转变为由用户自己定义，用户可根据测试功能的需要，自己设计所需要的仪器系统，只要将具有一种或多种功能的通用模块相结合，并且调用不同功能的软件模块，就能组成不同的仪器功能。

在专用测量系统方面，虚拟仪器的应用空间更为广阔。随着信息技术的迅猛发展，各行各业无不转向智能化、自动化、集成化，无处不在的计算机应用为虚拟仪器的推广提供了良好的基础。虚拟仪器的概念就是用专用的软/硬件配合计算机实现专用设备的功能，并使其自动化、智能化，因此，虚拟仪器适合于一切需要计算机辅助进行数据存储、数据处理、数据传输的计量场合。

在自动控制和工业控制领域，虚拟仪器同样应用广泛。绝大部分闭环控制系统要求精确的采样、及时的数据处理和快速的数据传输。虚拟仪器恰恰符合上述特点，十分符合测控一体化的设计。尤其在制造业，虚拟仪器的卓越计算能力和巨大数据吞吐能力必将使其在温控系统、在线监测系统、电力仪表系统、流程控制系统等工控领域发挥更大的作用。

伴随着计算机技术的快速发展以及人们对仪器功能、灵活性的要求越来越高，虚拟仪器技术将会在更广泛的领域得到应用和普及。

1.5 虚拟仪器技术发展趋势

自从美国国家仪器公司(National Instruments，NI)于1986年提出虚拟仪器的概念至今，虚拟仪器的发展大约可分为3个阶段。

第一阶段：利用计算机增强仪器的功能。由于GPIB总线标准的确立，计算机和外界通信成为可能。只需要把传统仪器通过GPIB总线和RS-232C总线同计算机连接起来，用户就可以用计算机控制仪器了。

第二阶段：开放式的仪器结构。在仪器硬件上出现了两大技术进步，一是插入式计算机数据处理卡，二是VXI仪器总线标准的确立。这些新技术使仪器的构成得以开放，消除了第一阶段内在的由用户定义和供应商定义仪器功能的区别。

第三阶段：虚拟仪器框架得到广泛认同和采用。软件领域中的面向对象技术把任何用户构建虚拟仪器需要知道的东西封装起来。许多行业标准在硬件和软件领域已经产生，几个虚拟仪器平台已经得到认可，并逐渐成为虚拟仪器行业的标准工具。

虚拟仪器技术的不断发展取决于3个重要因素：计算机的发展是动力，软件是主宰，高性能的A/D采集卡、调理放大器及传感器是关键。随着微电子技术、计算机软/硬件技术、通信技术和网络技术的飞速发展，虚拟仪器技术日新月异。

(1) 虚拟仪器网络化

将网络技术和虚拟仪器相结合，构成网络化虚拟仪器系统，是自动测试仪器系统的发展方向之一。网络化测试的最大特点就是可以实现资源共享，使现有资源得到充分利用，从而实现多系统、多专家的协同测试与诊断。网络化测试解决了已有总线在仪器台数上的限制，使一台仪器能被多个用户同时使用，不仅实现了测量信息的共享，而且实现了整个测控过程的高度自动化、智能化，同时减少了硬件的设置，有效降低了测控系统的成本。另外，由于网络不受地域限制，使网络化测试系统能够实现远程测试，这样测试人员可以不受时间和空间的限制，随时随地获取所需的信息。同时网络化测试系统还可以实现被测设备的远距离测试与诊断，从而提高了测试效率，减少了测试人员的工作量。正是由于网络化测试系统的这些优点，使得网络化测试技术备受关注。近年来,世界著名仪器开发商安捷伦公司与 NI 公司联手致力于网络化测试软硬件的研发。国内一些实力较强的公司如中科泛华也在积极探索虚拟仪器网络设备的研究和设计。"网络就是仪器"的概念,确切地概括了仪器的网络化发展趋势。

(2) 虚拟仪器标准化

VI 的标准化主要是在硬件平台和软件模块的标准化。目前的虚拟仪器硬件平台,已经有了标准化和通用化趋势,如 VXI 联盟、PXI 规范、PCI 规范等自发性标准化组织和措施,另一些要求,如标准化触发方式,不同通道的公用时基,同步、延迟及执行参数是否连续可调或断续可调等,涉及信号及其质量和相互关系等方面,尚未形成标准化和通用化,这将影响其在不同平台上的互换性和移植性,也将影响虚拟仪器软件模块的标准化。1998 年 9 月成立的 IVI(Interchangeable Virtual Instrument)基金会努力从基本的互操作性到可互换性,为仪器驱动程序提升标准化水平。通过为仪器类制定一个统一的规范,使测试工程师获得更大的硬件独立性,使得用户在测试过程中不需要更改软件程序就可以替换设备,减少了软件维护和支持费用、缩短了仪器编程时间、提高了运行性能,具有极其重要的现实意义和非常广阔的应用前景。

(3) 不断吸收新技术给虚拟仪器带来生机

把各种最新的控制理论和方法应用到虚拟仪器的开发中来将是 VI 发展的又一个重要方向。软件工程领域的新方法新理论在虚拟仪器设计中得到广泛应用,面向对象技术、ActiveX 技术、组件技术等被广泛用来进行虚拟仪器的测试分析软件和虚拟界面软件设计,出现了许多数据处理高级分析软件和大量的仪器面板控件,这些软件为快速组建虚拟仪器提供了良好的条件。"能够在测试、控制和设计领域最优化地使用最新现成即用的商业技术,这一直是推动虚拟仪器技术进步的重要动力之一",NI 总裁、创始者兼 CEO Dr. James Truchard 概括了虚拟仪器未来发展的总趋势。总之,不断吸收新技术的 VI 将会适应更多的应用领域,将会为实际的测控带来更大的便利和效率。

本 章 小 结

本章介绍了虚拟仪器的相关概念。主要包括虚拟仪器的定义和组成、虚拟仪器的特点、虚拟仪器的应用、虚拟仪器技术的现状和发展趋势。为了让读者对虚拟仪器的硬件构成有一个基本的认识,本章介绍了 5 种较为常用的虚拟仪器系统的组成结构。

虚拟仪器的崛起是测试仪器技术的一次革命,是仪器领域一个新的里程碑,它使现代测控系统更灵活、更紧凑、更经济、功能更强。无论测量、测试、计量或工业过程控制和分析处理,还是涉及其他更为广泛的测控领域,选用虚拟仪器都是理想的解决方案。因此,了解虚拟仪器的概念将有助于进一步学习和掌握虚拟仪器技术。

思考题和习题 1

1. 什么是虚拟仪器?虚拟仪器有什么特点?
2. 简述虚拟仪器的结构和组成方式。
3. 软件在虚拟仪器中有什么作用?
4. 仪器驱动程序在虚拟仪器中有何作用?
5. 虚拟仪器的发展经历了哪几个阶段?
6. 简述虚拟仪器的发展趋势。

第 2 章 虚拟仪器总线接口技术

总线技术在虚拟仪器技术的发展过程中起着十分重要的作用。作为连接控制器和程控仪器的纽带,总线的能力直接影响着系统的总体性能。总线技术的不断升级换代推动着自动测试与仪器技术水平的提高。本章将主要介绍目前用于虚拟仪器的几种专用总线,具体包括:GPIB 总线、VXI 总线、PXI 总线、LXI 总线。

2.1 GPIB 总线

GPIB 总线是专门为仪器的控制应用而设计的。这套接口系统最初由美国 HP 公司在 1972 年提出,1975 年被美国电气与电子工程师协会(IEEE)和国际电工委员会(IEC)接受为程控仪器和自动测试系统的标准接口,因此也称为 IEEE488 接口或 IEC625 接口,目前的协议是 IEEE 488.2。使用 GPIB 接口可将不同厂家生产的各种型号的仪器,用一条无源标准总线方便地连接起来,在计算机的控制下完成各种复杂的测量。

2.1.1 GPIB 的基本特性

GPIB 作为一个标准的接口总线,它具体规定了接口在机械、电气和功能三方面的有关要求和标准,具有灵活、方便、兼容性好的特点,GPIB 的基本特性如下。

(1) 设备容量

设备容量是指 GPIB 接口系统中仪器和计算机的总容量,通常可连接的仪器数目最多为 15 台。这是由接口电路负载能力的限制所决定的。若采用一些特殊措施(例如,提高仪器总线发送器的驱动能力)也可连接更多的仪器。

(2) 传输距离

互连电缆的传输路径总长不超过 20m,或者装置数目与装置之间距离的乘积不超过 20m。通常每根电缆长度为 4m、2m、1m 或 0.5m,在满足系统要求的前提下,运用短电缆对提高数据传送速度有利。

在某些应用中,计算机与现场运行的仪器之间的距离可能超出这个规定,这时就必须采取扩展措施。为此,HP 公司研制了适用于双绞电缆、同轴电缆或光纤的距离扩展器,利用这些扩展器,传输距离可达到 1000m 以上。

(3) 数据传输速度

数据传送的速度与所用电缆的长度和接口的发送器有关。在标准电缆上,数据传输速度一般为 250~500KBps。若采用三态门发送器,最高可达 1MBps。

(4) 地址容量

地址即接口系统中计算机或仪器设备的代号,常用数字、符号或字母表示。GPIB 标准规定采用 5 个比特位的编码来表示地址,地址容量为 31 个(其中编码 11111 不作为地址代码)。

地址容量(31)大于器件容量(15)是合理的。一个器件至少能占用一个地址,个别器件还可能占用两个以上的地址。不仅如此,若采用两字节编地址,前一个字节为主地址,后一个字节为副地址,一个主地址之后允许跟随 31 个副地址。因此,用两字节来表示器件的地址,可使地址容量扩大到 31×31＝961 个。

(5) 信息逻辑

总线上信息逻辑采用负逻辑,规定:低电平(≤+0.8V)为逻辑"1";高电平(≥+2.0V)为逻辑"0"。高低电平的规定与标准 TTL 电平相容。

(6) 数传方式

GPIB 接口系统中,数据传输方式可以为:字节串行、位并行、双向异步传输。

字节串行是指不同的字节需按一定的顺序一个接一个地放在数据线上依次串行传递。位并行是指组成一个数字或符号代码的 8 位同时放在 8 条数据线上并行传递。双向是指输入数据和输出数据都经由同一组数据线传递,异步是指系统中不采用统一的时钟同步控制数据传递,而是由发送数据与接收数据的仪器之间相互直接"挂钩"来控制数据传递。

(7) 控制方式

在 GPIB 接口系统中,一般情况下只有一个控制器发送各种控制信号,进行数据处理。若一个系统中包含多个控制器,则在某一时间内只能有一个控制器起作用,其余则必须处于空闲状态。

2.1.2 GPIB 器件及接口功能

1. GPIB 器件

采用 GPIB 总线互连的仪器、设备是多种多样的,它们有的很复杂,像计算机、网络分析仪等,有的很简单,如开关器、衰减器等。但从系统组建的角度出发,它们都是系统中的一个逻辑单元,仅是测试功能不同而已。为了简单和统一起见,把这些复杂程度和功能能力不同的、执行 IEEE 488.2 协议的各种设备统称为"GPIB 器件"。简单地说,凡配备了 GPIB 接口的独立装置统称为器件。

在 GPIB 系统中,不同的器件承担着不同的任务,行使不同的功能。按器件在系统中运行功能的不同可分为 3 类。

(1) 控者器件

控者器件是系统的指挥者,能够发布命令,对接口系统进行管理,具有控制整个系统协调工作的能力,如专用控制器、计算机等。

(2) 讲者器件

讲者器件是通过接口发送各种数据和信息的设备,如数据采集器、智能仪器仪表等。一个系统中可以有一个或几个讲者器件,但在任一时刻只能有一个讲者器件工作。

(3) 听者器件

凡是能接收控者器件发出的命令或者接收讲者器件发出的测量数据的器件统称为听者器件,如打印机、绘图仪等。一个系统中可以有几个听者器件,且可以有一个以上的听者器件同时工作。

在 GPIB 系统中,器件的职能是由系统中的控制器来任命的。器件能否实施规定的职能,决定于其 GPIB 接口电路中是否配备了相应的功能电路,控者器件通过发送一系列接口命令和管理消息来控制整个系统的工作。例如,任命器件为讲者和听者,安排它们之间的数据交换,接收它们的服务请求等。

每个设备(包括计算机接口卡)都必须有一个地址,以便系统控者通过寻址方法指令哪些器件为讲者器件,哪些器件为听者器件。

2. GPIB 接口功能

测量仪器和设备种类繁多,功能各异,要把它们用接口总线连接起来,组成仪器系统并按统一步调和格式进行操作,就必须设置一套能满足各种器件和总线的接口功能。GPIB 标准接口定义了 10 种接口功能,每种接口功能均赋予器件一种能力。每种器件可以选取 10 种接口功能中的全部或部分来配置其接口。这 10 种接口功能是:听功能、讲功能、控功能、源握手功能、受握手功能、服务请求功能、并行点名功能、远地/本地功能、器件触发功能和器件清除功能。在为仪器或系统配置接口时,可根据情况选择全部或部分功能。

(1) 听功能:接收信号、数据。

(2) 讲功能:发送信号、数据。

(3) 控功能:通过微处理器发布各种命令。

(4) 源握手功能:为讲功能和控功能服务。

(5) 受握手功能:为听者服务。

(6) 服务请求功能:当量程溢出、振荡器停止等意外故障发生时,主动向控者提出请求,以进行相应处理。

(7) 并行点名功能:控功能可同时查询 8 个仪器,因而执行速度快。

(8) 远地/本地功能:选择远地或本地工作方式。

(9) 触发功能:产生一个内部触发信号,以启动有关的仪器功能进行工作。

(10) 清除功能:产生一个内部清除信号,使某仪器功能回到初始状态。

3. GPIB 消息

在 GPIB 接口系统中,在总线上传送的所有信息统称为消息。按消息的用途和作用范围不同,消息可分为接口消息和器件消息;按消息传送路径的不同,消息可分为远地消息和本地消息。如图 2.1 所示。

图 2.1 GPIB 消息的区分

接口消息是指用于管理接口系统的消息,它只能在接口功能与总线之间传递,并为接口功能所用,而不允许送到仪器仪表功能部分去。仪器消息在仪器仪表功能间传输,并由仪器仪表功能利用,它不改变接口功能的状态。接口消息和仪器消息传递的范围不同。

远地消息是指经过 GPIB 总线传递的消息。它可以是接口消息,也可以是器件消息。本地消息是指一台仪器内部接口功能单元与仪器功能单元之间传递的消息。它仅在仪器设备内部传送,可以是测量、挂钩、数据传递、数据处理等消息。

2.1.3 GPIB 总线结构

GPIB 总线是一条 24 芯的无源电缆线,其中 16 条为信号线,其余用作逻辑地或外屏蔽。16 条信号线按其功能可编排为 3 组独立的总线:双线 8 位数据总线(8 条)、数据挂钩联络总线(3 条)和接口管理控制总线(5 条)。GPIB 总线结构如图 2.2 所示。

数据总线用来传递命令和数据,采用位并行、字节串行的方式进行传递。

数据挂钩联络总线用来传递挂钩消息。在一个仪器系统中,各器件传送数据的速率通常是不相同的,为了保证数据准确可靠地传送,在 GPIB 中使用 3 条挂钩联络线利用三线挂钩技术实现不同速度的器件之间的数据传送。

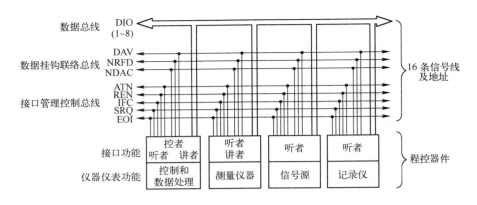

图 2.2 GPIB 总线结构

接口管理控制总线用来传送管理消息,利用它们实现对 GPIB 接口的管理。

1. GPIB 总线的描述

(1) 数据总线

数据总线由 DIO1~DIO8 组成,并行传送 8 位数据,DIO1 为最低位,DIO8 为最高位。数据总线用于传递接口消息和器件消息,包括数据、地址和命令,它是可以输入也可以输出的双向总线。

(2) 数据挂钩联络总线

数据挂钩联络总线共有 3 条,分别是 DAV,NRFD 和 NDAC。GPIB 数据总线上信息的交换是按异步确认方式进行的,所以允许连接不同传输速度的设备,利用这 3 条线完成异步确认。

① DAV(Data Available)数据有效线

当 DIO 线上出现有效数据时,讲者置 DAV＝1(低电平),示意听者从数据总线上接收数据;当 DAV＝0 时,表示 DIO 线上即使有信息也是无效的。

② NRFD(Not Ready for Data)未准备好接收数据线

当 NRFD＝1(低电平)时,表示系统中至少有一个听者未准备好接收数据;当 NRFD＝0 时,表示全部听者均已做好接收数据的准备,示意讲者可以发出信息。

③ NDAC(Not Data Accept)未收到数据线

当 NDAC＝1(低电平)时,表示系统中至少有一个听者未完成接收数据,讲者暂不要撤掉数据总线上的信息;当 NDAC＝0 时,表示全部听者均已完成接收数据,讲者可以撤掉数据总线上的这一信息。

(3) 接口管理控制总线

接口管理控制线共有 5 条,分别是 ATN,IFC,SRQ,REN 和 EOI,用来控制系统的有关状态。

① ATN(Attention)注意线

由控者使用,指明 DIO 线上的信息类型。当 ATN＝1(低电平)时,规定 DIO 线上的信息为接口消息(如有关命令、设备地址等),此时其他设备只能接收;当 ATN＝0(高电平)时,规定 DIO 线上的信息是由讲者发出的器件消息(如设备的控制命令、数据等),其他听者设备必须听。

② IFC(Interface Clear)接口清除线

由控者使用,将接口系统置为已知的初始状态(IFC＝1,低电平),它可作为复位线。

③ REN(Remote Enable)远程允许线

由控者使用,当 REN＝1(低电平)时,所有听者都处于远程控制状态,脱离由面板开关来控制设备的所谓"本地"状态(电源开关除外),即由外部通过接口总线来控制设备的功能;当 REN＝0(高电平)时,仪器处于本地方式。

④ SRQ(Service Request)服务请求线

用来指出其设备需要控者服务。任何一个具有服务请求功能的仪器或设备,可向控者发出 SRQ=1(低电平)信号,向控者发出服务请求,要求控者对各种异常事件进行处理。控者接收后,通过点名查询,转入相应的服务程序。

⑤ EOI(End or Identify)结束或识别线

可由讲者用来指示多字节数据传送的结束,又可由控者来响应 SRQ。该线与 ATN 线按以下方式配合使用:当 EOI＝1,ATN＝0 时,表示讲者已传递完一组字节的信息;当 EOI＝1, ATN＝1 时,表示控者执行并行点名识别操作。

2. GPIB 电缆及电缆接插头

GPIB 设计了一种专用的电缆结构,它具有外屏蔽和外绝缘。国际标准 IEC625 规定采用 25 芯电缆,IEEE 488 标准规定采用 24 芯电缆。IEEE 488 标准规定的 24 芯电缆和接插头如图 2.3 所示。其中 8 条作 DIO 线,另外 8 条作挂钩联络线和接口管理控制线,剩余 8 条作地线。IEEE 488 接插头的连线位置如表 2.1 所示。

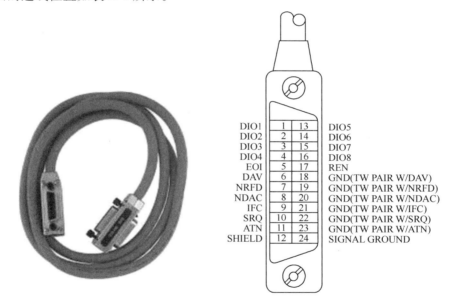

图 2.3　GPIB 电缆和接插头

表 2.1　**IEEE 488 接插头的连线位置**

引脚	信号线	引脚	信号线	引脚	信号线	引脚	信号线
1	DIO1	7	NRFD	13	DIO5	19	NRFD 地
2	DIO2	8	NDAC	14	DIO6	20	NDAC 地
3	DIO3	9	IFC	15	DIO7	21	IFC 地
4	DIO4	10	SRQ	16	DIO8	22	SRQ 地
5	EOI	11	ATN	17	REN	23	ATN 地
6	DAV	12	屏蔽	18	DAV 地	24	逻辑地

3. GPIB 三线挂钩原理

在 GPIB 系统中,每传递一个数据字节信息,不管是仪器消息还是接口消息,源方(讲者与控者)与受方(听者)之间都要进行一次三线挂钩过程,图 2.4 所示为在一个讲者与数个听者之间传递数据的三线挂钩简单时序。

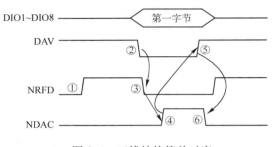

图 2.4 三线挂钩简单时序

假定地址已发送,听者和讲者均已受命,三线挂钩过程如下:

① 听者使 NRFD 呈高电平,表示已做好接收数据的准备,由于总线上所有的听者是"线或"连接至 NRFD 线上的,所以只要有一个听者未做好准备,NRFD 就呈低电平。

② 讲者发现 NRFD 呈高电平后,就把数据放在 DIO 线上,并令 DAV 为低电平,表示 DIO 线上的数据已经稳定且有效。

③ 听者发现 DAV 线呈低电平后,就令 NRFD 也呈低电平,表示准备接收数据。

④ 在接收数据的过程中,NDAC 线一直保持低电平,直至每个听者都接收完数据,才上升为高电平。所有听者也是"线或"接到 NDAC 线上的。

⑤ 当讲者检出 NDAC 为高电平后,就令 DAV 为高电平,表示总线上的数据不再有效。

⑥ 听者检出 DAV 为高电平,就令 NDAC 再次变为低电平,以准备进行下一个循环过程。

显然,三线挂钩技术可以协调快慢不同的设备可靠地在总线上进行信息传递。

4. 地址

地址是一个器件的代号,分为听地址和讲地址。挂在总线上的每个设备都有自己的地址,以便控者对各设备发布命令。通常一个设备在某时刻是讲者,在另一时刻可能又是听者,所以一个设备必须既有讲地址,又有听地址。听地址和讲地址的编码格式为:

听地址:× 0 1 L5 L4 L3 L2 L1
讲地址:× 1 0 T5 T4 T3 T2 T1

在一字节的地址中,第 8 位不用,第 7 位、第 6 位表示哪种类型地址,"01"代表听地址,"10"代表讲地址。用第 5 位至第 1 位的编码来表示设备的具体地址,总计有 $2^5=32$ 个地址,其中前 31 个真正用作设备地址代码,而"11111"不能用作地址。

一旦各设备的地址确定后,控者就可以按照程序对设备进行寻址,在某一时刻指定某一设备为"讲",某一个或几个设备为"听",这种工作由控者向总线发送讲地址和听地址码来完成。为响应寻址,一般设备内部应设置地址识别电路,另外设备的后面板上一般还设有地址开关,以便人工指定本设备的地址。

2.1.4 GPIB 仪器系统

典型的 GPIB 仪器系统由计算机、GPIB 接口卡和若干台 GPIB 仪器通过标准 GPIB 电缆连接而成。从连接方式看,利用 GPIB 设备与计算机组成的仪器系统一般有串行连接、星形连接或者二者的组合 3 种方法,如图 2.5 所示。

各设备的接口部分都装有 GPIB 电缆插座,系统内所有器件的同一信号线全部并接在一起。此外,GPIB 电缆的每一端都是一个组合式插头座(又称为 GPIB 连接口),可把一个插头和一个插座背靠背地叠装在一起,这样就可以在连接成系统时,把一个插头插在另一个插座之上,同时还留有插座供其他 GPIB 仪器使用。任何一个 GPIB 仪器,只要在它的 GPIB 插座上插上一条

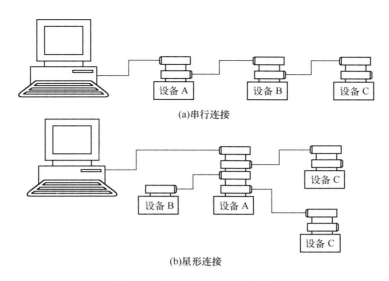

图 2.5 GPIB 设备的连接方式

GPIB 电缆,并把电缆的另一头插在系统中的任意一个插座上,这台仪器就被接入了仪器系统。在一般情况下,系统中的 GPIB 电缆的总长度不应超过 20m,过长的传输距离会使信噪比下降,电缆中的电抗性分布参数也会对信号的波形和传输质量产生不利的影响。

2.2 VXI 总线

VXI(VMEbus eXtension for Instrumentation)总线是 VME 总线标准在仪器领域的扩展。VXI 总线以其开放的系统结构、模块化的设计、紧凑的机械结构、良好的电磁兼容性,以及可靠性高、小型便携和灵活的通信能力等一系列优点满足了工业领域(尤其是军事领域)对测试与测量的需求,成为优秀的虚拟仪器开发平台。

VME(Versabus Module European)总线是美国 Motorola 公司在 1981 年开发成功的微型计算机总线,它是以 Versa 总线和 Europcard(欧洲插板)的标准作为参考,针对 32 位微处理器 68000 而开发的。目前,采用 VME 总线的微型计算机已在工业控制领域得到广泛的应用,被公认为性能良好的微型计算机总线。但 VME 总线不完全适用仪器系统在电气、机械等性能方面更全面的要求。为此,1987 年 4 月,美国 HP 等 6 家著名仪器公司求同存异,组成 VXI 总线联合体,提出基于 VME 总线来开发开放式模块式仪器系统的总线标准。于 1987 年 7 月发布了 VXI 总线规范的第一个版本,1992 年被批准为 IEEE 1155—1992 标准。经过 20 多年的发展,VXI 总线技术得到了长足的发展和应用,相关技术规范也不断补充和完善,VXI 总线及 VXI 总线仪器与系统被认为是 21 世纪仪器总线系统和自动测试系统的优秀平台。

2.2.1 VXI 总线的特点

VXI 总线是在吸取了 VME 总线高速通信和 GPIB 易于组合的优点后产生的。基于 VXI 总线组建的仪器系统在结构及软、硬件开发技术等方面都采纳了新思想、新技术,其特点如下。

(1) 模块化结构

VXI 总线系统是插入式模块结构,可方便地引用不同厂家的插入式模块仪器组成仪器系统,且更换模块灵活。特别适合于条件恶劣、需要经常更换仪器或部件的场合,如战争环境、车载、船载设备和野外条件操作等。

(2) 小型、便携

在采用 VXI 总线的仪器系统中,对模块及主机箱的尺寸做了严格规定,并将 VXI 总线印制在主机箱背板的多层印制电路板中,模块与背板上的 VXI 总线用确定的连接器连接,使系统在机械上与电气上相容。这样,系统内所有模块都牢固地插入一至几个主机箱内,从而使系统有更紧密的整体性,容易做到小型、便携。用 VXI 总线组建的仪器系统,比用 GPIB 总线组建的系统占用的空间小。

(3) 数据传输速率高

由于实时控制、实时处理任务对测试速度的要求越来越高,因而测试速度的高低已成为一个至关重要的问题。虽然 GPIB 系统至今仍是应用较广泛的系统,但因其数据传输速率的上限通常只能达到 1MBps,故往往不能满足高速测试的要求。而采用 VXI 总线的仪器系统,并行数据传输总线的数据传输速率可达 40MBps,本地总线的数据传输速率可达 1GBps,明显高于 GPIB 系统传输速率。

(4) 可靠性高、可维修性好

VXI 总线是在美国军方广泛应用的 VME 总线的基础上发展起来的,在总线的设计和标准制定中,充分考虑了系统的供电、冷却系统和电磁兼容性能以及底板上的信号传输延迟、同步等,对每项指标都有严格的标准,这就保证了 VXI 总线系统的高精度及运行的稳定性和可靠性。

(5) 适应性、灵活性强

随着测试任务的日趋复杂,用户对测试系统的适应性和灵活性的要求越来越高。VXI 总线把标准化与灵活性和谐地统一起来,因此,它不仅像 GPIB 一样,可根据测试任务的要求,用不同厂家的模块仪器组成系统,而且所选用的模块除仪器外,还可以是 CPU、存储器、A/D 和 D/A 变换器等部件,从而使仪器的结构更开放,便于组成多 CPU 的分层式系统。

VXI 系统有 4 种规格的机箱(A,B,C,D)和 4 种规格的模块(A,B,C,D)供用户选择,支持 8 位、16 位、24 位和 32 位的数据传输,方便灵活。

2.2.2 VXI 器件、模块与主机箱

采用 VXI 总线的测试系统最多可包含 256 个器件。一般情况下,一个器件就是一个模块,但也可以在一个模块上存在多个器件,或由多个模块组成一个器件。每台主机箱构成一个 VXI 子系统,多个子系统可组成一个大系统。在一个子系统内,电源和冷却散热装置为主机箱内的全部器件所公用,从而明显地提高了资源利用率。VXI 系统的全部总线均集中在多层印制电路板内,因而有着良好的电磁兼容性能。模块与 VXI 总线通过连接器连接。

1. VXI 器件

器件是 VXI 系统中最基本的逻辑单元。通常,一个器件占据一个 VXI 模块,但也允许在一个模块上实现多个器件或一个器件占据多个模块。在一个 VXI 系统中,最多可有 256 个器件,每个器件都有一个唯一的逻辑地址,逻辑地址的编号为 0~255。在 VXI 系统中,各个器件内部的可寻址单元是统一分配的,可用 16 位、24 位和 32 位 3 种不同的地址线统一寻址。所有逻辑在 16 位地址空间内,都有一组设置在 64 字节块中的寄存器,器件利用这 64 字节的可寻址单元与系统沟通信息。这 64 字节的空间就是器件基本的寄存器,其中包含了每个 VXI 器件都必须具备的配置寄存器,系统可以通过 VXI 总线访问这些配置寄存器,以便识别器件的种类、型号、生产厂家、地址空间及存储器需求等,而器件的逻辑地址就是用来确定其各自的这 64 字节寻址空间的位置的。

器件根据其本身的性质、特点和它支持的通信协议可以分为寄存器基器件、消息基器件、存储器器件和扩展器件 4 种类型。

(1) 寄存器基器件

寄存器基器件是具有最基本能力的VXI总线器件,这类器件的特点是器件的通信是通过对它的寄存器进行读/写来实现的,如简单的开关、数字I/O和A/D接口卡等。这类器件本身一般不具有智能,不能控制其他器件,而只能受其他器件或系统控制,通常作为从者器件使用。但这种器件硬件电路简单,易于实现,而且速度快,能充分体现VXI总线数据传输速率高的特点。

(2) 消息基器件

消息基器件不但具有配置寄存器,同时还具有通信寄存器来支持复杂的通信协议。这种器件一般都是具有本地智能的较复杂器件,如计算机、资源管理器、各类有本地智能的测试仪器、GPIB-VXI接口等。

(3) 存储器器件

存储器器件是包含一定的存储器特征的、类似寄存器基器件的VXI总线器件,如RAM、ROM等存储器卡都是存储器器件。这种器件的其他可寻址寄存器就是器件工作时使用的存储单元,这种器件一般由其他器件使用,而不能控制其他器件。

(4) 扩展器件

扩展器件是为了VXI未来发展而定义的,它允许将来设计更新种类的器件、支持更高级的通信协议。

上述4种器件在VXI系统中担当的角色及器件之间的通信是基于一种器件分层关系进行的,即相互通信的两个器件,一个称为命令者,另一个称为从者。命令者是消息基器件,能控制一个或几个其他器件,被控器件就是该命令者的从者。命令者和从者是相对的,在多层次结构中,某些器件既可以是命令者,也可以是从者。由于VXI总线规范允许命令者/从者分层结构嵌套,所以一个消息基器件可能在本层是命令者,而在上层则是从者。命令者必须配置主模块功能,从者必须配置从模块功能。

2. **VXI 模块**

VXI系统的最小物理单元是组件模块,它由带电子器件和连接器的组件板、前面板和任选的屏蔽壳组成。VXI系统的每个模块都要符合一定的尺寸,且插入主机箱并接牢连接器才能工作。规定的模块尺寸共有4种,如图2.6所示。

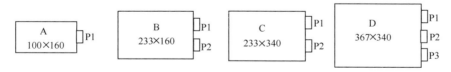

图2.6　VXI模块尺寸

A尺寸模块(高×深)为100mm×160mm;
B尺寸模块(高×深)为233mm×160mm;
C尺寸模块(高×深)为233mm×340mm;
D尺寸模块(高×深)为367mm×340mm。

A和B尺寸模块是VME总线规范所规定的模块,厚度为20mm,C和D尺寸模块是VXI总线新增的,厚度为30mm,但均允许扩展若干整数倍。

各种尺寸模块所用的连接器(又称接插件)如图2.7所示。其中P1连接器是各种尺寸模块都必需的连接器,也是VXI总线和VME总线都不可少的。B和C尺寸的模块除P1外还可使用P2。D尺寸模块除P1外,还可使用P2与P3连接器。每个连接器都是96个插脚的DIN接插件,该接插件均为三列,每列32个插脚。

A 和 B 尺寸模块在体积和价格上有明显的优势,特别适合功能相对简单的模块。由于尺寸限制,实现模块屏蔽比较困难。D 尺寸模块体积最大,适合于对定时要求特别严格、触发要求高速等应用场合。C 尺寸模块可满足绝大多数高性能模块化仪器的要求,能兼顾体积、成本、性能和产品屏蔽等因素,目前应用最为普遍。VXI 模块的外形如图 2.8 所示。

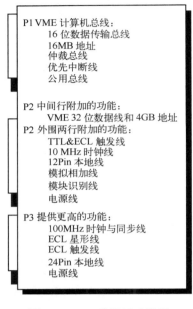

图 2.7　VXI 模块用连接器　　　　　图 2.8　VXI 模块的外形

3. VXI 主机箱

VXI 模块的机械载体是主机箱。与模块尺寸类型相适应,主机箱也有 A,B,C,D 四种尺寸可选择。大尺寸的主机箱通常也允许插入小尺寸的模块。模块的互连载体是主机箱的背板,背板与模块之间通过总线连接器衔接。VXI 标准主机箱如图 2.9 所示,模块从前面垂直插入,模块上的元件面朝右。VXI 规定:一个主机箱最多有 13 个槽位(0~12),其中 0 号槽位比较特殊,位于机箱的最左边或底部。一个模块一般占一个槽位,但 VXI 系统也允许设计和使用占多个槽位的"厚"模块。

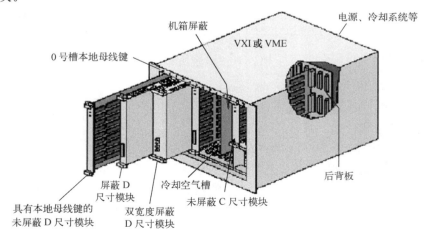

图 2.9　VXI 标准主机箱

VXI 的全部总线都印制在主机箱的背板上,并通过 3 个 96 芯的 J 型连接器 J1,J2,J3 与各模块连接,模块上的连接器对应为 P1,P2,P3。96 芯连接器分成 A,B,C 三列,每列 32 个引脚。如果机箱连接器竖放,那么从插座正面看,A 列位于最左边,C 列位于右边。

VXI 主机箱不仅提供背板,而且还需提供冷却、通风设备和电磁屏蔽条件以及适合模块仪器工作要求的公用电源。

2.2.3 VXI 总线组成及功能

1. VXI 总线组成

在 VXI 总线系统中,各种命令、数据、地址和其他消息都是通过总线传递的,了解总线的构成是进一步掌握 VXI 总线系统的一个重要基础。VXI 总线系统的各种总线都被印制在主机箱的多层背板上,通过 P1/J1,P2/J2,P3/J3("P"表示插头 Plug,"J"表示插座 Jack)连接器与各模块相连接。P/J 型连接器是 96 脚欧式连接器,分成 A,B,C 三列,每列 32 个引脚。

因为 VXI 总线是 VME 总线在仪器领域的扩展,所以 VXI 总线实际上是在 VME 总线的基础上扩展了一些适应仪器系统所需的总线而构成的。

VXI 总线的结构如图 2.10 所示。从功能上看,VXI 总线定义的信号可以分为 7 类:VME 计算机总线、模块识别线、时钟同步线、触发总线、模块相加线、本地总线和电源线。

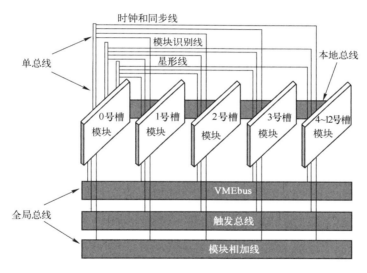

图 2.10 VXI 总线的结构

除 VME 总线外,其余总线均可认为是 VME 总线的扩展。由此可以将 VXI 总线分为 VME 总线和 VME 总线扩展的总线部分。VME 总线被安排在 P1/J1 连接器和 P2/J2 连接器的 B 列。VXI 总线系统中除保留 VME 总线的定义外,还定义了一些面向仪器应用的信号线,这些信号线被安排在 P2/J2 连接器的 A、C 列及 P3/J3 连接器上,包括模块识别线、时钟同步线、触发总线、模块相加线、本地总线和电源线。

2. VXI 总线功能

VXI 总线是模块间信号的载体,各种命令、数据、地址和其他消息都通过总线进行传递。由于 VXI 总线源于 VME 计算机总线,它实际上包含 VME 总线和增加的信号线两大类。

(1)VME 总线

VME 总线是构成 VXI 总线的基础,包含数据传输总线(Data Transfer Bus,DTB)、DTB 仲裁总线（DTB Arbitration Bus）、优先中断总线（Priority Interrupt Bus）和公用总线（Utility Bus）。这些总线都安排在 P1 连接器和 P2 连接器中间的一行引脚上。

① 数据传输总线（DTB）

数据传输总线用于传输数据。在 VME 总线系统中，它主要用于在 CPU 板的主模块和从属于它的存储器板及 I/O 板上的从模块之间传递消息，也可用于在中断模块与中断管理模块之间传递状态和识别消息。数据传输总线按功能可分为寻址线、数据线和控制线 3 组。

寻址线包括：地址线 A01～A31、地址修改线 AM0～AM5、数据选通线 DS0＊～DS1＊、长字线 LWORD＊。

数据线有 32 根，为 D00～D31。

控制线包括：地址选通线 AS＊、数据选通线 DS0＊～DS1＊、总线错误线 BERR＊、数据传输应答线 DTACK＊、读/写信号线 WRITE＊。

在主、从模块交换数据时，地址线由主模块驱动以进行寻址，根据利用的地址线数目不同，地址可以是短地址（寻址 64KB）、标准地址（寻址 64MB）和扩展地址（寻址 4GB），地址线的数目由地址修改线 AM0～AM5 规定。数据线 D00～D31 用来传输 1～4 字节数据。主模块用数据选通线 DS0＊～DS1＊、长字线 LWORD＊ 和地址线 A01 配合指定不同的数据传输周期类型。数据传输总线周期是异步进行的，主模块用地址选通信号 AS＊ 和数据选通信号 DS0＊～DS1＊ 向从模块发出控制，而从模块用数据传输应答信号 DACK＊ 来响应。

② DTB 仲裁总线

VME 总线支持多处理器的分布式系统，即在一个 VME 系统中允许多个具有主模块功能的模块存在，仲裁总线用来解决多个主模块争夺 DTB 总线使用权的问题，防止总线冲突。DTB 仲裁总线包括下列信号线：

- 总线请求线 BR0＊～BR3＊；
- 总线允许输入线 BG0IN＊～BG3IN＊；
- 总线允许输出线 BG0OUT＊～BG3OUT＊；
- 总线忙线 BBSY＊；
- 总线清除线 BCLR＊。

仲裁总线通过总线允许输入线和总线允许输出线构成菊花链式仲裁。

③ 优先中断总线

优先中断总线用于 VME 总线系统的中断器和中断处理器之间进行中断请求和中断认可，前者是提出中断请求的器件，后者是管理和处理中断的器件。各 CPU 之间通过 DTB、DTB 仲裁和优先中断总线建立通信路径。

VME 总线系统最多可以有 7 级中断，优先中断线包括：

- 中断请求线 IRQ1＊～IRQ7＊；
- 中断应答线 IACK＊；
- 中断应答输入线 IACKIN＊；
- 中断应答输出线 IACKOUT＊。

④ 公用总线

VME 公用总线为系统提供时钟、系统初始化及故障检测等功能。它包括如下信号线：

- 系统时钟线 SYSCLK；
- 序列时钟线 SERCLK；
- 序列数据线 SERDAT＊；

- 交流故障线 ACFAIL*；
- 系统复位线 SYSRESET*；
- 系统故障线 SYSFAIL*。

SYSCLK 提供一个占空比为 50% 的 16MHz 的时间基准。SERCLK 和 SERDAT* 用于实现扩展的串行数据传输。ACFAIL* 线反映交流电源是否出现故障,SYSRESET* 用于控制整个系统进行复位,两者都由电源监视器进行监测和控制。系统开机和复位时都需要经过自检,其结果由 SYSFAIL* 给出。此外,在系统运行过程中,如果有模块出现异常,也可使用 SYSFAIL* 线报告故障。

除上述 4 种总线外,VME 总线还提供了电源线、地线和保留线。

(2) VXI 增加的信号线

为适应高速、高性能仪器组件模块的需要,VXI 在保留 VME 系统的数据传输总线(DTB)、DTB 仲裁总线、优先中断总线和公用总线的基础上,新定义了一些面向仪器应用的信号线。这些新定义的信号线位于 P2 和 P3 连接器上,包括:模块识别线、时钟和同步线、仪器触发线、模拟相加线、本地总线和电源线。

① 模块识别线 MODID

MODID 线用来检测特定位置上的模块是否存在,或者识别一个特定器件的物理槽位。这些线(MODID00～MODID12)源于 VXI 系统的 0 号槽模块,分别接至 1～12 号槽(的 MODID),连接形式如图 2.11 所示。0 号槽自己的识别线就是 MODID00。

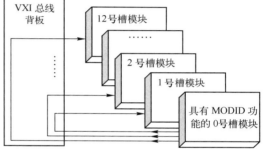

图 2.11 MODID 线的连接

MODID 线的用途有：

- 检查各插槽中模块是否存在,包括已有故障的模块；
- 识别一个特定器件的物理位置(插槽号)；
- 用指示灯或其他方法指出模块的实际物理位置；
- 检测 0 槽模块的位置是否正确。

② 时钟和同步线

时钟和同步线包括一个 10MHz 的系统时钟 CLK10,一个与 CLK10 同步的 100MHz 时钟 CLK100 和一个与 CLK100 上升沿同步的同步时钟 SYN100。SYN100 主要用于多个器件之间准确的时间配合,执行群触发功能。

CLK10 和 CLK100、SYN100 都源于 0 号槽模块,分别分布于 P2 和 P3 连接器上。它们都采用单一连接方式,并且在背板上为各槽信号提供单独的 ECL 差分驱动。这些信号都有较高的性能,如频率准确度高于 0.01%,CLK10 的绝对时延小于 8ns,100MHz 信号的插入时延小于 2ns 等。

③ 仪器触发线

为了适应仪器的触发、定时和消息传递的要求,VXI 系统增加了 3 种触发线:TTL、ECL 和星形触发线。

8 条 TTL 触发器 TTLTRG0*～TTLTRG7* 分布在 P2 连接器上,采用总线连接方式、集电极开路、负逻辑、TTL 电平相容。包括 0 号槽在内的任何模块都可驱动这些线,它是一组通用触发线,可以用于模块间的触发、时钟、挂钩和逻辑状态的传送。为适应各种消息传输需要,VXI 定义了同步触发、半同步触发、异步触发、启/停触发等 4 种标准定时协议。数据传输速率最高可达 12.5Mbps。

6 条 ECL 触发线 ECLTRG0～ECLTRG5 分布在 P2 和 P3 连接器上，主要作为模块高速定时资源。其连接方式、标准定时协议和用途均与 TTL 触发线相似，只不过它为正逻辑、ECL 电平相容，要求信号线阻抗终端负载严格按 50Ω 设计。

STARX 和 STARY 星形触发线分布在 P3 连接器上，用于模块间的异步通信。STAR 线在 0 号槽和 1～12 槽之间按星形方式连接，0 号槽模块可以通过一个交叉矩阵开关，控制 STARX 和 STARY 所连接的实际信号通路，也可以把从一条 STAR 线上接收的信号广播到一组 STAR 线上去。STAR 线是双向的，采用 ECL 差分驱动和接收。

④ 模拟相加线

相加总线 SUMBUS 是 VXI 系统背板上的一条模拟相加节点。该线通过一个 50Ω 的电阻接地，任何模块都可利用模拟电流源驱动该线，也可以借助高输入阻抗接收器（如模拟放大器）从该线接收信号。

⑤ 本地总线

本地总线 LBUS 采用菊花链路连接，分布在 P2 和 P3 连接器上。它由相邻安装的模块确定，用于两者之间高速通信，P2 连接器上的 LBUS 数据传输速率可分别高达 250MBps，而 P3 连接器上的 LBUS 数据传输速率可达 1GBps。使用这些本地总线，可省去两个模块间经过前面板的跳接电缆。本地总线可以支持 TTL、ECL、模拟低、模拟中、模拟高等 5 种电平信号通信。VXI 系统规定模块必须设置机械锁定键，指示该模块在两边可以非破坏性地接收或驱动的本地总线的信号种类。

⑥ 电源线

VXI 总线系统的电源可为每个仪器模块提供的最高功率为 268W，通过 VXI 背板总线可以提供 7 种不同电压：+5V、±12V、±24V、−5.2V、−2V。其中+5V、±12V 是 VME 标准规定的，±24V 是为模拟电路设计的，−5.2V 和 −2V 是为高速 ECL 电路设计的。对于更大的功率要求或特殊的电源，也可通过仪器模块的前面板直接由外部供给。

2.2.4 VXI 总线的通信协议

1. VXI 总线通信协议模型

VXI 总线系统的通信协议分若干层次，由器件的不同硬件和软件提供支持，执行不同层次的通信控制规程，如图 2.12 所示。

VME 总线的读/写/中断周期等操作是 VXI 总线系统最低层的通信协议。如果一个器件还支持在此之上的系统逻辑组态协议，即按 VXI 规范配置组态寄存器，那么它就是 VXI 器件。寄存器基器件和存储器器件就是仅具有这种通信能力的器件。

中断通信协议是指从者具有请求中断周期，向其命令者传送状态/识别字（STATUS/ID），表明它出于何原因请求中断的一种能力；信号通信协议是指从者可以通过直接写命令者的响应寄存器（而不是用中断方式）向其命令者报告响应/事件信息。信号/中断通信仍属于 VME 总线周期之列，只是具有命令者可编程序特性，是消息型器件可选择支持的通信协议。

受通信寄存器支持的字串行协议才是消息型器件必须执行的、命令者/从者器件间通信应该遵守的标准通信规程。字串行协议用于命令者向它的消息型从者传送 ASCII 命令或数据，这就允许用户用 ASCII 编码写命令程序，像控制 GPIB 仪器一样控制 VXI 器件。采用字串行协议控制消息型器件编程方便，但数据传输速率低。

REM 共享协议为消息型器件提供了更强的通信能力。这种通信协议允许两个非命令者/从者关系的、在同一种水平上的器件通过存储器块进行双向通信，其特点是速度快、吞吐量更大。

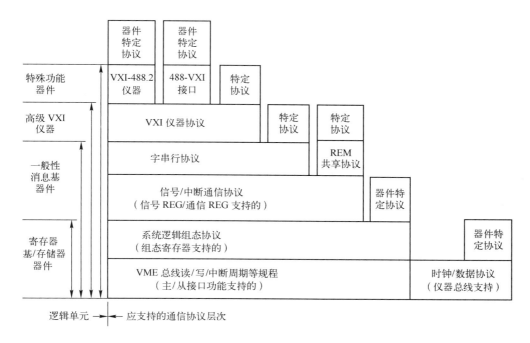

图 2.12 VXI 总线通信层次

VXI 总线规范要求所有消息器件都必须支持字串行通信协议。但为适应自动测试系统的需要,还要求器件执行某些公共的测试操作命令。为此,VXI 总线定义了"VXI 仪器",并制定了相应的 VXI 仪器通信协议。在此基础上又派生出某些特殊的器件,如 VXI-488.2 仪器、488-VXI 接口等,这些器件还执行某些特殊的协议。

以上通信协议是器件以 VME 的数据传输总线为媒介进行信息传输的控制协议。除此之外,VXI 总线系统还允许器件利用高性能、高速仪器信号线进行信息传输,因此定义了相应的时钟、触发、数据、状态传输协议。

还有一种器件特定协议,它是由器件设计者定义或采纳的,与仪器操作命令相关的编码、句法和语义规程,如 IEEE 488.2 或 GB/T 17563—1998,SCPI 等,主要描述程控仪器软件环境方面的内容。

2. VXI 总线通信协议

VXI 总线中参与通信的单元包括寄存器基从者、消息基从者和消息基命令者。

寄存器基从者是指寄存器基器件的通信单元。这类器件的通信协议在 VXI 标准中没有定义,即寄存器基从者不支持 VXI 总线的任何通信协议。控制寄存器基器件的协议完全取决于器件。这类器件的设计者可随意规定寄存器间的配合和正常操作所需的控制协议。

消息基从者通常具有独立执行复杂命令的能力,并可控制分层仪器系统中的其他器件。消息基命令者是消息基器件对其他器件进行控制的接口。消息基从者和命令者都使用 VXI 总线消息基的器件协议进行通信。

命令者和从者之间进行通信的协议,涉及从者的协议寄存器、响应寄存器和数据寄存器。最简单的通信是使用数据寄存器和响应寄存器,以字串行方式传送数据。所有消息基的器件都能执行这种协议,是为消息基的器件定义的最基本的通信方式,在硬件和软件的实现上也很简单,而且还能为完成系统任务提供所需的通信能力。

(1) 字串行协议

字串行协议是串行地从一个固定地址向另一个固定地址传送数据的通信协议,它是基于全双工 UART(通用异步接收器/发送器)的一种通用方式,每个操作都用双向数据寄存器和一个响应寄存器来实现。数据寄存器为全双工的,其读与写是完全独立的,每次写入的数据被解释为一个命令,除非事先已规定为数据。在连续写入时,命令可以包括嵌入的数据或被要求发送的数据,这样的命令/数据序列通常不允许中断。数据传送过程由响应寄存器中的状态位来协调。状态位表明写数据寄存器是否为空,以及读数据寄存器是否为满。

字串行协议的数据传送过程是由命令者控制进行的,并由响应寄存器中的状态位来协调。只有当响应寄存器中 WRDY 位为 1 时,数据才能被写入到写数据寄存器中。当数据已放在写数据寄存器中时,WRDY 位清 0,直至数据被从者接收。只有当响应寄存器中 RRDY 位置 1 时,有效数据才能从读数据寄存器中读出。当数据已从读数据寄存器中读出时,RRDY 位清 0,直至从者将另一个数据写入读数据寄存器中。

字串行通信有 3 种方式:字串行传输(16 位)、长字串行传输(32 位)、扩展长字串行传输(48 位)。其中长字串行传输和扩展长字串行传输信协议的支持是可选的,任何一种数据传输协议都可以随意地与其他两种协议混合使用。

① 字串行传输

字串行传输是所有消息基器件均具备的最基本的数据传输协议,其数据通道宽度是 16 位。数据是由对数据低寄存器的读或写来进行传输的。在默认情况下,所有的写操作都被解释为命令,每次传输都改变响应寄存器的"RRDY"或"WRDY"位的状态。

② 长字串行传输

长字串行传输是通过读、写数据高寄存器、数据低寄存器来传送数据,其数据通道宽度为 32 位。在默认情况下,所有的写操作都被解释为命令,每次长字串行传输都改变响应寄存器的"RRDY"或"WRDY"位的状态。

③ 扩展长字串行传输

扩展长字串行传输是数据通道宽度为 48 位,通过对数据低寄存器、数据高寄存器和数据扩展寄存器的写来进行数据传输。在默认情况下,所有的写操作都被解释为命令,每次扩展长字串行传输都改变响应寄存器的"WRDY"位的状态。

(2) 快速握手传输

字串行协议可以使用两种握手方式来传送数据,即正常传送方式和快速握手方式。

正常传送方式是用从者响应寄存器的"RRDY"位和"WRDY"位来使数据同步传送,而快速握手方式则是用从者的 DTACK(数据传送认可)和 BERR(总线错误)信号线来保证适当的同步。在这种方式下,从者在每次 VME 总线传送中等待读或写准备好条件,最多可持续 $20\mu s$。在这段时间内,相应准备好条件为真,则从者置 DTACK 线有效,完成这次数据传送;否则从者置 BERR 有效,指出总线错误。

基于消息的从者即使处于快速握手方式时,也可支持正常传送方式。从者用其协议寄存器的"快速握手"位来表示对快速握手方式的支持,用响应寄存器中的"FHSAC"(快速握手作用)位来表示快速握手当前的状态。

从者可通过清零"FHSAC"位来启动快速握手方式。在数据传送过程中,若从者不能在 $20\mu s$ 内完成快速握手传送,则须置 BERR 线有效来终止这种传送。这时,从者可将"FHSAC"位置 1,以正常传送方式传送数据,直至读/写准备好后,在恢复快速握手传送。

(3) 字节传输协议

字节传输协议是在命令者与其从者之间传输 8 位数据的协议,它使用"字节有效"和"字节请求"命令实现数据传送,具体方法如下。

① "字节有效"命令

命令者利用"字节有效"命令向从者发送一个字节的数据,格式如下:

D15	D14	D13	D12	D11	D10	D9	D8	D7~D0
1	0	1	1	1	1	0	END	数据字节

其中,D15~D9 为命令标识,内容固定,D7~D0 是命令者向从者发送的数据字节,D8 用来传送 END 消息,为 1 时表示这次发送的字节是字节串的最后一个字节,为 0 说明还有字节要发送。

② "字节请求"命令

命令者可用"字节请求"命令从其从者处取回一个字节数据。"字节请求"命令是一个固定的 16 位命令,其编码为 DEEFH,写入从者的数据低寄存器,要求从者在其数据低寄存器返回一个数据字节,格式如下:

D15	D14	D13	D12	D11	D10	D9	D8	D7~D0
1	1	1	1	1	1	1	END	数据字节

其中,D15~D9 均为 1,D7~D0 为从者发给命令者的数据字节,D8 用来传送结束信息,为 1 表示这是从者发送的最后一个字节,为 0 说明还有字节要发送。

在这种用命令直接传送数据字节的方式中,数据的流动靠从者响应寄存器中的 DIR 位和 DOR 位来控制。当 DIR 位为 1,说明从者已准备好输入数据,能接收"字节有效"命令;当 DOR 位为 1 时,说明从者已准备好输出数据,能接收"字节请求"命令;当 DOR 位或 DIR 位为 0 时,命令者不能向其发送"字节请求"或"字节有效"命令。

2.2.5 VXI 总线系统资源

VXI 总线规范规定,系统公用资源器件用于系统资源管理。第一个公用资源器件是 0 号槽服务器件,它在物理连接层向系统提供公用资源(如系统时钟、模块识别线);第二个公用资源器件称为资源管理器,它提供系统的逻辑组态和管理服务。

1. 0 号槽服务器件

0 号槽器件向 VXI 总线系统的 1~12 号槽提供公用资源,其逻辑组成和主要功能可归纳为以下几点:

① 系统时钟功能模块,提供 VXI 总线的 SYSCLK(16MHz)、CLK10、CLK100 和 SYN100 时钟和同步信号;

② STARX 和 STARY 星形触发线程控组合矩阵;

③ 系统复位等管理模块,提供和处理 SYSRESET*、ACFAIL* 和 SYSFAIL* 信号;

④ 模块识别功能模块,驱动和接收 MODID00~MODID12 线。

0 号槽器件首先应该具有相应的 VXI 总线器件的配置能力,在逻辑上识别 0 号槽器件的依据是:

① 器件型号寄存器中的生产厂家卡识别码必须在 0~255 之内,非 0 号槽或丧失 0 号槽功能器件必须取在 0~255 之外;

② 作为 0 号槽服务功能时必须插在 0 号槽位上,逻辑地址通常也为 0。

0 号槽器件可以是寄存器基器件或消息基器件,其功能也可以由高级的资源管理器提供(而且通常都是如此)。对于0号槽寄存器基器件和消息基器件,资源管理器实现"器件识别"的方法略有不同。0号槽寄存器基器件定义了一个MODID寄存器,通过读、写该寄存器操作MODID线。0号槽消息基器件则通过支持"读MODID"、"置MODID低"、"置MODID高"命令,完成MODID线操作。

2. 资源管理器

资源管理器是提供总线系统组态和管理服务的VXI器件。一个资源管理器必须是具有命令者能力的消息基器件,其逻辑地址为0,通常也提供0号槽服务。资源管理器按其组态能力可分为静态(Static Configuration,SC)资源管理器和动态(Dynamic Configuration,DC)资源管理器。所谓动态和静态,主要指是否支持器件动态逻辑地址组态。

静态资源管理器为系统提供6种组态服务功能,通常在系统上电时执行。

① 识别系统中所有的VXI总线器件。当0号槽器件释放SYSRESET*之后,等待所有器件释放自检信号SYSFAIL*,或者等待4.9s后,在已定义的256个配置寄存器地址范围内,读出每个地址的状态寄存器,如果成功,则相应的器件存在;若发生总线错误,则该器件不存在。

② 管理系统自测试和诊断序列。等待系统各VXI总线器件完成初始化、自检过程。器件成功通过自检的标志是释放SYSFAIL*线和置状态寄存器的"准备好"位为1,"通过"位为1。

如果个别器件没有通过自检,即系统SYSFAIL*线没释放、"通过"位为0,则管理器可把"1"写入其控制寄存器的"复位"位或"SYSFAIL禁止"位,强迫器件进入软复位状态,或直接释放SYSFAIL*线。

③ 配置系统的A24和A32地址空间。读器件ID寄存器,确定器件操作寄存器寻址方式和器件类别。读器件型号寄存器,确定器件所需的存储器单元数m。根据上述信息,计算出特定器件A24/A32空间操作寄存器基地址偏移量,把基地址偏移量写入器件偏移寄存器的高($m+1$)位,并在控制寄存器"A24/A32使能"位写"1"。

④ 配置系统的命令者/从者层级。资源管理器必须能在整个系统范围内建立起通信分层结构,该结构是一个或多个倒树形式,一个器件既可以是命令者,也可以是从者,但最顶层的命令者只拥有从者。命令者对其直接从者的通信寄存器和控制寄存器享有专用控制权。资源管理器建立分层结构的方法为:首先,检查每个消息基器件的协议寄存器中"命令者"位,找出所有的命令者器件;然后,使用"读从者区域"命令,读出每个命令者的从者区域大小,并决定命令者/从者层次;最后,使用"选中器件"命令,给命令者分配从者。

⑤ 分配VME总线的IRQ线。资源管理器负责为系统中各中断处理器和中断分配IRQ线。每条IRQ线仅分配给一个中断处理器,但可分配给几个中断器。

⑥ 启动正常系统操作。完成过程之后,资源管理器可以提供一些系统相关的启动服务。资源管理器向所有顶层的命令者发"开始正常操作"命令。顶层命令者收到该命令后,也向它的消息基从者器件发同样的命令。依次类推,该命令从命令者到从者一级级往下传,直到所有消息基器件都收到。至此系统开机过程结束,进入实时运行状态。

2.2.6 VXI总线仪器系统

VXI总线系统结构允许不同厂家生产的各种仪器、接口插板或计算机,以模块形式共存于同一VXI总线主机箱中。VXI总线没有规定特定的系统层次或拓扑结构,也没有规定系统中所使用的微处理器的类型、操作系统及主计算机的接口。但还是推荐了几种典型的系统构成形式,如图2.13所示。VXI总线系统的典型结构有单CPU系统、多CPU系统、独立系统和分层式仪器系统等。

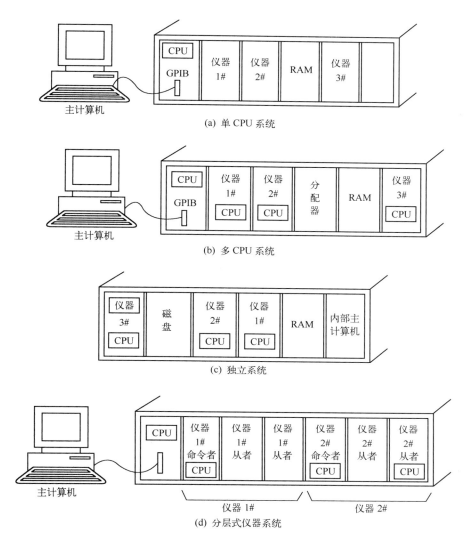

图 2.13 VXI 系统的典型结构

(1) 单 CPU 系统

所有仪器模块都由一个 CPU 模块集中控制(含 VXI 总线运行和仪器操作)。

(2) 多 CPU 系统

是分布式多 CPU 系统,每个仪器模块 CPU 仅接受主计算机接口控制。

(3) 独立系统

主机箱内含主计算机,可以看成是独立的 VXI 总线测试系统,其他仪器模块可以是多 CPU 系统,也可以是单 CPU 系统。

(4) 分层式仪器系统

也是多 CPU 系统,每个并行 CPU 在接受主计算机控制的同时,各自又都控制若干仪器模块。

2.3 PXI 总线

PXI(PCI eXtensions for Instrumentation)是 PCI(Peripheral Component Interconnect)在仪器领域的扩展,是与 VXI 总线并行的另一种模块式仪器总线标准。它由 PXI 系统联盟在 1997

年制定,将CompactPCI(坚固PCI)规范定义的PCI总线技术发展成适合于试验、测量与数据采集场合应用的机械、电气和软件规范,从而产生了新的虚拟仪器体系结构。制定PXI规范的目的是将通用PC的性能价格比优势应用到模块化仪器领域,形成一种高性价比的虚拟仪器测试平台。

2.3.1 PXI总线的特点

PXI总线系统的构成结构与VXI系统有相似之处,由总线、模块和机箱构成,如图2.14所示。PXI总线主要特点有:

① 高速PCI总线结构,传输速率可达132MBps(33MHz、32位总线)和528MBps(66MHz、64位总线),与PCI完全互操作;

② 模块化仪器结构,具有标准的系统电源、集中冷却和电磁兼容性能;

③ 具有10MHz系统参考时钟、触发线和本地线;

④ 具有"即插即用"仪器驱动程序;

⑤ 具有低价格、易于集成、较好的灵活性和开放式工业标准等优点;

⑥ 标准系统提供8槽机箱结构,多机箱可通过PCI-PCI接口桥接;

⑦ 具有兼容GPIB和VXI仪器系统的GPIB接口和MXI(Multisystem eXtension Interface)接口;

⑧ 具有内嵌式控制器和通过MXI-3接口扩展的外接PC控制器两种系统控制方式。

图2.14 PXI总线系统示意图

2.3.2 PXI总线规范

PXI总线规范涵盖了三大方面的内容:机械规范、电气规范和软件规范,如图2.15所示。

PXI总线规范的体系结构如图2.16所示。

1. PXI机械规范

PXI系统除支持CompactPCI机械特性外,为了更易系统集成,另外增加了一些其他机械特性。包括系统槽的位置、控制器的互换性、PXI的标志、环境测试、制冷、接地和电磁兼容(EMI)的指导方针等。

(1)模块尺寸与连接器

PXI支持3U和6U两种尺寸的模块(U,1U=44.45mm),分别与VXI总线的A尺寸和B尺寸模块相同,如图2.17所示。3U模块的尺寸为100mm×160mm,模块后部有两个连接器J1和J2。连接器J1提供了32位PCI

图2.15 PXI总线规范涵盖的内容

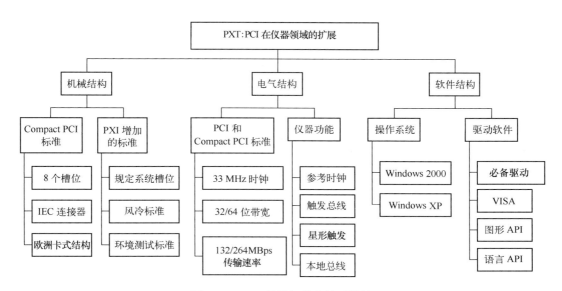

图 2.16 PXI 总线规范的体系结构

局部总线定义的信号线,连接器 J2 提供了用于 64 位 PCI 传输和实现 PXI 电气特性的信号线。6U 模块的尺寸为 233.35mm×160mm,除了具有 J1 和 J2 连接器外,6U 模块还提供了实现 PXI 性能扩展的 J3 和 J4 连接器。

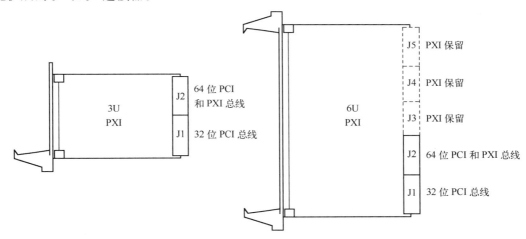

图 2.17 PXI 模块尺寸和连接器

PXI 使用与 CompactPCI 相同的高密度、屏蔽性、针孔式连接器,连接器引脚间距为 2mm,符合 IEC1076 国际标准。

CompactPCI 规范(PICMG2.0 R3.0)中定义的所有机械规范均适用于 PXI 3U 和 6U 模块。

(2) 机箱与系统槽

一个 PXI 总线系统由一个机箱构成,机箱带有背板总线并提供系统控制模块与外围模块连接的方法。一个典型的 PXI 系统示意图如图 2.18 所示。

每个机箱都有一个系统槽和一个或多个外围扩展槽。星形触发控制器是可选模块,如果使用该模块,应该将其置于系统控制模块的右侧;如果不使用该模块,其槽位可用于外围模块。3U 尺寸的 PXI 背板上有两类接口连接器 P1 和 P2,与 3U 模块的 J1 和 J2 连接器相对应。一个单总线段的 33MHz PXI 系统最多可以有 7 个外围模块,66MHz PXI 系统则最多可以有 4 个外围模块。使用 PCI-PCI 桥接器能够增加总线段的数目,为系统扩展更多的插槽。

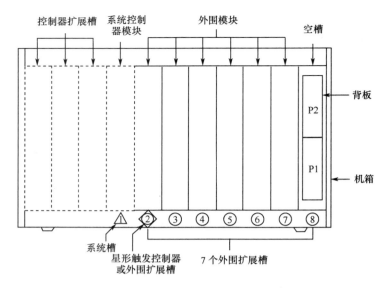

图 2.18 33MHz 3U PXI 系统示意图

CompactPCI 规范允许系统槽位于背板的任意位置,而在 PXI 系统中,系统槽的位置被定义在一个 PCI 总线段的最左端,这就简化了系统集成的复杂性,提高了 PXI 控制器与机箱之间的兼容程度。此外,PXI 规范规定:如果系统控制器需要占用多个插槽,它只能以固定槽宽(一个插槽宽度为 20.32mm)向系统槽的左侧扩展,避免了系统控制器占用其他外围模块的槽位。控制器扩展槽没有连接器与背板相连,不能用于插接外围扩展模块。

PXI 与 CompactPCI 的兼容性使二者保持了较好的互操作性,用户可以在 PXI 机箱中使用 CompactPCI 模块,或者在 CompactPCI 机箱中使用 PXI 模块。

(3) PXI 商标和兼容性标志

PXI 商标如图 2.19 所示,各 PXI 产品生产商都可以向 PXI 系统联盟申请商标的使用授权,成为 PXI 系统联盟成员的厂商,在所生产的 PXI 模块前面板或插拔手柄上印制 PXI 产品商标,表明该产品完全符合 PXI 规范要求。PXI 商标可以替代 CompactPCI 标志。另外,一个产品可以同时带有 CompactPCI 和 PXI 标志。

PXI 机箱必须清楚地给每一个插槽标明唯一的标号,而且标号是叠在特定的兼容性标志上的,如图 2.18 所示。系统槽的兼容性标志为正三角形,外围扩展槽的标志为圆形,星形触发槽的标志为旋转 45°的正方形,如图 2.20 所示。因为星形触发槽同时可以支持标准的外围模块,故外围模块的标志与星形触发槽的标志可一起使用。

一个机箱可以拥有多个总线段,多个 PCI 总线段机箱和底板采用总线段的分隔符将每个总线段分隔开,如图 2.21 所示。

图 2.19 PXI 商标

图 2.20 星形触发槽标志

图 2.21 PCI 总线段分隔符

(4) 环境测试

PXI 机箱、系统控制器和外围模块均应进行储藏温度和工作温度指标测试,并推荐进行湿度、振动和冲击测试。PXI 规范推荐所有环境测试按照 IEC 60068 规范描述的过程进行,测试结果应随产品一起提供给最终用户。如果制造商选择按照其他标准进行环境测试,也应将相应的测试过程文档提供给最终用户。

(5) 冷却规范

PXI 模块在机箱中应有一个如图 2.22 所示的从底到顶的合适的气流通路。制造商应在产品文档中标明模块的正常使用功率。机箱在设计时,要考虑为每个模块提供如图 2.22 所示的制冷通路,机箱的说明书中应注明机箱能提供的最大消耗功率以及插槽允许消耗的最大功率,并在文档中注明进行功率测试的具体过程。

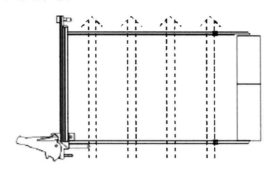

图 2.22　PXI 系统模块冷却气流图

(6) 机箱与模块的接地和 EMI

PXI 机箱应留有能实现机箱地与大地直接(低阻)相接的端子。建议 PXI 模块使用 PIC-MG2.0 R3.0 规范中描述的带金属护套的连接器,以实现 EMI/RFI 防护的功能。按照 IEEE 1101.10 规范的要求,金属护套应通过低阻路径与模块的前面板实现电气连接。PXI 模块尽量不要将电路板上的逻辑地与机箱地相连。

2. PXI 电气规范

PXI 总线规范是在 PCI 规范的基础上发展而来的,具有 PCI 的性能和特点,包括 32 位/64 位数据传输能力,以及分别高达 132MBps 和 528MBps 的数据传输速率,还支持 3.3V 系统和即插即用。PXI 在保持 PCI 总线所有优点的前提下,还增加了专门的系统参考时钟、总线型触发线、星形触发线、参考时钟和本地线,单个 PXI 机箱的仪器模块插槽总线达到 7 个,比台式 PC 多提供了 3 个模块插槽。PXI 总线的电气性能如图 2.23 所示。

PXI 电气规范描述了 PXI 系统中各种信号的特征及时限要求,规定了 PXI 连接器的引脚定义、电源规范和 6U 尺寸系统的实现规范等。

(1) PXI 总线

PXI 总线的信号可以分为两类:一类是直接从 CompactPCI 系统中映射过来的信号,包括 32 位总线模式映射于 P1/J1 连接器的信号和 64 为模式映射于 P2/J2 连接器的信号;另一类是 PXI 在标准 PCI 总线的基础上增加了仪器专用信号线,包括总线型触发线、星形触发线、参考时钟和本地线,以满足仪器用户对高级定时、同步和边带通信的需要。

PXI 总现在 PCI 总线基础上扩展的信号线主要有:

① 参考时钟(10MHz Reference Clock)

PXI 总线规范定义了将 10MHz 参考时钟(PXI_CLK10)分布到系统中所有模块的方法。该参考时钟可用作同一测量或控制系统中的多卡同步信号。由于 PXI 严格定义了背板总线上的参考时钟,而且参考时钟具有的低时延性能,使各个触发总线的时钟边缘更适合于满足复杂的触发协议。

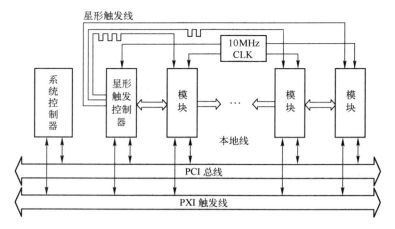

图 2.23 PXI 总线的电气性能

② 总线型触发线(PXI Trigger Bus)

PXI 有 8 条总线型触发信号线 PXI_TRIG[0:7]。利用触发总线可以实现无法由 PXI_CLK10 得到的可变频率时钟信号。

使用总线型触发线的方法可以是多种多样的。例如，通过触发线可以同步几个不同 PXI 模块上的同一操作，或者通过一个 PXI 模块可以控制同一系统中其他模块上一系列动作的时间顺序。为了准确地响应正在被监控的外部异步事件，可以将触发从一个模块传给另一个模块。所需触发信号线数量随事件的数量与复杂程度的变化而变化。

③ 星形触发线(Star Trigger)

PXI 星形触发线为 PXI 总线系统用户提供了超高性能同步功能。如图 2.23 所示，星形触发线是在紧邻系统槽的第一个仪器模块槽与其他 6 个仪器模块槽之间各配置了一根唯一确定的触发线形成的。在星形触发专用槽中插入一块星形触发控制模块，就可以给其他仪器模块提供非常精确的触发信号。当然，如果系统不需要这种超高精度的触发，也可以在该槽中安装别的仪器模块。

需要注意的是，当需要向触发控制器报告其他槽的状态或报告其他槽对触发控制信号的响应情况时，就得使用星形触发方式。PXI 系统的星形触发结构具有两个突出的优点：一是确保系统中的每个模块有一根唯一确定的触发线，对大型系统来说，这就避免了在一根触发线上组合多个模块功能或者人为地限制触发时间；二是每个模块中的单个触发点所具有的低时延连接性能，保证了系统中每个模块间非常精确的触发关系。

④ 本地线(Local Bus)

PXI 定义了与 VXI 总线相似的菊花链或本地线，它是一种具有多种用途的用户定义线，用于相邻模块间传送信号。本地线有 13 根信号线，可用来传送模块间的模拟信号或提供不影响 PXI 带宽的高速边带数据传输。对多数插槽来说，本地线的功能是用户定义的。系统模块并未设置本地线，它将这些引脚用于 PCI 仲裁与时钟功能。另外，在 PXI 总线规范中还规定，本地线信号的范围可从高速 TTL 信号直至高达 42V 的模拟信号。本地线的配置是由初始化软件实现的，初始化软件根据各个模块的配置信息来使能本地线，禁止类型不兼容的本地线同时使用。

(2) 6U 系统的实现

6U 尺寸的模块用于需要更多电路板空间的系统及未来需要通过 J3 和 J4 连接器实现功能扩展的系统中。PXI 规范中规定，6U 外围模块只实现 J1 和 J2 连接器上的功能，不应使用 J3 和

J4连接器,而留待PXI规范的未来版本使用。

(3) 采用PCI-PCI桥接技术实现扩展

使用标准的PCI-PCI桥接技术能够将PXI系统扩展为多个总线段。双总线段星形触发线结构如图2.24所示。

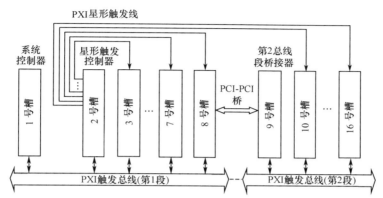

图2.24 双总线段星形触发线结构

在两个总线段的PXI系统中,桥接器位于第8和第9槽位上,连接两个PCI总线段。双总线段的33MHz PXI系统能够提供13个外围扩展槽,计算公式如下:

(2个总线段)×(8个槽/总线段)−(1个系统槽)−(2个PCI-PCI桥接槽)=13个可用扩展槽

同样,三总线的PXI系统能够提供19个外围扩展槽。

在进行系统扩展时,PXI不允许在两个总线段之间直接将触发线进行物理连接,以免降低触发线的性能。建议采用缓冲器的方式实现多总线段PXI系统间的逻辑连接。

星形触发控制器至多提供对双总线段13个外围模块的访问能力,不提供对更多总线段的支持。

(4) 机箱电源规范

PXI机箱电源应按照表2.2和表2.3所示的规范进行设计。

表2.2 5V机箱电源电流规范

电流	5V		3.3V		+12V	−12V
	系统槽	外围槽	系统槽	外围槽	所有槽	所有槽
需要值	4A	2A	6A	0A	0.5A	0.1A
推荐值	6A	2A	6A	0A	0.5A	0.1A

表2.3 3.3V机箱电源电流规范

电流	5V		3.3V		+12V	−12V
	系统槽	外围槽	系统槽	外围槽	所有槽	所有槽
需要值	0.5A	0.5A	6A	3A	0.5A	0.1A
推荐值	6A	2A	6A	3A	0.5A	0.1A

PXI模块制造商需在产品文档中给出各模块所需的电源电流指标。单一的系统控制器模块或外围扩展模块不能从任一电源引脚吸入或向任一地引脚返回大于1A的电流。

3. **PXI软件规范**

像其他总线标准体系一样,PXI定义了保证多厂商产品互操作性的仪器段(即硬件)接口标准。与其他规范所不同的是,PXI在总线级电气要求的基础上还增加了相应的软件要求,以进一步简化系统集成。这些要求包括支持标准操作系统框架,支持VXI即插即用系统联盟定义的

VPP 规范和 VISA 规范，厂家需提供外围模块的相应驱动程序等。

PXI 总线规范提出了 PXI 系统使用的软件框架，包括 Windows 2000、Windows XP、Windows 7 等。无论在哪种框架中运行的 PXI 总线控制器都应支持当前流行的操作系统，而且必须支持未来的更新换代。这种要求的好处是控制器能支持最流行的工业开发环境，诸如 NI 的 LabVIEW、LabWindows/CVI、Microsoft 的 VC++、VB 等。

PXI 规范要求所有模块提供具有在合适框架运行的驱动程序，还要求生产厂家而不是用户开发驱动程序，因而减轻了用户的负担。

与 VXI 系统相似，PXI 总线系统也提供 VISA 软件标准，作为配置与控制 GPIB、VXI、串行与 PXI 总线仪器的手段。PXI 加入 VISA 标准内容能保护仪器用户的软件投资。VISA 提供 PXI 至 VXI 机箱与仪器或分立式 GPIB 与串行仪器的链接。VISA 是用户系统确立配置与控制 PXI 模块的标准手段。

PXI 总线规范还规定了仪器模块和机箱制造商必须提供用于定义系统能力和配置情况的初始化文件等其他一些软件。初始化文件所提供的这些信息是操作软件用来正确配置系统必不可少的。例如，通过这种机制，可以确定相邻仪器模块是否具有兼容的本地线。要是丢失任何信息，本地线将无法操作和利用。

2.3.3 PXI 仪器系统

与 VXI 系统类似，一个典型的 PXI 系统一般由 PXI 机箱、PXI 控制器和若干 PXI 模块构成。

1. PXI 机箱

PXI 机箱主要由总线背板、仪器插槽、冷却系统、壳体组成，有 3U 和 6U 两种尺寸。机箱为系统提供了坚固的模块化封装结构。按尺寸不同，机箱有 4 槽到 21 槽不等，并且还可以有一些专门特性，如 DC 电源和集成式信号调理。从外形和配置方式上分类，有便携式、台式和机架式等，PXI 机箱如图 2.25 所示。

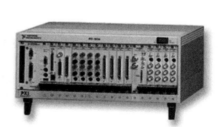

图 2.25 PXI 机箱

2. PXI 控制器

PXI 控制器有嵌入式和外置式两种形式。

（1）嵌入式控制器

嵌入式控制器提供了丰富的标准和扩展接口，例如，串行接口、并行接口、USB 接口、鼠标、键盘口、以太网接口及 GPIB 接口等。丰富的接口带来的最直接的好处就是节省仪器扩展槽的使用，最大限度地在 PXI 机箱内插入更多的仪器模块。PXI 规定系统槽位于总线最左端，主控机只能向左扩展其自身的扩展槽，不能向右扩展而占用仪器模块插槽。作为嵌入式控制器，必须要放在系统槽内。

嵌入式控制器如图 2.26 所示，其优点是结构紧凑，易于维护。多数嵌入式控制器是 6U 尺寸的,部分是 3U 尺寸,占用 1～4 个槽位,通常内置硬盘、显示器接口和其他一些外围接口,CPU 为 Pentium 处理器级别。

(2) 外置式控制器

外置式控制器采用外置台式 PC 结合总线扩展器的方式实现系统控制。通常需要在 PC 扩展槽中插入一块 MXI-3 接口卡,然后通过铜缆或光缆与 PXI 机箱 1 号槽中的 MXI-3 模块相连。MXI-3 是 NI 公司提出的一种基于 PCI-PCI 桥接器规范的多机箱扩展协议,它将 PCI 总线以全速形式进行扩展,外置 PC 中的 CPU 可以透明地配置和控制 PXI 模块。MXI-3 模块通常是 3U 尺寸的。

MXI-3 接口可实现两条 PCI 总线的桥接,达到 1.5Gbps 的串行连接速度,具有软件和硬件的透明性,独立于操作系统平台,可以工作在 Windows 等操作系统中。从物理连接特性来看,MXI-3 外置式控制器由两种配置方式:直接 PC 控制和 PXI 多机箱扩展。

图 2.26 PXI 嵌入式控制器

① 直接 PC 控制

直接 PC 控制如图 2.27 所示。在外部主控 PC 扩展槽内插入 MXI-3 接口卡,通过线缆与 PXI 机箱系统槽上的 MXI-3 模块连接。在这种方式下,随着 PC 的升级换代,非常有利于 PXI 控制器的升级。

图 2.27 直接 PC 控制(带 MXI-3 接口的外置式 PC 控制器)

② PXI 多机箱扩展

PXI 多机箱扩展示意图如图 2.28 所示。在主机箱内由两个 MXI-3 模块,其中,第一个 MXI-3 模块安装在主机箱的系统槽上,用来实现 PC 的直接控制;而另一个 MXI-3 模块可以安装在任意一个仪器槽内,用来实现 PXI 机箱的级联。连接电缆可以是铜缆,也可以是光缆。采用铜缆时,连接距离限制在 10m 以内;采用光缆时,最远连接距离可达 200m,可根据应用场合灵活选用。值得注意的是,MXI-3 接口仅扩展了 PCI 总线,而不能扩展 PXI 的时钟和触发信号。

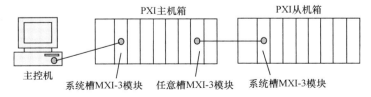

图 2.28 PXI 多机箱扩展示意图

这种配置方式的优点是可以充分利用先进的 PC 技术且系统的成本低。

3. PXI 模块

自从 PXI 成为开放的工业标准以来，各公司生产的 PXI 模块已经有数百种可供选择，类别包括：

（1）PXI 接口模块

PXI 接口模块包括各种与其他仪器总线接口模块（如 GPIB，RS-232，RS-485，VXI 等）、军用接口模块（如 MIL-STD-1553 和 ARINC-429 等）以及通信接口模块（如 CAN，Ethernet，光纤，PCMCIA 等）。

（2）PXI 模拟仪器模块

PXI 模拟仪器模块主要产品有数字多用表，计数器、任意波形发生器、函数发生器、模数转换器、数模转换器、数字化仪、程控功率源等。

（3）PXI 数字仪器模块

数字仪器模块有数字 I/O、光电隔离数字 I/O 等。

（4）PXI 开关模块

开关模块是实现测试自动化的重要部件，PXI 开关模块主要有扫描器、开关矩阵、复用器和独立继电器等。

（5）特种 PXI 模块

在常用模块的基础上，很多公司还推出了一些满足特殊应用场合的 PXI 模块，例如单色和彩色图像采集模块、边界扫描模块、运动控制器、协议分析仪、视频信号发生器等。

PXI 模块结构如图 2.29 所示。

图 2.29 PXI 模块结构

2.4 LXI 总线

从美国 HP 公司在 1972 年提出 GPIB 总线以来，测试仪器的发展经历了 GPIB 总线、VXI 总线和 PXI 总线等多种形式。采用这些总线技术组建的测试系统被广泛地使用。但是不管采用哪种技术的自动测试系统都存在不足。如 GPIB 仪器的体积和质量大，数据传输速度慢，且用 GPIB 卡和电缆来实现程控的成本较高；VXI 系统虽然有较小的体积和质量，通道数也很多，但是它必须采用 VXI 机箱、零槽控制器及 1394-PCI 接口卡才可实现程控，构建系统的成本比较高；PXI 仪器虽然比 VXI 仪器的体积小，重量轻，成本也低，但其功能覆盖面有限，通道数和电磁兼容性都比 VXI 差。另外，GPIB、VXI、PXI 自身也无法构建分布式测试系统。

为了更好地研发自动测量仪器系统，安捷伦技术公司和 VXI 科技公司于 2005 年 9 月联合推出了新一代基于局域网（Local Area Networks，LAN）的模块化平台标准 LXI（LAN eXtensions for Instrumentation）。LXI 基于著名的工业标准以太网（Ethernet）技术，扩展了仪器需要的语言、命令、协议等内容，构成了一种适用于自动测试系统的新一代模块化仪器平台标准。

2.4.1 LXI 的特点和优势

LXI 是以太网技术在测试自动化领域应用的拓展，其总线规范融合了 GPIB 仪器的高性能、VXI/PXI 插卡式仪器的紧凑灵活和以太网的高速吞吐率，而且其性能比以往测试系统的解决方案更紧凑、更快速、更廉价也更持久。相对于其他的仪器测试总线，LXI 有以下特点。

(1) 开放式工业标准

LAN 和 AC 电源是业界最稳定和生命周期最长的开放式工业标准,由于其开发成本低廉,各厂商很容易将现有的仪器产品移植到基于 LAN 仪器平台上来。

(2) 向后兼容性

因为基于 LAN 的模块只占 1/2 标准机柜宽度,体积上比可扩展式(VXI,PXI)仪器更小。同时,升级现有的 ATS(Automatic Test Systems)不需重新配置,并允许扩展为大型卡式仪器(VXI,PXI)系统。

(3) 成本低廉

在满足军用和民用客户要求的同时,保有现存台式仪器的核心技术,结合最新科技,保证新的 LAN-Based 模块的成本低于相应的台式仪器和 VXI/PXI 仪器。

(4) 互操作性

作为合成仪器(Synthetic Instruments)模块,可以高效且灵活地组合成面向目标服务的各种测试单元,从而彻底降低 ATS 系统的体积,提高系统的机动性和灵活性。

(5) 及时方便地引入新技术

由于各模块具有完备的 I/O 定义文档,所以模块和系统的升级仅需要核实新技术是否涵盖了其替代产品的全部功能。

因此,与传统的卡式仪器相比,LXI 模块化仪器具备了以下优势:

① 集成更为方便,不需要专用的机箱和 0 号槽计算机;
② 可以利用网络界面精心操作,不需要编程和其他虚拟面板;
③ 连接和使用更为方便,可以利用通用的软件进行系统编程;
④ 非常容易实现校准计量和故障诊断;
⑤ 灵活性强,可以作为系统仪器,也可以单独使用。

另外,由于 LXI 模块本身配备有处理器、LAN 连接、电源供应器和触发输入,所以它不像模块式卡槽必须使用昂贵的电源供应器、背板、控制器及 MXI 插卡和连接线。

2.4.2 LXI 总线规范

LXI 总线标准由 LXI 联盟编写和控制,其目的是开发基于 LAN 的标准仪器和相关的外围器件,内容包括 3 类(A,B,C 类)仪器、物理规范、LAN 规范、LAN 配置、LAN 发现、可编程接口、网络接口、模块—模块的通信、基于 LAN 触发、硬件触发、安全、文档、许可和符合性。

LXI 标准围绕 6 个主要方面,即物理要求、LXI 仪器的同步和触发、LXI 模块间的数据通信、驱动程序接口、LXI 的 LAN 规范和 Web 接口。标准是这些要求项目的组合,有些是推荐性的,少数是过渡期允许的。LXI 接口规范最具挑战性的是模块仪器的同步、定时、测试网络结构和软件互用性,而冷却、机械、电磁兼容、电源等条款,则参照 VXI,PXI 等仪器的规定,实现比较容易。

1. LXI 仪器分类

基于 LAN 的测试设备很多,但仅仅有网络端口是不能称为 LXI 设备的。LXI 标准定义了 3 种类型的仪器,这 3 种类型能在测试系统中混用。

① C 类仪器。这是独立型仪器或台式仪器,具有 LAN 的所有能力,并且把 Web 接口用于仪器设置和数据访问。C 类仪器必须符合基本的物理要求、Ethernet 协议和 LXI 接口标准。C 类仪器提供 IVI 驱动程序 API(应用程序接口)。C 类 LXI 仪器是基本类型,所有各类型 LXI 仪器都需达到 C 类要求。

② B类仪器。这类仪器可用于分布式测量系统。B类仪器除应满足C类仪器的要求外，还要加上基于LAN的触发和IEEE 1588定时同步协议。

③ A类仪器：这类仪器除满足C类和B类仪器要求外，还要加上硬件触发总线。

2. LXI的物理规范

LXI的物理规范定义了仪器的机械、电气和环境标准，规范兼容现存的IEC 60297标准，可以支持传统的全宽机架安装仪器以及由各仪器厂商自定义的新型半宽机架安装仪器。LXI模块不同于VXI和PXI，它们是自封装的。LXI模块提供自己的电源、冷却、触发、EMI屏蔽和Ethernet通信。

1) 机械标准

机械标准主要规定了LXI仪器的机箱尺寸和冷却等标准。

(1) 机箱尺寸

符合LXI物理规范的仪器有4种机箱尺寸，即非机架安装仪器、符合IEC 60297标准的全宽机架安装仪器、符合厂商自定义标准的半宽机架安装仪器和LXI标准定义的半宽机架安装仪器。多种可选的机箱尺寸给LXI仪器提供了很大的灵活性，能够符合各种不同应用的要求。

① 非机架安装仪器：适合小尺寸的应用，如传感器等。

② 符合IEC 60297标准的全宽机架安装仪器：符合IEC 60297标准的全宽机架安装仪器符合现存的IEC 60297标准，在设计仪器时，应遵循当前版本标准的相关部分进行设计。

③ 符合厂商自定义标准的半宽机架安装仪器：这种半宽机架安装仪器不是官方公布的，而是由于众多厂商大量生产，在世界各地广泛使用，已经形成了事实上的标准。LXI标准推荐此类仪器为2U高度，并应满足LXI单元机械互换性和热互换性。

④ LXI标准定义的半宽机架安装仪器：这是LXI标准定义的新的仪器机械尺寸。LXI单元高为1U～4U，推荐宽度为215.9mm，总深度要求符合相应的IEC标准。这种模块化和标准化的设计，使系统搭建更为方便和灵活，能够符合各种不同应用的要求。

基于LXI标准定义的半宽机箱尺寸如图2.30所示，具体尺寸如表2.4所示。

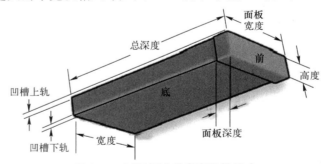

图2.30 LXI标准的半宽机箱尺寸

表2.4 LXI的标准的半宽机箱最大尺寸

	1U	2U	3U	4U
高度mm(英寸)	43.69 (1.72)	88.14 (3.47)	132.59 (5.22)	177.04 (6.97)
面板宽度mm(英寸)	215.9 (8.5)			
宽度mm(英寸)	215.9 (8.5)			
总深度	IEC标准			
凹槽(上轨)mm(英寸)	1.6 (0.0625)			
凹槽(下轨)mm(英寸)	4.0 (0.16)			

从表 2.4 可知,LXI 系统的最小器件单元是 1U 半宽机箱,最大器件单元是 4U 的全宽机箱,具有很大的伸缩性。这种无面板模块结构与 VXI 和 PXI 模块结构有所不同,不同之处主要表现为以下几点:

① LXI 模块不需要专用和昂贵的笼式机箱,以及多层背板、高速风扇、电源管理、笼式机箱和 PC 控制器之间的专用通信链路;

② LXI 模块能够紧密放置,并且适于装入现有的 GPIB 台式仪器;

③ LXI 模块有各种尺寸可供使用,不像笼式模块那样需要在性能和尺寸之间进行折中选择。

(2) 机箱的冷却

LXI 模块采用独立的通风冷却,气流从模块两侧进入,由后面排出。半宽模块设计成在一侧被其他模块阻挡时仍具有足够的通风量。LXI 模块不允许气流从上、下两面作为进入口,以便模块可上、下堆叠。

LXI 的机箱冷却方式与 GPIB 仪器相似,它们都有独立的冷却通风。VXI 和 PXI 模块依靠笼式机箱的风扇产生气流冷却作用。由于多个模块公用一个机箱,所以在冷却设计时必须考虑总空气流量的合理分配,要在性能和冷却之间作出折中。

2) 电气标准

LXI 的电气标准定义了电源供电、连接器、开关、指示灯和有关组件的类型及位置。

(1) 供电

LXI 模块的交流供电取自单相交流电网,电压为交流 100～240V,频率为 47～66Hz。各 LXI 器件的直流供电可通过直流电源或以太网供电得到。LXI 模块的供电方式与 GPIB 台式仪器相似,但与笼式模块的供电方式不同。

VXI 和 PXI 模块的供电完全取自背板的直流电源,因而其电压、电流受到一定限制,但笼式机箱的总电源却相当大,以便供应 10 多个模块所需的功率。

每个 LXI 模块直接从交流电网供电,再经直流调整器获得电源,因此它具有灵活性。

(2) 安全性和电磁兼容

LXI 模块应符合各地区或市场要求的供电安全标准,如 CSA,EN,UL 和 IEC 等国际或业界标准。此外,还要遵循相关的电磁兼容标准。

(3) 连接器、开关和指示灯

LXI 标准对模块的连接器、开关和指示灯的类型和安装位置实行的是标准化配置,其安排如下。

① 后面板左边是以太网连接器,后面板右边是电源连接器和电源开关,触发总线连接器安排在后面板电源旁边。

② 无前面板的模块必须设置 LCI(LAN 配置启动)按钮,最好安排在后面板并且标志为 LAN RST(或 LAN RESET);按钮应有机械保护或有时间延迟,以避免非故意操作;LCI 必须使模块在失去与 PC 通信时进入已知状态。

③ 前面板设置信号指示灯。当模块无前面板显示器时,必须在前面板左下方安排以下 3 个指示灯。

● 最下面是电源指示灯,电源接通时发绿光;

● 中间是 LAN 网络指示灯,正常工作时发绿光,在识别过程中发闪烁绿光,当 LAN 故障时发红光;

● 最上面是 IEEE 1588 同步指示灯,未同步时熄灭,建立从机同步时发固定绿光,作为主机使用时每秒闪烁一次,请求主机回应时每两秒闪烁一次,故障时发红光。

3) 环境标准

LXI 仪器遵循的环境和安全标准如表 2.5 所示。

表 2.5 环境和安全标准

IEC 61010-1 安全要求	www.iec.ch
IEC 61326-1-1998 EMC 要求的测试测量设备	www.iec.ch
IEC 60068-1 环境测试	www.iec.ch
TIA/EIA-899 M-LVDS	www.tiaonline.org

3. LXI 仪器的同步与触发

同步,即基于一个共同的时间标准对准多个动作(如测量序列、信号激励序列等)的功能。触发,即基于异步事件启动仪器动作(如测量、闭合开关、输出波形等)的功能。同步与触发是测试测量仪器的关键功能,在自动化测试领域有着特别重要的意义。

LXI 触发是 LXI 规范的一大特色,它把 Ethernet 通信、IEEE 1588 标准和 VXI 背板触发总线很好地结合在一起。利用 LXI 的触发和同步功能,系统集成者能够控制模块和系统内的状态序列,控制本地或系统事件发生和处理的时间,并基于时标对测量数据或重要事件进行排序或关联。

LXI 规范对 LXI 仪器实施以下 3 级触发。

① C 级,基本级别,对触发没有特殊要求。LXI 仪器供应商可选用最适合自己的触发器。

② B 级,除包括 C 级的全部功能外,还增加了 IEEE 1588 协议的触发能力。

③ A 级,在 C 级和 B 级要求基础上增加了 LXI 触发总线。

LXI 触发总线配置在 A 级模块,它是 8 线的多点低压差分系统(M-LVDS)总线,可将 LXI 模块配置成为触发信号源或接收器,触发总线接口也可设置成"线或"逻辑。每个 LXI 模块都装有输入、输出连接器,可供模块进行菊花链连接。LXI 触发总线与 VXI 和 PXI 的背板总线十分相似,它们可配置成串行总线或星形总线。由于 LXI 模块仪器相互靠得很近,所以采用触发总线是一种可取的解决方案,它充分利用了 VXI 和 PXI 触发总线的优点。

2.4.3 LXI 仪器系统

LXI 规范综合利用了机架堆叠仪器和笼式机箱仪器的优点,构成了新一代仪器的开放式接口,它的推出对测量仪器业界有重大影响。台式仪器有可能从 GPIB 转为以太网接口,保持前面板和显示器但增加以太网功能,以使仪器方便地进入局域网和广域网,即具有 LXI C 级仪器的特性。当测量系统内的仪器在物理上相互分开、分散应用,需要远程控制数据采集时,LXI B 级仪器是首选产品,它的 IEEE 1588 定时和同步测量能力得到充分发挥,实现从不同地点的远程控制精确测量。当测量系统内的仪器在物理上相互靠近时,LXI A 级仪器的触发总线有助于仪器的同步运作,IEEE 1588 可提供数据的时间戳记,获得极高的定时同步,因此,新一代的高性能、分散式的合成仪器将是 LXI A 级仪器的最佳应用。无面板的 LXI 模块将广泛应用在对于占用面积有严格要求的生产车间,而对于环境要求苛刻的系统和军用的测量系统,基于 LXI 模块的合成仪器将发挥更大的作用。

1. LXI 总线仪器模块的构成

不同于 VXI 和 PXI,每个 LXI 仪器模块都自带电源、冷却、触发、电磁兼容屏蔽和 Ethernet

通信连接端口，如图 2.31 所示。

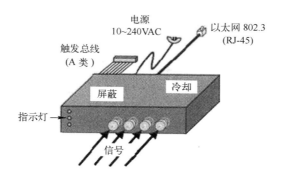

图 2.31　LXI 仪器模块的构成

LXI 总线标准追求简化系统集成和实现的物理一致性，规定 LXI 总线设备模块必须具备 LAN 端口，并且遵循以太网标准 IEEE 802.3。

LXI 仪器模块的外形结构如图 2.32 所示。

图 2.32　LXI 仪器模块的外形结构

LXI 仪器模块的高度为 1U 或 2U，宽度为全宽或半宽，因而能容易混装各种功能的模块。信号输入和输出在 LXI 模块的前面，LAN 和供电输入则在模块的后面。LXI 模块由计算机控制，所以不需要传统台式仪器的显示、按键和旋钮。

LXI 仪器模块具有以下几个特点。

① LXI 综合了 VXI 和 Ethernet 的优点，为用户提供高可靠性、紧凑灵活、体积小、成本低廉、性能优异、生命周期长的自动测试系统。

② Ethernet(LAN)已安装到每一台计算机中，并已得到人们的广泛接受。网络硬件的售价在降低，速度在增加，LAN 提供的对等层通信是其他点对点接口标准所不能实现的。

③ 高速 LAN 替代专用测试接口，日益增长的 Ethernet 吞吐能力(10Gbps)，能满足测试领域更快数据传输速率的需要。

④ LXI 的体系结构为仪器长寿命提供了基础。LXI 不受带宽、软件和计算机背板结构的限制，使用灵活，是新一代自动测试系统的理想方案。

⑤ LAN 连通能力使 LXI 模块能在世界任何地方访问，构成分布式网络测试系统。以太网的连接距离可达 100m(点到点)，使用 Hub、开关、路由器的环绕半径为 200m，如果使用光纤可扩展到数千千米。

2．LXI 仪器系统的组成结构

建立 LXI 总线仪器系统通常有以下两种设计方案。

(1) 单一 LXI 总线仪器系统结构

LXI 总线仪器可以像其他总线仪器一样，仅用单一的 LXI 总线仪器构建，如图 2.33 所示。

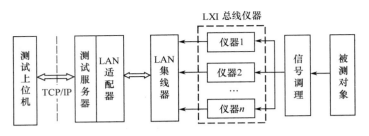

图 2.33 单一 LXI 总线仪器系统结构

(2) LXI 与其他总线仪器混合结构

考虑到 LXI 总线规范发布时间短,满足各种测试需求的 LXI 总线仪器数量少,可以利用传统的 GPIB、VXI、PXI 仪器与 LXI 构建成混合总线仪器系统。通过 LXI 总线,将传统的总线仪器转变为受控于标准计算机的以太网连接节点。LXI 仪器模块可以构建成总线仪器的组件,或基本仪器模块与软件相结合,构成更高级的合成仪器。通过 LAN,模块间可直接通信,而不只是通过控制器通信,也可以实现多部仪器的并发通信。与其他模块式仪器不同,LXI 模块可以简便地进行重新配置。LXI 总线仪器可以通过接口适配器和网关仪器与传统仪器混合构建,将 GPIB、VXI 和 PXI 总线仪器接入 LXI 系统中,从而构成混合式仪器系统。

① 利用接口适配器构建 LXI 混合测试系统

利用接口适配器构建 LXI 与其他总线仪器混合的测试系统的方法如图 2.34 所示,在接口适配器的选型方面可选择普通的网络适配器,也可自行设计性能更好的适配器。

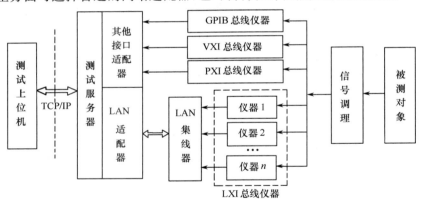

图 2.34 利用接口适配器构建的 LXI 混合测试系统的结构

利用接口适配器构建混合仪器系统时,接口适配器的作用是将 GPIB、VXI、PXI 接口转换成 LAN 接口,从而实现非网络仪器的网络通信和交互。这种构建的特点是可进行复杂数据处理和高级监控功能,且可实现高速的通信传输。适配器上挂接的所有总线仪器都可实现双向数据通信,并且快速地与上位机进行数据交换,接口适配器在这里起着"承上启下"的桥梁作用。当接口适配器上的总线仪器有动作产生时,适配器会把它的信息接收下来并通过网络立即转发给上位机,从而对其进行监视和处理。同样的,当上位机有监控命令或参数设置需要下达时,适配器将及时、准确地将上位机的信息发送给相应的总线仪器。

② 利用专用网关设备构建 LXI 混合测试系统

使用专用的网关设备构建 LXI 与其他总线仪器混合系统的方法如图 2.35 所示。GPIB、VXI、PXI 等总线仪器可通过专用的网关设备转化为 LAN 接口后连接至 LAN 适配器。

这种连接方法最大的优点是既提高了仪器系统的安全性,避免了各种恶意的网络威胁,又不

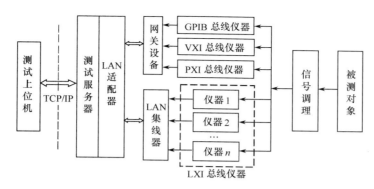

图 2.35 专用网关设备构建 LXI 混合测试系统结构

会影响仪器系统接入企业网和 Internet。该构建方案能保护仪器系统免受来自 Intranet 或 Internet的潜在危险,允许处于专用 LAN 中的 PC 和仪器设备之间的通信,或者以虚拟专用网 VPN 方式访问仪器,禁止任何其他类型的外部访问。

新一代模块化仪器平台 LXI 基于开放的以太网技术,它不受带宽、软件和计算机背板总线等的限制,其覆盖范围更广、继承性能更好、生命周期更长、成本也更低,具有广阔的发展应用前景。依托以太网日益提高的吞吐能力和性能优势,LXI 必将成为网络化虚拟仪器和下一代自动测试系统的理想解决方案。

本 章 小 结

本章主要介绍了虚拟仪器的总线接口技术,内容包括 GPIB,VXI,PXI 总线和 LXI 总线。详细介绍了这几种总线的发展历史、性能、特点和规范,然后在此基础上,介绍了这几种总线虚拟仪器的系统架构。

总线是组建虚拟仪器系统的关键之一,总线的推行实施,对于推动虚拟仪器技术的发展具有重要的意义,希望读者能够认真学习与体会。

思考题和习题 2

1. GPIB 接口总线有多少条信号线?分为哪 3 类?
2. 何谓 GPIB 器件?按器件在系统中运行功能的不同可分为哪几类?
3. 简述控者、讲者、听者的作用及相互关系。
4. GPIB 标准接口定义了哪 10 种接口功能?每种 GPIB 器件是否必须同时具备这些接口功能?
5. 什么是 GPIB 消息?按照接口系统中传输消息的类型,可以将接口消息分为哪两类?
6. 什么是 VXI 总线?VXI 总线具有什么特点?
7. 简述 VXI 总线系统的基本组成结构。
8. VXI 总线按功能可分为哪 7 类?
9. 解释消息基器件和寄存基器件的差别。
10. 在 VXI 机箱中,0 号插槽的作用是什么?
11. 简述 VXI 总线与 PXI 总线的主要区别,试分析各自的应用范围和发展前景。
12. 什么是 PXI 总线?它有哪些特点?
13. PXI 总线有哪几种规范?
14. PXI 在标准的 PCI 总线的基础上,增加了仪器所需要的特殊信号,试列举其中的几种。

15. 简述 PXI 系统槽的位置和规则。
16. PXI 有哪几种控制器?
17. 简述 LXI 总线的技术特点。
18. 根据同步与触发方式的不同,LXI 总线将 LXI 仪器分为哪 3 个功能等级?
19. 画出以 LXI 为主体的虚拟仪器系统架构。
20. 相对于 GPIB,VXI 和 PXI 总线,LXI 总线的优势是什么?

第3章 虚拟仪器软件标准

随着信息技术的飞速发展虚拟仪器技术日新月异。未来虚拟仪器的发展方向是：总线与驱动程序标准化，软、硬件模块化，编程平台图形化，硬件模块即插即用化。本章将围绕虚拟仪器技术中的一些软件标准，以及虚拟仪器驱动程序的设计展开论述，具体包括：可编程仪器标准命令(SCPI)、虚拟仪器软件结构(VISA)、虚拟仪器驱动程序。

3.1 可编程仪器标准命令(SCPI)

可编程仪器标准命令(Standard Commands for Programmable Instruments,SCPI)是为解决程控仪器编程进一步标准化而制定的标准化仪器编程语言，目前已经成为程控仪器软件重要的标准之一。GPIB器件消息标准(IEEE 488.2)使程控仪器器件消息的数据编码与格式、命令功能元素与编码句法、消息交换控制等实现了标准化。由于IEEE 488.2仅仅是定义了用于程控仪器内部基本操作控制的少数公用命令、语义,具体仪器配置的特定程控命令和响应消息语义仍留给仪器设计者自行设定,因而这种器件消息的非标准化给编程人员造成很大困难。一方面,两台均遵循IEEE 488.2的仪器，可能具有完全不同的命令集；另一方面,随着仪器型号的增加,仪器的程控命令集也不断增加,相应地,仪器用户要花费很多时间学习仪器程控。这样,制造者和用户的投资都不能延伸和利用,因此寻求程控仪器器件消息进一步的标准化成为了发展自动测试系统过程中必须解决的问题。1990年4月,由国际上9家仪器公司推出的建立在IEEE-488.2基础上的"可编程仪器标准命令",较好地解决了这一问题。

3.1.1 SCPI的目标

SCPI的目标是节省自动测试设备程序开发的时间,保护设备制造者和使用者双方的硬件和软件投资,为仪器控制和数据利用提供广泛兼容的编码环境。这个广泛兼容的编码环境是指：SCPI仪器程控消息、响应消息、状态报告结构和数据格式均有标准化的定义,其使用只与仪器测试功能、仪器性能及精度相关,而不考虑仪器硬件组成、制造厂家、通信物理连接硬件环境和测试程序编制环境。

(1) 程控命令面向测试功能(信号),而不是描述仪器操作

相兼容的编程环境是使用同一命令和参数控制具有相同测试功能的仪器。可以从"纵向"(Vertical)和"横向"(Horizontal)两个延伸关系上规定仪器的兼容能力。纵向编码兼容性规定,同一仪器家族中的各代仪器的相同测试功能都能响应同一程控命令。例如,用命令":MEAS:VOLT:DC? 20,0.001",能从不同型号的多用表,以0.001V分辨率读20V范围内的直流电压测量值。横向编码兼容性是使用同一程控命令控制不同类别仪器的类似测试功能。例如,":MEAS:FREQ?"能控制电子计数器进行频率测量,也适用于数字示波器的频率测量。

(2) 减少类似测试功能的控制方法是保证编程兼容性的关键

SCPI的基本原则是用同一SCPI命令控制相同的仪器功能。为了便于学习,SCPI使用仪器制造者和用户都支持的工业标准名词和定义来形成自身的标准定义。例如,SCPI把HP的TMSL(Test and Measurement System Language)、IEEE 488.2和IEEE 754标准作为自己发展的基础,就容易得到各方面的支持。

（3）在与通信物理连接硬件无关的高层次上定义程控消息

虽然 SCPI 是基于 IEEE 488.2 的命令和格式，但它不限于 GPIB 器件，也允许通过其他通信接口总线传递消息，如 VXI 总线、RS-232C 接口总线等。这样，利用 SCPI 开发的应用程序不但能在 GPIB 系统中运行，也能在 VXI 总线或 RS-232C 接口总线系统中运行。

（4）与编程手段和程序语言无关，SCPI 测试程序模块易于移植

使用各种编程语言，如 C、Delphi 等，都能把 SCPI 命令传送给 SCPI 仪器，利用不同手段，如 ATE(Automatic Test Equipment)程序生成器、仪器软面板等，都可以产生 SCPI 测试程序。这样，为程序员提供了非常灵活的测试程序编制环境，也特别利于测试程序移植。

（5）具有可缩性，可适应不同规模的测量控制

SCPI 提供了几个不同级别的测量控制，简单测量命令为用户提供容易、快速的 SCPI 仪器控制，而详细命令则提供传统仪器控制。

（6）SCPI 的可扩性

SCPI 允许不断用新命令扩充仪器程控命令集。这样，当新的仪器和新技术问世，或者需要增添新能力时，就能保持与已存在 SCPI 仪器的程控兼容性。SCPI 的 ATE 测试程序是向上兼容，而不能向下兼容，使得 SCPI 标准具有极强生命力。

3.1.2 SCPI 仪器模型

SCPI 与过去的仪器语言的根本区别在于，SCPI 命令描述的是人们正在试图测量的信号，而不是正在用于测量信号的仪器。因此，人们能花费较多时间来研究如何解决实际应用问题，而不是花很大精力去研究用以测量信号的仪器。相同的 SCPI 命令可以用于不同类型的仪器，这称为 SCPI 的"横向兼容性"。SCPI 还是可扩展的，可随着仪器功能的增加而扩大，适用于仪器产品的更新换代，这称为 SCPI 的"纵向兼容性"。SCPI 命令还具有"功能兼容性"，功能兼容要求两台仪器相同的命令能够实现相同的功能。例如，频谱分析仪和射频源两者都能扫频，如果两台仪器使用相同的频率和扫描命令，那么可以说在这方面两台仪器是功能兼容的。标准的 SCPI 仪器程控消息、响应消息、状态报告结构和数据格式的使用只与仪器的测试功能、性能及精度相关，与具体仪器型号和厂家无关。

为了满足程控命令与仪器的前面板和硬件无关的要求，即面向信号而不是面向具体仪器的设计要求，SCPI 提出了一个描述仪器测试功能的程控仪器通用模型，如图 3.1 所示。

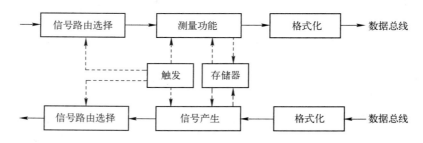

图 3.1　SCPI 程控仪器通用模型

程控仪器通用模型表示了 SCPI 仪器的功能逻辑和分类。这种分类提供了各种不同类型仪器可利用的各式各样的 SCPI 命令的构成机制和兼容性。图 3.1 上半部分反映仪器测量功能，其中，"信号路由选择"用来控制信号输入通道与内部功能间的路径，当输入通道间存在路径时，也可选择；"测量功能"是这部分的核心，它可能需要触发和数据存储；"格式化"部分用来转换数

据的表达形式,当数据需要向外部接口传送时,必须格式化。图3.1下半部分描述信号源的一般情况,其中,"信号产生"是这部分的核心,它也经常需要触发和数据存储,"格式化"部分用来转换所需数据的格式,产生的信号经过路由选择输出。一台仪器可能包含图3.1的全部内容:既可以进行测试,又能产生信号。但大多数仪器只包含图3.1中的部分功能。图3.1中的"测量功能"和"信号产生"部分还可以进一步细化,分成若干功能元素框,如图3.2和图3.3所示。每个功能元素框都是SCPI命令分层结构树中的命令主干。在主干下延伸细分支,构成SCPI命令。

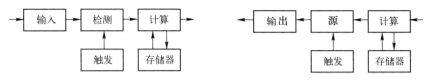

图3.2 "测量功能"模型　　　　图3.3 "信号产生"模型

程控仪器通用模型描述了测量和数据流图,它并没有规定仪器怎样处理或格式化内部数据。针对具体仪器它仅表示出仪器能实现的功能,因此,这台仪器仅被要求执行所含功能相应的主干命令,而不要求执行相关功能的命令。

3.1.3 SCPI命令句法

SCPI程控命令标准由3部分内容组成:第一部分"语法和式样",描述SCPI命令的产生规则及基本的命令结构;第二部分"命令标记",主要给出SCPI要求或可供选择的命令;第三部分"数据交换格式"描述了在仪器与应用之间、应用与应用之间或仪器与仪器之间可以使用的数据集的标准表示方法。

1. 语法和式样

SCPI命令由程控题头、程控参数和注释3部分组成。SCPI命令的程控题头有两种形式,如图3.4所示。

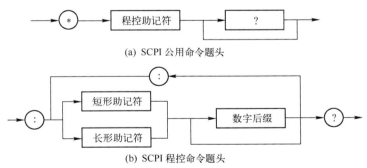

(a) SCPI公用命令题头

(b) SCPI程控命令题头

图3.4 SCPI命令的程控题头

程控题头的第一种形式是采用IEEE 488.2命令,也称为SCPI公用命令。IEEE 488.2命令前面均冠以*号。它可以是询问命令,也可以是非询问命令,前一种情况命令结尾处有问号,后一种情况无问号。

程控题头的第二种形式是采用以冒号":"分隔的一个或数个SCPI助记符构成。在SCPI的助记符形成规则中,要注意分清关键词、短形助记符和长形助记符的概念。关键词提供命令的名称,可以是一个单词,也可以由一个词组构成;对于后一种情况,关键词由前面每个词的第一个字母加上最后一个完整单词组成。由关键词组成短形助记符的规则如下。

① 如果关键词不多于4个英文字母,则关键词就是短形助记符。

② 如果关键词多于 4 个英文字母,则通常保留关键词的前 4 个字母作为短形助记符。但是在这种情况下,如果第 4 个字母是元音,则把这个元音去掉,用前 3 个字母作为短形助记符。

③ 所有长形、短形助记符均允许有数字后缀,以区别类似结构的多种应用场合。例如,使用不同触发源时可用不同的数字后缀区别它们。在使用数字后缀时,短形助记符仍允许使用 4 个不包括数字的字母。

长形助记符与关键词的字母完全相同,只不过长形助记符的书写格式有一定要求,它被分成两部分,第一部分用大写字母表示短形助记符,第二部分用小写字母表示关键词的其余部分。关键词的书写形式要求不严格,可以与长形助记符完全相同,也可以只把第一个字母大写。表 3.1 给出了若干助记符形成实例。

表 3.1 助记符形成实例

序 号	单词或词组	关 键 词	短形助记符	长形助记符
1	Measure	Measure	MEAS	MEASure
2	Period	Period	PER	PERiod
3	Free	Free	FREE	FREE
4	Alternating Current Volts	ACVolts	ACV	ACVolts
5	Four-wire resistance	Fresistance	FRES	FRESistance

表中序号 1 为由一个单词构成助记符的常见情况。序号 2 为短形助记符中第 4 个字母为元音而被舍弃的情况。舍弃元音是因为从统计上看,用 3 个字母比用 4 个字母与原词意或相关词意的结合更常见,容易提高字的识别能力。序号 3 的第 4 个字母虽然也是元音,但因单词只有 4 个字母,根据上述形成短形助记符的第一条规则,第 4 个元音并不舍弃,这是要特别注意的。序号 4 和序号 5 均为词组形成的助记符。序号 4 由 3 个单词组成。序号 5 中 Four-wire 被认为已组合成一个词,所以形成助记符时只取字母 F 而不取 w。严格遵守上述规则的长形或短形助记符被认为是正确的,其他形式的助记符被认为是错误的,从而保证了助记符的标准化。由于有明确规则可循,SCPI 的助记符显得简单而便于记忆。

图 3.4(b)全面表征了使用 SCPI 助记符后程控命令题头的构成。它说明:短形助记符与长形助记符作用相同,可以任选一种;助记符可以加数字后缀,也可以不加后缀;它可以是询问命令,也可以是非询问命令;它可以使用多个助记符,构成分层结构的程控题头。当使用多个助记符时,各助记符间用冒号隔开,即由一个助记符后的冒号连至下一个助记符。这是一种树状分层结构,在树的各层有一定数量的节点,由它们出发分成若干枝杈,粗杈上的节点又继续分出若干细杈。从树的"主干"(或称为"根")出发到"树叶",可经过若干节点,对应唯一的路径,形成确定的测试功能。

例如,对仪器输出端的设置可以看成树上的一个子系统(或一个较大的粗枝),它可以设置输出衰减器、输出耦合方式、输出滤波器、输出阻抗、输出保护、TTL 触发输出、ECL 触发输出和输出使能等多个分枝,其中许多分枝又可进一步分枝。例如,输出耦合可以分为直流耦合或交流耦合,滤波可分为低通滤波和高通滤波等。采用分层结构的目的是为了使程控命令简洁清晰,便于理解。因为在很多情况下,若只用一个助记符表示,则形成它的词组包含的单词太多,4 个字母的短形助记符可能含义不清。例如,设置输出端高通滤波器接入,采用分层结构的命令为"OUTPut:FILTer:HPASs:STATe ON",其中 STATe 用来表示接入或其他各种使用,后面常跟布尔变量 ON 或 OFF,可见分层结构表达含义非常清楚、明确。另外,在这种结构中由于每个助记符都在树的确定位置上,其作用可从它与前、后助记符的联系中进一步确定而不至于混淆。例如,阻抗 IMPedance,当它前面的助记符分别为 INPut 和 OUTPut 时,就分别表示输入阻抗和输出阻抗。从上面的例子还可以看出,因长形助记符与关键词字母相同,程序本身就类似于说明文件,有很强的可读性。

树状结构的某些节点是可以默认的,默认节点不一定要发送。例如,状态使能符号 STATe 通常都可以默认。当发送输出使能命令时,既可以发送"OUTPut:STATe ON",又可以简单地发送"OUTPut ON"。把最常用的节点定为默认节点既有利于程序的简化,也有利于语言的扩展。例如,某仪器输出端只有一个低通滤波器,滤波器使能的程控命令是"OUTPut:FILTer"。因为只有一个滤波器,加不加限定节点来说明它是"低通"并没有关系。现在想把命令扩展,使它能控制一台既有低通滤波器,又有高通滤波器的新仪器,则可在滤波器后面加一个默认节点":LPASs",命令"OUTPut:FILTer:LPASs"就意味着使用低通滤波器输出,它仍适用于老仪器。新扩展的命令"OUTPut:FILTer:HPASs"意味着使用高通滤波器输出,这样应用软件就可以适用于新老两种仪器,扩展十分方便。

SCPI 命令的第二部分是参数。在下面数据交换格式部分,将专门介绍参数的使用规则。至于命令的注释部分,通常是可有可无的,这里不再详述。

前面讲了冒号":"用来分隔助记符,除此之外,在 SCPI 命令构成中,常用的标点符号还有分号";"、逗号","、空格" "和问号"?",下面分别介绍它们在 SCPI 命令中的含义和使用规则。

① 分号";",在 SCPI 命令中,分号用来分隔同一命令字串中的两个命令,分号不会改变目前指定的命令路径,例如,以下两个命令叙述有相同的作用:

:TRIG:DELAY1;TRIG:COUNT10

:TRIG:DELAY1;COUNT10

② 逗号",",在 SCPI 命令中,逗号用于分隔命令参数。如果命令中需要一个以上的参数时,相邻参数之间必须以逗号分开。

③ 空格" ",SCPI 命令中的空格用来分隔命令助记符和参数。在参数列表中,空格通常会被忽略不计。

④ 问号"?",问号指定仪器返回响应信息,得到的返回值为测量数据或仪器内部的设定值。如果你送了两个查询命令,在没有读完第一个命令的响应之前,便读取第二个命令的响应,则可能会先接收一些第一个响应的数据,接着才是第二个响应的完整数据。若要避免这种情况发生,在没有读取已发送查询命令的响应数据前,请不要再接着发送查询命令。当无法避免这种情况时,在送第二个查询命令之前,应先送一个器件清除命令。

2. 命令标记

SCPI 命令标记主要给出 SCPI 要求的和可供选择的命令。SCPI 命令分为两类:仪器公用命令和 SCPI 主干命令。SCPI 把 IEEE 488.2 要求仪器必须执行的公用命令作为 SCPI 仪器公用命令,这些公用命令用于控制仪器的某些基本功能操作,其句法和语义遵循 IEEE 488.2 的规定。SCPI 仪器公用命令如表 3.2 所示。

表 3.2 SCPI 仪器公用命令

命　　令	功　能　描　述	命　　令	功　能　描　述
*CLS	清除	*ESR?	事件状态寄存器查询
*ESE	事件状态使能	*IDN?	仪器标识查询
*ESE?	事件状态使能查询	*OPC	操作完成

（续表）

命　　令	功能描述	命　　令	功能描述
*OPC?	操作完成查询	*SRE?	服务请求使能查询
*PSC	上电状态清除	*STB?	状态字节查询
*PSC?	上电状态清除查询	*TRG	触发
*RST	复位	*SAV	存储当前状态
*SRE	服务请求使能	*RCL	恢复所存状态

SCPI 主干命令又可分为测量指令和子系统命令，其命令关键字与基本功能如表 3.3 所示。

表 3.3　SCIP 主干命令关键字与基本功能

关　键　字		基本功能
测量指令	CONFigure	配置，对测量进行静态配置
	FETCh?	取数，重获仪器数据并置于输出缓冲器
	READ?	读，实现数据采集和后期处理
	MEASure?	测量，设置、触发采集并进行后期处理
子系统命令	CALCulate	运算，完成采集后期数据处理
	CALIbration	校准，完成系统校准
	DIAGnostic	诊断，为仪器维护提供诊断
	DISPlay	显示，控制显示图文的选择和表示方法
	FORMat	格式，为传输数据和矩阵信息设置数据格式
	INPUt	输入，控制检测器件输入特性
	INSTrument	仪器，提供识别和选择逻辑仪器的方法
	MEMOry	存储器，管理仪器存储器
	MMEMory	海量存储器，为仪器提供海量存储能力
	OUTPut	输出，控制源输出特性
	PROGram	程序，仪器内部程序控制与管理
	ROUTe	路径，信号路由选择
	SENSe	检测，控制仪器检测功能的特定设置
	SOURce	源，控制仪器源功能的特定设置
	STATus	状态，控制 SCPI 定义的状态报告结构
	SYSTem	系统，实现仪器内部辅助管理和设置通用组态
	TEST	测试，提供标准仪器自检程序
	TRACe	跟踪记录，用于定义和管理记录数据
	TRIGger	触发，用于同步仪器动作
	UNIT	单位，定义测量数据的工程单位
	VIX	VIX 总线，控制 VIX 总线操作与管理

3. 数据交换格式

数据交换格式主要描述了一种仪器与应用之间、应用与应用之间、仪器与仪器之间可以使用的数据集的标准方法。SCPI 的交换格式语法与 IEEE 488.2 语法是兼容的，分为标准参数格式和数据交换格式两部分。

（1）标准参数格式

① 数值参数。在数值参数（Numeric Parameters）命令中，可以接收常用的十进制数，包括正负号、小数点和科学计数法，也可以接收特殊数值，如 MAXimum、MINimum 和 DEFault。数值参数可以加上工程单位字尾，如 M、K 和 U。如果只接收特定位数的数值，SCPI 仪器会自动将输入数值四舍五入。

② 离散参数。离散参数（Discrete Parameters）用来设定有限数值（如 BUS，IMMediate 和 EXTernal）。和命令关键字一样，离散参数有简要形式和完整形式两种，而且可以大小写混用。

③ 布尔参数。布尔参数（Boolean Parameters）表示单一的二进位状态，有接通和断开两种形式，分别对应 ON 和 OFF，也可表示为 1 和 0。但在查询布尔参数设定时，仪器传回值总是"1"或"0"。

④ 字符串参数。原则上字符串参数（String Parameters）可以包含任何的 ASCII 字符集。字符串的开头和结尾要有引号，引号可以是单引号或双引号。如果要将引号当作字符串的一部分，可以连续输入两个引号，中间不能插入任何字符。

除了上述参数形式之外，在某些 SCPI 命令中还会用到其他参数形式，如信号路径的选择、逻辑仪器耦合的通道数等，常需用列表形式表示参数，在下面常用 SCPI 命令简介中，将给出列表形式参数应用的例子。

（2）数据交换格式

SCPI 的数据交换格式主要描述了一种数据结构，它用来在仪器与仪器之间，以及不同应用场合情况下交换特征数据。SCPI 的数据交换格式是以泰克公司的模拟数据互换格式为基础修改产生的，具有灵活性和可扩展性。它采用一种块结构，除了数据本身，数据交换格式还提供测量条件、结构特性和其他有关信息。这种结构可实现信息的存储，并在不丢失数据的前提下以一种标准的格式将数据传输到另外一个操作点，并可进行其他处理。

SCPI 数据交换格式不但适用于测量数据，而且对计算机通信和其他数据传输交换也有一定意义。

3.1.4 常用 SCPI 命令简介

这里主要介绍常用 SCPI 命令的含义与用法。需要注意的是，虽然每个 SCPI 命令都有明确的定义和使用规则，但由于各种仪器测量功能不同，它所适用的 SCPI 命令在范围和功能上可能会有所差别。

1. SCPI 仪器公用命令

（1）*IDN? 仪器标识查询命令。每台 VXI 仪器都指定了一个仪器标识代码。如对 HP1411B 模块，该命令实际返回标识码 Hewlett Packard，E1411B，0，G.06.03。

（2）*RST 复位命令。复位仪器到初始上电状态。在仪器工作过程中，当发生程序出错或其他死机情况时，经常需要复位仪器。一般情况下先用命令*CLS 清除仪器，然后再复位。

（3）*TST? 自检查询命令。该命令复位仪器，完成自检查询，返回自检代码。返回"0"表示仪器正常，否则仪器存在故障需维修。自检查询命令是确定仪器操作过程是否出现问题的一个有效手段。

（4）*CLS 清除命令。中断正在执行的命令，清除在命令缓冲区等待的命令。例如，当数字表正在等待外部触发信号时，此时输入的命令将在缓冲区等待，直至触发信号接收到后才执行。命令*CLS 将清除在缓冲区等待的命令。

（5）*ERR? 错误信息查询命令。当仪器操作过程中发生错误时，错误代码和解释信息存储在错误队列中，用命令"SYST:ERR?"可以读出错误代码和解释信息。

2. SCPI 主干命令

(1) MEASure?:测量命令

MEASure? 命令的一般形式为：

```
MEASure:<function> ? <parameters> [,<source list>]
```

<source list> 是一类特殊的参数集合，根据 SPCI 的命令句法，<source list> 在句法上就是一个通道列表，其目的是申明测量的物理接口，<function> 定义该命令的测量操作。

例如，对于一个数字多用表，用该命令可配置其指定的量程范围和分辨率来完成测试。当数字多用表触发后，该命令完成测试并返回读数到输出缓冲区。完成交流电压测量的命令形式为：

```
MEASure:VOLTage:AC? [<range> [,<resolution>]][,<channel list>]
```

参数<range> 指定待测信号最大可能的电压值，然后数字多用表自动选择最接近的量程。

参数<resolution> 代表选择的测量分辨率。一般有 3 种设置选择：DEF(AUTO)|MIN|MAX。DEF(AUTO)为自动选挡设定；MIN 根据指定量程选择最小分辨率；MAX 根据指定量程选择最大分辨率。

参数<channel list> 代表测量信号输入通道选择。输入通道选择列表的一般形式是 (@n1,n2)或((@n1,n2:n3,n4)，分别表示指定测量通道为 n1 和 n2 或指定测量通道为 n1、n2～n3 和 n4。

采用 MEASure? 命令编程数字多用表，是进行测量最简单的方法，但命令灵活性不强。执行 MEASure? 命令，除了功能、量程、分辨率和通道外，触发计数、采样计数和触发延迟等参数设置都沿用预设置，不能更改。

(2) CONFigure:配置命令

CONFigure 命令的一般形式为：

```
CONFigure:<function> <parameters> [,<source list>]
```

该命令完成仪器配置，其参数意义及用法与 MEASure? 命令一致。例如，对于数字多用表，该命令用于指定参数设置数字多用表。

CONFigure 命令在设置后并不启动测量，可以使用初始化命令 INITiate 置数字多用表在等待触发状态；或使用读 READ? 命令完成测量并将读数送入输出缓冲区。

由于执行 CONFigure 命令，测量不会立即开始，因此允许用户在实际测量前改变数字多用表的配置。

(3) READ?:读命令

READ? 命令的一般形式为：

```
READ:<function> ? <parameters> [,<source list>]
```

读命令通常与 CONFigure 命令配合使用。例如，对于数字多用表，该命令主要完成如下两个功能。

① 置数字多用表在等待触发状态(执行 INITiate 命令)。

② 触发后，直接将读数送入输出缓冲区。

在缓冲区存满后，从缓冲区读数之前，数字多用表置"忙"，测量自动停止。为了防止读数溢出，控制器从缓冲区读数的速度必须与数字多用表缓冲区容量匹配。

(4) FETCh?:取命令

FETCh? 命令的一般形式为：

FETCh:<function> ? <parameters> [,<source list>]

该命令取出由最近的 INITiate 命令放在内存中的读数,并将这些读数送到输出缓冲区。在送 FETCh? 命令前,必须先执行 INITiate 命令,否则将产生错误。

测量指令组由上面 4 条命令组成,它处于 SCPI 命令的最上层。根据实际应用,4 条命令在执行方式上各有所长。实际上,读命令 READ? 等效于执行接口清除(*CLS?)、启动(INITiate)和取数(FETCh?)3 条命令;而测量命令 MEASure? 等效于执行接口清除(*CLS?)、配置(CONFigure)和读取(READ?)3 条命令。

SCPI 的子系统命令往往与测量指令配合使用,几种常用的 SCPI 子系统命令如下。

TRIGger:触发命令。该命令控制触发信号类型与参数。主要功能包括:设置触发源、触发次数、触发延迟时间。

SENSe:检测命令。控制仪器检测功能的特定设置。

CALibration:自校准命令。用于仪器本身的自校准,并不包括测试信号的修正。

CALCulate:运算命令。主要实现采集后期数据处理。

FORMat:格式命令。用于控制数据表达式的变换,以便被其他器件所接收。

DISPlay:显示命令。用来控制将测量数据或结果显示在仪器的屏幕上。

3.1.5 SCPI 编程方法

SCPI 命令采用层次结构,属于"树结构"语言。相关的命令集合到一起构成一个子系统,各组成命令称为"关键字",各关键字间用冒号":"分隔,例如:

```
SENSe:
FREQuency:
VOLTage:RANGe? [MINimum | MAXimum]
```

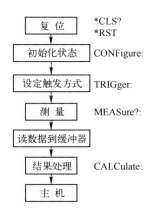

图 3.5 SCPI 的编程步骤

从以上可以看出,SCPI 命令简单明了,实际上 SCPI 命令等于把各仪器的各种功能命令罗列起来完成某项测量任务,一般来说,对于任一测试仪器,编程步骤如图 3.5 所示。

图 3.5 基本综合了 SCPI 主要命令集,如 MEASure?、CONFigure、TRIGger、CALCulate。对于每项命令,又由多种功能命令组合而成,根据编程者的需要进行调用。例如,若要用数字电压表测量直流电压,量程是 10V,分辨率是 0.001V,可按以下方式编程:

```
MEAS: VOLT: DC? 10,0.001
```

这个范例将数字多用表配置为测量直流电压,并自动将数字多用表设定"等待触发"状态,内部触发数字多用表测量一个读数,然后将读数送到输出缓冲器上。

这是读取读数最简单的方法,不过在使用 MEASure? 时,没有机会设定触发计数、取样计数和触发延迟等。除了功能、测量范围外,所用测量参数都会自动预设。

在使用 CONFigure 时,利用 READ? 命令作为外部触发测量的编程方式如下:

```
CONF: VOLT: DC10,0.001
```

TRIG: SOUT EXT

READ?

CONFigure 不会将数字多用表设置"等待触发"状态,但 READ? 命令会将数字多用表设置"等待触发"状态,且在 Exit Trig 端有脉冲进来的时候,读取一个读数,并将读数送到输出缓冲器上。也可以使用 INITiate 将数字多用表设置为"等待触发"状态,且在 Exit Trig 端有脉冲进来的时候,读取一个读数,并将读数送到数字多用表的内部记忆体上,再用 FETCh? 命令将内部记忆体上的数据转移到输出缓冲器上。

CONF: VOLT: DC10,0.001

TRIG: SOUT EXT

INIT:

FETCh?

使用 INITiate 将读数送到数字多用表的内部记忆体中要比使用 READ? 命令将读数送到输出缓冲器快。

3.2 虚拟仪器软件结构(VISA)

虚拟仪器软件结构(Virtual Instrumentation Software Architecture,VISA),是 VXI 即插即用(VXI Plug&Play,VPP)系统联盟制定的 I/O 函数库及其相关规范的总称,一般称这个 I/O 函数库为 VISA 库。这些库函数用于编写仪器的驱动程序,完成计算机与仪器间的命令和数据传输。如图 3.6 所示,在虚拟仪器的软件系统结构中,I/O 接口驱动软件是承上启下的一层,其标准化显得尤其重要。作为通用的 I/O 标准,VISA 是面向器件而不是面向接口总线的。因此 VISA 与其他现有的 I/O 接口软件相比,最大的优点就在于它与硬件接口无关,是一个标准且独立于硬件设备、接口、操作系统和编程语言的 I/O 函数库,可以说它是现有的 I/O 接口软件的一个超集。

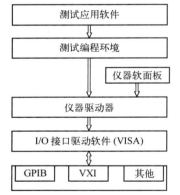

图 3.6 虚拟仪器的软件系统结构

3.2.1 VISA 的结构与特点

如图 3.7 所示,VISA 的结构模型为金字塔结构。VISA 首先定义了一种管理所有 VISA 资源的资源管理层,以实现各种 VISA 资源的管理、控制和分配,内容包括资源寻址、资源创建与删除、资源属性的读取与修改、操作激活、事件报告、存取控制和默认值设置等。在资源管理层的基础上,VISA 定义了 I/O 资源层、仪器资源层和用户自定义资源层。I/O 资源层提供对 GPIB、VXI 和串行接口等硬件设备的低级控制功能,并可很容易地扩充;仪器资源层提供了采用传统编程方法控制仪器的功能,应用程序可以通过打开与特定仪器资源的通话链路,完成与仪器的通信;用户自定义资源层也称为虚拟仪器层,该层体现了 VISA 的可扩展性与灵活性,用户可以在前两层资源的基础上通过增加数据分析、处理等功能来实现物理上并不存在的仪器。VISA 结构模型的顶层是用户应用程序接口。用户应用程序是用户利用各种 VISA 资源自行创建的,其本身不属于 VISA 资源。

VISA 采用这种金字塔形的结构模型,为各种虚拟仪器系统软件提供了一个形式统一的 I/O 操作函数库。作为 I/O 接口软件的功能超集,VISA 将不同厂商的仪器软件统一到同一平台

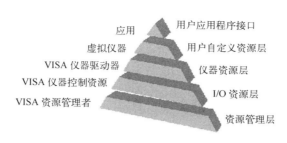

图 3.7 VISA 的结构模型

对于初学者来说,VISA 提供了简单易学的控制函数集;对于复杂系统的组建者来说,VISA 则提供了非常强大的仪器控制功能。概括起来,VISA 具有如下特点。

① VISA 的 I/O 控制功能适用于各种类型的仪器,包括 VXI 仪器、GPIB 仪器和 RS-232C 接口仪器等,既可用于 VXI 消息基器件,也可用于 VXI 寄存器基器件。

② VISA 具有与仪器硬件接口无关的特性,采用 VISA 编写的模块驱动程序既可以用于嵌入式计算机 VXI 系统,也可以用于基于 MXI、GPIB-VXI 或 1394 接口的系统中。当需要更换 VXI 总线系统控制器时,模块驱动程序无须改动。

③ VISA 的 I/O 控制功能适用于单处理器系统结构,也适于多处理器系统结构或分布式网络结构。

3.2.2 VISA 的现状

VISA 规范是 VPP 规范的核心内容,其中《VPP4.3》规定了 VISA 库的函数名、参数定义及返回代码等。《VPP4.3.2》和《VPP4.3.3》分别对文本语言(C/C++和 Visual Basic)和图形语言(LabVIEW)实现时的 VISA 数据类型与各种语言特定数据类型的对应关系、返回代码、常量等进行了定义。

1995 年 12 月颁布的 VISA 库规范中规定了 VISA 资源模板、VISA 资源管理器、VISA 仪器管理器、VISA 仪器控制资源 4 类函数,共 54 个。VPP 规范在 1997 年 1 月、1997 年 12 月、1998 年 12 月的 VISA 规定修订版中,陆续做了新的补充与更新,如增加了一些新的 VISA 类型、错误代码、事件、格式化 I/O 修饰符等。

要全部实现 VISA 标准,对仪器厂商是一项非常复杂的工作,如 HP 公司 1996 年 5 月为用户提供的 HP VISA 库基本实现了 VISA 库函数,但也没有考虑到标准中的全部参数和功能。HP、NI 等各大公司都正在逐步完善各自的 VISA 库。

3.2.3 VISA 的资源结构

VISA 结构中包括各种各样的资源,这些资源对仪器的功能进行封装,每个资源都可以向应用程序或其他资源提供特定的服务。

从 VISA 使用者的角度看,VISA 的资源结构如图 3.8 所示。

在这个结构中,应用程序通过资源管理者创建通信通道,通过该通道可以使用 VISA 系统中的资源。资源管理者负责管理、控制,以及分配 VISA 系统中的资源。它能够寻找 VISA 系统中的资源,可以创建和删除资源,

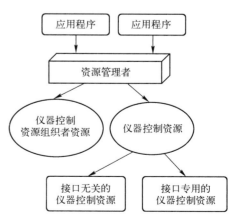

图 3.8 VISA 的资源结构

也可以读取资源的属性或对资源属性进行修改。资源管理者管理的资源有:仪器控制资源组织者资源和仪器控制资源。仪器控制资源组织者资源属于仪器资源层,它将各种仪器控制资源组织起来构成一种单独的资源。这样,应用程序只需开辟一个资源通道就可以控制多种仪器控制资源。仪器控制资源也称I/O资源层,它提供了一个资源集合,这些资源封装了仪器的各种操作,如读、写、触发等操作。仪器控制资源又分为两类:一类是与接口无关的仪器控制资源,另一类是接口专用的接口控制资源。使用接口无关的仪器控制资源时,无须考虑仪器是通过GPIB、VXI或是串行接口与主机相连;而当用户想访问VXI总线0号槽的配置信息时,就必须用到VXI总线0号槽资源,这个资源就是一种典型的接口专用的仪器控制资源。

在VISA资源系统中,每一种资源都能够为应用程序提供基本的资源控制服务。这些基本服务包括定位查找资源、控制资源通道的生存周期、控制资源属性、设置访问资源的模式,以及通过事件在应用程序和系统资源之间交换信息。为了实现这些基本的资源控制服务,需要用到VISA的3种机制:属性机制、锁定机制和事件机制。以写资源为例,3种机制的作用如图3.9所示。

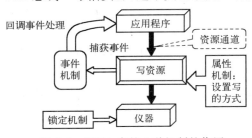

图 3.9　VISA中的3种机制的作用

属性机制用来控制资源的各种属性,这些属性分为两种:只读属性和可读可写属性。只读属性大部分是全局的(Global),与资源有关。也就是说这类属性会同时作用于所有与该资源相连的资源通道。以图3.9为例,若有一个以上的通道和写资源相连,那么这几个通道看到的资源属性是一致的。但是,可读可写属性大部分是局部的(Local),只与通道有关。修改这类属性只会影响到当前的这个资源通道,不会影响其他通道。在属性机制中与属性有关的操作包括设置和读取。以写资源为例,如果用户希望修改它的结束字符,只需要重新设置相应的属性值即可。

锁定机制可以设置通道对资源的访问模式。应用程序能同时对资源开辟多个通道,并能通过不同的通道对资源进行访问。但是,在某些情况下应用程序访问一个资源时必须限制其他通道对该资源的访问,这时就需要用到VISA的锁定机制。VISA的锁定机制将对每个通道访问资源的优先级实施仲裁。当某个通道把资源锁定后又有该资源的其他通道对它进行操作,这时将根据所用的锁定操作和类型来决定资源是对该操作提供服务、将操作挂起还是返回错误。如果资源没被其他任何通道锁定,则该资源所有的通道都有权对资源进行操作或是修改它的全局属性。VISA定义了两种锁定方式:独占锁和非独占锁。VISA还定义了一种方法可以使多个通道共享锁。如果某个通道获得了非独占锁,那么其他通道就不能再获得独占锁,但可以获得非独占锁,这种方法使多个通道可以共享锁。对于那些没有获得任何锁的通道,则只能调用该资源的操作和读取属性,而不能修改它的全局属性。如果资源被独占锁锁定,那么其他的通道既不能获得独占锁,也不能获得非独占锁,并且只能够读取属性而无法修改它的全局属性或是调用该资源的操作。

VISA中还定义了一种常见的机制提醒应用程序注意某种特殊情况,这些特殊情况称为事件。有了事件就可以使VISA的资源和它的应用程序之间传递消息。应用程序有两种不同的方式获得事件通知,它们分别是:队列机制和回调机制。队列机制就是把所有发生的指定事件放到队列中去,通常适用于那些不太重要、不必立即响应的事件。回调机制则是在事件发生时调用一个事先指定的函数,这个函数被称为回调处理者,它将在每次发生这类事件时被调用,通常用于需要立即响应的事件。队列机制和回调机制各自适用于不同的编程风格,并且它们之间的作用是互相独立的,所以可以同时使用这两种方式。在回调机制中,VISA还提供了两种不同的回调方式:直接回调和暂停回调。这两种回调方式不能同时使用。直接回调方式是当事件发生时,

VISA 立即调用例程处理事件;暂停回调是当事件发生时,先将事件放入暂停处理事件队列中,不立即处理它。

3.2.4 VISA 的应用

对于用户来说,只需了解 VISA 函数的格式与参数就可以编写仪器的驱动程序,而不必关心 VISA 库与仪器如何沟通的细节。对 VISA 函数的调用一般可以分为声明、开启、器件 I/O 和关闭 4 部分,下面以一段简单的 C 语言程序为例进行说明。该程序是由计算机向一台 GPIB 器件发出"*IDN?"的 IEEE 488.2 公用命令,并从该器件回读其响应字符串。

```
include "visa.h"
void main()
{
  ViSession defaultRM,vi;
  ViString buffer;
  ViUInt32 retCnt;
  ViStatus status;
  status= viOpenDefaultRM(&defaultRM);           /* 打开与默认资源管理器的通话 */
  status= viOpen(defaultRM,"GPIB0::1::INSTR", ,VI_NULL,VI_NULL, &vi);
                                                  /* 打开与特定器件的通话 */
  Status= viWrite(vi,"* IDN? \n",6,&retCnt);     /* 向特定器件写字符串 */
  Status= viRead(vi,buffer,80,&retCnt);          /* 从特定器件读字符串 */
  Status= viClose(vi);                           /* 关闭与特定器件的通话 */
  Status= viClose(defaultRM);                    /* 关闭与默认资源管理器的通话 */
}
```

程序说明:

为了执行该段程序,选定编程环境后,首先安装 HP VISA 库,对于 32 位应用程序,用到的主要文件是 visa.dll,visa32.lib,visa.h 及 visatype.h 等。对于 C 或 C++程序,应在程序的开始包含头文件 visa.h。visa.h 包含 VISA 库中所有的函数原型及所用常量、错误代码的定义。visa.h 还包含另一头文件 visatype.h,visatype.h 头文件定义了 VISA 数据类型,如例子中的 ViSession、ViUInt32 等。

① 声明区。声明程序中所有变量的数据类型,如程序中的前 4 条语句。可以看到,声明所用的函数类型均为 VISA 数据类型,它是与编程语言无关的。VISA 数据类型与编程语言数据类型的对应说明包含在特定的头文件中,如 C 语言的头文件为 visatype.h,打开 visatype.h 就可以看到程序中出现的 VISession 和 ViUInt32 都对应为无符号长整数(unsigned long)。由于程序中没有涉及某种具体编程语言的数据类型,故程序本身具有良好的可移植性。用其他编程语言调用 VISA 函数,格式与此类似。

② 开启区。如程序中的第 5、6 条语句。首先调用 ViOpenDefaultRM(ViPSession sesn),打开与默认资源管理器的通话,与之建立联系。默认资源管理器是 VISA 中用于管理所有资源的机构,调用该函数返回一软件句柄,随后作为 viOpen() 的输入参数。建立与特定器件的联系,则调用函数 viOpen(ViSesson sesn, ViRsrc rsrcName, ViAccessMode accessMode, ViUInt32 timeout, ViPSession vi),VISA 具有与器件接口类型无关的特点,具体体现在这一函数上。无论是 GPIB 器件还是 VXI 器件,无论是 VXI 消息基器件还是 VXI 寄存器基器件,打开与这些器

件的通话都只需调用同一函数 viOpen()，区别在于其中输入参数 rsrcName 的格式，该参数格式如表 3.4 所示。

表 3.4 参数 rsrcName 的格式

接口类型	rsrcName 的格式
VXI	VXI[board]::VXI logical address [::INSTR]
GPIB-VXI	GPIB-VXI[board]::VXI logical address[::INSTR]
GPIB	GPIB[board]::primary address[::secondary address][::INSTR]
ASRL	ASRL[board][::INSTR]

程序中的表达式"GPIB0::1::INSTR"即表示连接在 0 号 GPIB 卡上、主地址为 1 的 GPIB 器件，若要打开逻辑地址为 1 的 VXI 器件的通话，则只需将参数换成"VXI0::1::INSTR"。调用 viOpen()返回一软件句柄 vi，作为其他函数的输入参数。

③ 器件 I/O 区。如程序中的第 7、8 条语句，主要完成对 GPIB 器件发送 IEEE-488.2 公用命令，并从该器件回读响应字符串。对于 GPIB 器件和 VXI 消息基器件的读/写操作，调用的 VISA 函数是一样的。

④ 关闭区。如程序中的第 9、10 条语句。操作结束时，必须调用 viClose()，分别关闭与特定器件的通话和与默认资源管理器的通话。

可以看出，VISA 函数的调用形式与其他 I/O 库函数非常相似，使用起来并不复杂，与其他 I/O 库相比，由于 VISA 考虑了多种仪器接口类型与网络机制的兼容性，因此以 VISA 作为底层 I/O 库的自动测试系统，不仅可以与过去已有的仪器系统（GPIB 仪器系统及 RS-232C 仪器系统）结合，也可以使新一代仪器完全加入到测试系统中去。系统组建时，不必再选择某家特殊的软件或硬件产品，可以根据自己的需要，在所有的 VPP 产品中作出最佳选择。从而实现系统的标准化和统一。

3.3 虚拟仪器驱动程序

仪器驱动程序是完成对某一特定仪器的控制与通信的软件程序。是连接仪器与用户界面的桥梁。每个仪器模块均有自己的仪器驱动程序。仪器驱动程序的实质是为用户提供了用于仪器操作的较抽象的操作函数集。对于应用程序来说，它对仪器的操作是通过仪器驱动程序来实现的。对于应用程序设计人员来说，一旦有了仪器驱动程序，在不是十分了解仪器内部操作过程的情况下，也可以进行虚拟仪器系统的设计工作。仪器驱动程序是连接上层应用软件与底层输入/输出软件的纽带和桥梁，是虚拟仪器软件的核心，是系统设计的关键。

过去，仪器供应厂家在提供仪器模块的同时所提供的仪器驱动程序的形式，都类似于一个"黑匣子"，用户只能见到仪器驱动程序的引出函数原型，而原程序被"神秘"地隐藏起来，一旦需要更换新的仪器硬件，而厂家提供的仪器驱动程序又不能完全符合使用要求时，用户就无法对其修改，使得仪器的功能由供应厂家而不是用户本身来规定。

VXI 即插即用规范的制定为不同厂家仪器驱动程序的开发提供了一个可依托的标准，该规范定义了系统的互操作性，把虚拟仪器软件体系结构确定为一种标准的 I/O 接口，用于在 VXI、GPIB 和串行总线上传输命令。IVI 基金会制定的 IVI 规范，比 VPP 规范又向前迈进了一步，这一可互换式虚拟仪器规范给出的驱动程序结构模型——IVI 模型，在没有增加系统资源操作复杂性的前提下，把互操作性的概念推广到仪器级，成为开发虚拟仪器驱动程序的标准规范。

3.3.1 VPP 仪器驱动程序

20 世纪 90 年代,随着 VXI 总线的建立和 VXI 仪器的发展,程控仪器驱动程序与编程环境的标准化成为仪器领域人们关注的问题。世界上几十家最有实力的仪器厂商(包括 HP,Tektronix 和 Racal 等公司)联合成立了 VXI 即插即用系统联盟(VXI Plug&Play Systems Alliance)。作为设备与仪器软件兼容性工业标准发展的第一步,该联盟提出了 VXI 即插即用(VPP)标准。VPP 标准的设计目标是使任何满足该标准的计算机 I/O 设备、仪器和软件能够一起工作,实现多个系统供应商提供的硬件和软件产品的互操作性,为用户提供了一体化测试与测量系统的解决方案。

1. VPP 主要规范内容

VPP 系统联盟成立后,起草了一系列文件(VPP 规范),对 VXI 总线测试系统中的系统做了明确规定,规定了 VXI 总线测试系统软件的标准框架,并对其中的各部件做了明确的标准化定义。VPP 规范包括 VPP-1~VPP-10 十八个规范。

- VPP-1　联盟章程文件。
- VPP-2　系统框架技术规范,规定了 DOS,Windows 等 5 种构架平台。
- VPP-3.1　仪器驱动器结构和设计技术规范。
- VPP-3.2　仪器驱动函数体技术规范。
- VPP-3.3　仪器驱动器交互式开发者接口技术规范。
- VPP-3.4　仪器驱动器编程开发者接口技术规范。
- VPP-4.1　VISA-1 虚拟仪器软件结构规范。
- VPP-4.2　VISA-2 虚拟仪器软件结构转换库规范。
- VPP-4.2.2　VISA-2.2 虚拟仪器软件结构转换库(VTL)对于 WTL 构架的执行规范。
- VPP-4.3　VISA 库。
- VPP-4.3.2　VISA 文本语言实现规范。
- VPP-4.3.3　VISA G 语言实现规范。
- VPP-5　VXI 部件知识库技术规范。
- VPP-6　安装和包装技术规范。
- VPP-7　软面板技术规范。
- VPP-8　VXI 模块/主机箱与接收装置的互连规范。
- VPP-9　仪器制造商缩写规则。
- VPP-10　标识和注册。

有了上述规范,当用户使用 VXI 即插即用产品时,系统的整体结构就被简化了,并且系统的扩展性、可维护性和使用的容易程度都得以改善。

2. VPP 仪器驱动程序的特点

VPP 仪器驱动程序具有以下特点。

(1) 仪器驱动程序一般由仪器供应厂家提供

VXI 即插即用规范规定,虚拟仪器系统的仪器驱动程序是一个完整的软件模块,并由仪器模块供应厂家在提供仪器模块的同时提供给用户。

(2) 以源代码与预编译库的形式提供驱动程序

用户可以将仪器驱动程序看做能够直接与系统其他部分集成在一起的通用软件模块。在阅读与理解仪器驱动程序源代码的基础上,用户可以根据自己的需求修改和优化驱动程序。

(3) 程序结构化与模块化

VPP 仪器驱动程序遵循模块化设计原则，采用分层结构。用户既可以调用简单的仪器接口函数，也可以直接使用高级的复合函数。

(4) 设计与实现的一致性

根据 VPP 仪器驱动程序设计和实现的指导原则，尽管各仪器驱动程序功能不同，但都具有统一的模块化结构、错误处理方法、帮助信息和文档与版本管理措施，最终用户得到的也是有统一的封装和使用方法的仪器驱动程序。这种设计与实现的一致性可以提高软件编程的效率，最终也使用户受益。

(5) 兼容性与开放性

VPP 规范对于仪器驱动程序的要求，不仅适用于 VXI 仪器，同样也适用于 GPIB、串行接口等仪器驱动程序的开发，因此 VPP-3.1～VPP-3.4 规范也可以称为虚拟仪器的仪器驱动程序规范。

在 VPP 系统中，一个完整的仪器定义不仅包括仪器硬件模块本身，也包括了仪器驱动程序、软件面板，以及相关文档。在标准化的 I/O 接口软件——VISA 基础上，对仪器驱动程序制定一个统一的标准规范，是实现标准化的虚拟仪器系统的基础与关键，也是实现虚拟仪器系统开放性与互操作性的保证。

3. VPP 仪器驱动程序的结构模型

为了制定仪器驱动程序设计和开发的标准，VPP 联盟提出了两个结构模型。第一个模型是仪器驱动程序外部接口模型，描述了仪器驱动程序与系统其他软件的接口。第二个模型是仪器驱动程序内部设计模型，描述了仪器驱动程序软件模块的内部组建结构，该结构与具体的仪器驱动程序开发工具无关。

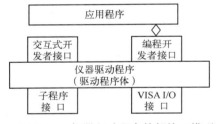

图 3.10　仪器驱动程序外部接口模型

(1) 仪器驱动程序外部接口模型

图 3.10 给出了仪器驱动程序外部接口模型。可以看到，仪器驱动程序由一系列软件模块组成，这些软件模块和整个系统里的其他软件进行交互，一方面和具体仪器通信，另一方面和更高层的软件或使用仪器驱动程序的用户通信。

仪器驱动程序外部接口模型分为 5 个部分。

① 驱动程序体

驱动程序体是仪器驱动程序的核心。VPP 标准推荐采用标准编程语言（文本语言或 G 语言）进行这一部分的编写。驱动程序体的具体内容将在仪器驱动程序内部设计模型中详细介绍。

② VISA I/O 接口

进行仪器 I/O 操作是仪器驱动程序最根本的功能之一。VPP 仪器驱动程序外部接口模型采用 VISA I/O 接口完成这一任务。VISA 为 VXI、GPIB、RS-232C 和其他仪器接口提供了单一的 API（Application Programming Interface），从而使仪器与驱动程序获得了接口的可互换性。

③ 子程序接口

子程序接口描述了仪器驱动程序调用其他软件模块及其他软件库函数的机制。例如，数据库、FFT 函数等，这些库函数不包含在仪器驱动程序的源代码中，也不要求以源代码的形式提供。

④ 编程开发者接口

编程开发者接口描述了从上层应用程序调用仪器驱动程序的机制。对于不同的应用程序开发环境,仪器驱动程序将提供不同的软件接口,以使应用程序可以方便地调用仪器驱动程序中定义的所有功能函数。

⑤ 交互式开发者接口

交互式开发者接口指的是为帮助应用程序开发者了解仪器驱动程序的功能调用而设计的辅助工具。例如,使用 LabWindows/CVI 或 LabVIEW 环境中的函数,应用程序开发人员可以交互地执行函数功能,加速仪器驱动程序接口的学习过程。

(2) 仪器驱动程序内部设计模型

仪器驱动程序内部设计模型如图 3.11 所示。

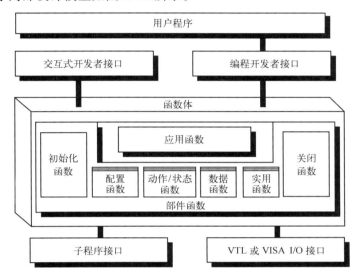

图 3.11　仪器驱动程序内部设计模型

仪器驱动程序内部设计模型定义了驱动程序体的内部组成。该模型对仪器驱动程序开发者非常重要,因为所有仪器驱动程序源代码都是根据该模型编写的,同时该模型对最终用户也非常重要,一旦用户掌握了该模型的结构并知道如何使用某一仪器驱动程序,相关的知识就可以用于其他仪器驱动程序。

仪器驱动程序体分为应用函数和部件函数两大部分。应用函数是一组高级函数集,每一个应用函数可以完成一个比较完整的测试或测量功能。应用函数调用部件函数实现其功能。每一个部件函数完成一个相对单一的任务,如采集示波器的波形数据就可以作为一个部件函数来实现。

部件函数通常包含以下函数:

① 初始化函数。初始化仪器的软件连接。通过执行一些必要的操作,使仪器处于默认的上电状态或其他特定状态。

② 配置函数。实现对仪器的配置,为后续操作做准备。

③ 动作/状态函数。发送命令,进行实际操控或者读取仪器状态。

④ 数据函数。用于从仪器取回数据或向仪器发送数据。

⑤ 实用函数。能够完成许多实用操作的函数,如复位、自检、错误查询、错误消息和版本查询等。

⑥ 关闭函数。关闭仪器通话操作,并释放与该通话有关的系统资源。

4. 仪器驱动程序的函数体规范

（1）仪器驱动程序函数命名规则

所有 VPP 仪器驱动程序文件和必备函数名称都有一个规范化的前缀。该前缀以 VPP-9 规范定义的仪器制造商的两个缩写字符开头，再加上仪器型号的描述字符组成。例如，Tektronix 公司的 VX4750 模块化的仪器驱动程序 ANSIC 源文件名为 tkvx4750.C，由 Tektronix 的缩写字符"tk"与模块名称"vx4750"组合而成，为了方便起见，以下都用 PREFIX 来表示该前缀。

（2）仪器驱动程序的必备函数

除了上面提到的仪器驱动程序部件函数的分类方法之外，还有一种分类方法是将部件函数分为必备函数和开发者自定义函数两类。

必备函数是大多数仪器都应具备的一类通用函数，包括初始化函数、关闭函数和属于实用函数类的复位函数、自检函数、错误查询函数、错误消息函数及版本查询函数。除了必备函数之外的其余部件函数称为开发者自定义函数。开发者可以在不违背 VPP 仪器驱动程序规范指导原则的前提下，定义此类函数。

VPP 规范对必备函数的原型、参数名称、参数类型和返回值等都做了统一的定义，开发者不能自行修改，因此这类函数也称为模板函数。下面将对各必备函数做逐一的介绍。

① 初始化函数

初始化函数用于建立与仪器的通信连接。ANSIC 编写的初始化函数原型为：

```
ViStatus_VI_FUNC PREFIX_init(ViRsrc rsrcName,ViBoolean id_query,ViBoolean reset_instr,ViSession vi);
```

Visual Basic 编写的初始化函数原型为：

```
Declare Function PREFIX_init Lib "PREFIX.dll" (ByVal rsrcName As string,ByVal id_query As Integer,ByVal reset_instr As Integer,ByVal vi As Long) As Long
```

初始化函数的参数与返回值如表 3.5 所示。

表 3.5 初始化函数

项目	类型	参数名称/完成代码	描述
输入参数	ViRsrc	rsrcName	仪器描述
	ViBoolean	id_query	该参数为 VI_TRUE 时执行 ID 查询，为 VI_Flase 时则不执行
	ViBoolean	reset_instr	该参数为 VI_TRUE 时，执行复位操作，为 VI_Flase 时则不执行
输出参数	ViSession	vi	仪器句柄
返回值*	ViStatus	VI_SUCCESS	初始化成功
		VI_WARN_NSUP_ID_QUERY	不支持 ID 查询操作
		VI_WARN_NSUP_RESET	不支持复位操作
		VI_ERROR_FAIL_ID_QUERY	仪器 ID 查询失败

注：返回值表示操作的返回状态，可以是完成代码或错误代码，表中给出的是完成代码。错误代码可参考 VPP-4.3 规范定义的 VISA 错误代码。

② 复位函数

复位函数用于将仪器置于默认状态。ANSIC 编写的复位函数原型为：

```
ViStatus_VI_FUNC PREFIX_reset (ViSession vi);
```

Visual Basic 编写的复位函数原型为：

    Declare Function PREFIX_reset Lib "PREFIX.dll" (ByVal vi As Long) As Long

复位函数的参数与返回值如表 3.6 所示。

表 3.6　复位函数

项　　目	类　　型	参数名称/完成代码	描　　述
输入参数	ViSession	vi	仪器句柄
返回值	ViStatus	VI_SUCCESS	复位操作成功
		VI_WARN_NSUP_RESET	不支持复位操作

③ 自检函数

自检函数实现仪器的自检并返回自检结果。ANSIC 编写的自检函数原型为：

    ViStatus_VI_FUNC PREFIX_self_test(ViSession vi,ViInt16 test_result,ViChar_VI_FAR test_message[ ]);

Visual Basic 编写的自检函数原型为：

    Declare Function PREFIX_self_test Lib "PREFIX.dll"(ByVal vi As Long,ByVal test_result As Long,ByVal test_message As String) As Long

自检函数的参数与返回值如表 3.7 所示。

表 3.7　自检函数

项　　目	类　　型	参数名称/完成代码	描　　述
输入参数	ViSession	vi	仪器句柄
输出参数	ViInt16	test_result	自检操作结果,数值 0 表示自检通过
	ViString	test_message	自检状态消息,最多 256 个字符
返回值	ViStatus	VI_SUCCESS	自检操作成功
		VI_WARN_NSUP_SELF_TEST	不支持自检操作

④ 错误查询函数

错误查询函数对仪器进行查询并返回与仪器相关的错误信息。ANSIC 编写的错误查询函数原型为：

    ViStatus_VI_FUNC PREFIX_error_query (ViSession vi,ViInt32 error_code,ViChar_VI_FAR error_message[ ]);

Visual Basic 编写的错误查询函数原型为：

    Declare Function PREFIX_error_query Lib "PREFIX.dll" (ByVal vi As Long,ByVal error_code As Long, ByVal error_merrage As String) As Long

错误查询函数的参数与返回值如表 3.8 所示。

表3.8 错误查询函数

项目	类型	参数名称/完成代码	描述
输入参数	ViSession	vi	仪器句柄
输出参数	ViInt32	error_codet	仪器错误代码
	ViString	error_message	错误消息,最多256个字符
返回值	ViStatus	VI_SUCCESS	初始化成功
		VI_WARN_NSUP_ERROR_QUERY	不支持错误查询操作

⑤ 错误消息函数

错误消息函数将仪器驱动程序函数返回的错误代码转换为用户可读的字符串。ANSI C 编写的错误消息函数原型为：

```
ViStatus_VI_FUNC PREFIX_error_message (ViSession vi, ViStatus status_code,ViChar_VI_FAR message[ ]);
```

Visual Basic 编写的错误消息函数原型为：

```
Declare Function PREFIX_error_message Lib "PREFIX.dll" (ByVal vi As Long, ByVal status_code As Long,ByVal message As String) As Long
```

错误消息函数的参数与返回值如表3.9所示。

表3.9 错误消息函数

项目	类型	参数名称/完成代码	描述
输入参数	ViSession	vi	仪器句柄
输出参数	ViStatus	error_codet	仪器驱动的错误代码
	ViString	error_message	VISA 或仪器驱动的错误消息,最多256个字符
返回值	ViStatus	VI_SUCCESS	错误消息函数执行成功
		VI_WARN_UNKNOWN_STATUS	不能识别的代码

⑥ 版本查询函数

版本查询函数返回仪器驱动程序和仪器固件的版本号。如果仪器不支持固件版本查询,版本查询函数将在输出参数 instr_rev 中返回字符串"Not Available",并返回警告代码 VI_WARN_NSUP_REV_QUE。ANSI C 编写的版本查询函数原型为：

```
ViStatus_VI_FUNC PREFIX_revision_query (ViSession vi,ViChar_VI_FAR dyiver_rev[],
ViChar_VI_FAR instr_rev[ ]);
```

Visual Basic 编写的版本查询函数原型为：

```
Declare Function PREFIX_revision_query Lib "PREFIX.dll" (ByVal vi As Long,ByVal driver_rev As String, ByVal instr_rev As String) As Long
```

版本查询函数的参数与返回值如表3.10所示。

表 3.10 版本查询函数

项　目	类　型	参数名称/完成代码	描　述
输入参数	ViSession	vi	仪器句柄
输出参数	ViString	driver_rev	仪器驱动版本,最多 256 个字符
	ViString	instr_rev	仪器固件版本,最多 256 个字符
返回值	ViStatus	VI_SUCCESS	版本查询成功
		VI_WARN_NSUP_REV_QUE	不支持版本查询操作

⑦ 关闭函数

关闭函数终止与仪器的软件连接,并释放与该仪器相关的系统资源。ANSI C 编写的关闭函数原型为:

```
ViStatus_VI_FUNC PREFIX_close(ViSession vi);
```

Visual Basic 编写的关闭函数原型为:

```
Declare Function PREFIX_close Lib "PREFIX.dll" (ByVal vi As Long) As Long
```

关闭函数的参数与返回值如表 3.11 所示。

表 3.11 关闭函数

项　目	类　型	参数名称/完成代码	描　述
输入参数	ViSession	vi	仪器句柄
返回值	ViStatus	VI_SUCCESS	关闭操作成功

(3) 可选的仪器驱动程序函数

VPP 规范对其他一些常用的可选仪器驱动程序函数也作出了定义,这些函数与必备函数一样具有标准化的函数原型,但不要求每个仪器驱动程序都必须具备。

① autoConnectToFirst 函数

在 VXI 总线系统中,自动搜索仪器驱动程序指定的模块,并与搜索到的第一个该型号模块建立通信连接。ANSI C 编写的该函数原型为:

```
ViStatus_VI_FUNC PREFIX_autoConnectToFirst (ViSession vi);
```

② autoConnectToSlot 函数

在 VXI 总线系统中,在指定插槽搜索仪器驱动程序指定的模块,如果搜索到模块,就与其建立通信连接。由于该模块可能是多器件模块,函数返回的仪器句柄存放在 instrArray 数组中。ANSI C 编写的该函数原型为:

```
ViStatus_VI_FUNC PREFIX_autoConnectToSlot(ViSession instrArray[ ],ViInt16 array-
Length,ViPInt16 numConnected,ViInt16 slot);
```

③ autoConnectToLA 函数

在 VXI 总线系统中,在指定逻辑地址搜索仪器驱动程序支持的模块,如果搜索到模块,就与其建立通信连接。ANSI C 编写的该函数原型为:

```
ViStatus_VI_FUNC PREFIX_autoConnectToLA (ViSession vi,ViInt16 logAdr);
```

④ autoConnectToALL 函数

在 VXI 总线系统中,搜索仪器驱动程序支持的所有同型号模块,如果搜索到模块,就与这些模块建立通信连接。ANSIC 编写的该函数原型为:

```
ViStatus_VI_FUNC PREFIX_autoConnectToAll (ViSession instrArray[ ], ViInt16 array-
    Length,VIPInt16 numConnected);
```

5. **VPP 仪器驱动程序的设计方法**

设计 VPP 仪器驱动程序的一般方法如下。

① 应确定需要研制的仪器模块的类型,确定其属于 VXI 仪器、GPIB 仪器还是串行接口仪器。

② 应确定仪器模块的应用目标及功能指标。与仪器硬件模块研制的侧重点不同的是,仪器硬件模块研制所关心的技术指标往往是硬件性指标,包括精度、灵敏度、线性度、动态响应、使用环境温度范围,以及可靠性指标等一系列动、静态指标,而仪器驱动程序的研制关心的指标更注重于功能的实现。

③ 在基本清楚了设计目标之后,应选择虚拟仪器系统的系统框架,确定模块设计的软、硬件环境。

④ 应选择一个可做参考的、现有的 VPP 仪器驱动程序,尽量在现有的仪器驱动程序基础上进行设计,不必要从头开始进行重复劳动。根据 VXI 即插即用规范的开放性与扩展性的要求,仪器驱动程序的设计应该是公开的。在设计仪器驱动程序的时候,既可以参考自己的其他模块设计方法,也可以参考其他供应厂家提供的仪器驱动程序。在现有的仪器驱动程序的基础上进行开发,不仅可以提高开发效率,也可以提高开发质量,避免一些重复性的错误。

⑤ 在对参考模块的研究基础上,确定仪器驱动程序应包括的功能函数,也即仪器驱动程序的内部设计模型。

⑥ 将所定义的所有功能函数用 C 语言实现,所有仪器驱动程序的头部应包括 visatype.h、visa.h 文件(VISA 数据类型定义、属性定义及事件定义)及 VPPtype.h。功能函数的实现基于 VISA I/O 接口软件库,VISA 以 DLL(动态链接库)形式被调用。仪器驱动程序的编写应采用模块化、层次化结构,并符合 VPP 规范标准。

⑦ 在图形化平台上运行与调试仪器驱动程序。由于仪器驱动程序不是图形化平台的源代码形式,需要利用图形化平台的一种自动变换机制和 DLL 接口能力(如在 LabVIEW 中提供了相应的菜单操作函数)。在这个过程中,操作功能函数都对应有图形表示方式,用户只需简单地设置每个参量的值就可以建立交互调用功能,然后就可执行这些功能。由图形化表示方式构成的功能图标构成了仪器驱动程序的功能文件。仪器驱动程序与仪器硬件的调试需要结合在一起,最终需要仪器模块的软、硬件联调。根据调试结果,设计人员可进行仪器驱动程序的修改。

⑧ 编写仪器驱动程序相关文件,包括 WIN 格式的帮助文件、知识库文件及函数原型文件,并应提供自动安装程序,使用户根据要求,方便地使用仪器驱动程序。

3.3.2 IVI 仪器驱动程序

VPP 仪器驱动程序规范建立了比较完善的模型,统一了仪器驱动程序编写的各种约定。仪器驱动程序的建立,方便了应用程序开发人员。测试系统的开发者不必从最基础的 VISA 语句写起,也无须了解仪器的具体命令,只要调用仪器驱动程序模块即可完成应用程序的开发工作。

尽管如此,仪器级的软件互换性难题还是没有获得完全解决,针对每个不同仪器还必须编写不同仪器驱动程序,即使这些仪器属于同一类。为了能自由互换仪器硬件而无须修改测试程序,即解决仪器的互换性问题,1998年美国NI公司最先提出了一种新的基于状态管理的仪器驱动器体系结构,即可互换虚拟仪器驱动程序(Interchangeable Virtual Instrument,IVI)模型和规范,并开发了基于虚拟仪器软件平台的IVI驱动程序库。IVI仪器驱动程序使建立在仪器驱动程序基础上的测试程序独立于仪器硬件,很快成为新的仪器驱动程序标准,并得到了业界的认可,仪器测试界在1998年9月成立了IVI基金会。目前,IVI基金会已经制定了8类仪器规范,这8类仪器是:示波器(IVIScope)、数字多用表(IVIDmm)、信号发生器(IVIFgen)、电源(IVIPower)、开关矩阵/多路复用器(IVISwitch)、功率表(IVIPwrmeter)、频谱分析仪(IVISpecan)和射频信号发生器(IVIRfsiggen),其他类型仪器的规范也将被陆续制定发布。

IVI基金会从基本的互操作性到可互换性,为仪器驱动程序提升了标准化水平。通过为仪器类制定一个统一的规范,获得了更大的硬件独立性,减少了软件维护和支持费用,缩短了仪器编程时间,提高了运行性能。运用IVI技术可以使许多部门获益。例如,使用IVI技术的事务处理系统可以把不同的仪器应用在其系统中,当仪器陈旧或者有升级的、高性能或低造价的仪器时,可以任意更换,而不需要改变测试程序的源代码。

美国NI公司作为IVI的系统联盟之一,积极响应IVI的号召,致力于开发基于虚拟仪器软件平台的IVI驱动程序库,2004年11月又推出了NI可互换虚拟仪器兼容工具包2.2版(IVI compliance Package2.2),该软件包包含若干IVI驱动程序和支持库,对于开发和实现各种运用仪器互换性的应用系统是必不可少的。仪器设计工程师可利用IVI工具包,创建和使用优质的、兼容IVI的仪器驱动程序,从而提供互换性和高性能。

1. IVI的技术特点

IVI技术虽然是建立在VPP规范之上的,但并不导致额外的复杂性和性能下降,而是增加了很多提高系统执行效率、缩短开发时间的特性,它吸取了VPP技术的优点,大大地降低了测试系统中测试软件的开发周期和开发费用,极大地提高了测试系统的更新适应能力,为从软件出发消除冗余、提高测试速度提供了重要途径。

具体来说,IVI技术具有以下这些特点。

(1)通过仪器的可互换性,节省测试系统的开发费用

IVI技术提升了仪器驱动程序的标准化程度,使仪器驱动程序从具备基本的互操作性提升到了仪器类的可互换性。通过为各类仪器定义明确的API,测试系统开发人员在编写软件时可以做到在最大程度上与硬件无关。采用IVI技术的测试程序集能被置于包含不同仪器的多种仪器系统中,并且可以在不改变测试程序源代码和重新编译的情况下,采用更新的、高性能的或是低价格的仪器替换过时的仪器,实现系统的平稳升级。对于用户来说,这些都是十分关键的。

除了代码的可重用性之外,基于标准编程接口的仪器互换性也降低了系统的长期维护和技术支持的费用。目前,系统开发者必须承担测试程序的多年维护责任,因此需要经常维持一个庞大的技术支持人员队伍。一旦有了可互换的软件接口,系统可被设计为支持成组的仪器,降低了因关键仪器过时而带来的风险。

标准编程接口同时也使测试系统的开发变得更简单。当标准编程API支持越来越多的仪器时,测试开发人员学习仪器使用的时间也会大大缩短。例如,当所有示波器都有相同的编程接口时,开发人员可以很容易地使用示波器类中的任何一款示波器进行编程。

(2)通过状态缓冲,改善测试性能

标准仪器驱动程序中,最迫切需要具备的一种特性是仪器的状态跟踪或状态缓冲。标准的VPP仪器驱动程序是由一组函数调用构成,仪器的状态通常被认为是不可知的,因此,即使是在

仪器已经被正确配置的情况下,每次测量也都需要进行一系列仪器设置过程。这将导致大量无用命令字符串的生成和发送,使仪器进行不必要的参数重置,浪费宝贵的测试时间。

在 IVI 属性模型中,驱动程序能够自动地对仪器的当前状态进行缓冲。每个仪器命令仅影响那些为特定测量而必须改变的仪器属性。例如,如果需要对某一参数进行连续的多次测量,VPP 仪器驱动程序大多会在每次后续测量过程中重新配置仪器,而 IVI 仪器驱动程序则只在第一次测量调用时完成一次仪器配置。IVI 仪器驱动程序的这种特性对于仅需改变一个参数的测量过程也是极为有利的。例如,如果需要在一段频率范围内完成扫频测量,IVI 仪器驱动程序允许仅对波形发生器的频率属性做递增操作,而不改变仪器的其他配置。这种对仪器 I/O 方式做的很小的改动,却能够极大地缩短测试时间、降低测试费用。

(3) 通过仿真,使测试开发更容易、更经济

利用 IVI 仪器驱动程序的仿真功能,用户可以在仪器还不能用的条件下,输入所需参数来仿真特定的环境,就像仪器已被连接好一样,处理所有输入参数,进行越界检查和越界处理,返回仿真数据。

2. IVI 规范及体系结构

因为所有的仪器不可能具有相同的功能,因此不可能建立一个单一的编程接口。正因为如此,IVI 基金会制定的仪器类规范被分成基本能力和扩展属性两部分。前者定义了同类仪器中绝大多数仪器所共有的能力和属性;后者则更多地体现了每类仪器的特殊功能和属性。

NI 开发的 IVI 驱动程序库包括 IVI 基金会定义的 8 类仪器的标准类驱动程序(Class Driver)、仿真驱动程序和软面板。该库为仪器的交换做了一个标准的接口,通过定义一个可互换性虚拟仪器的驱动模型来实现仪器的互换性,NI 设计的 IVI 体系结构如图 3.12 所示。

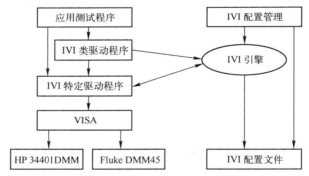

图 3.12 NI 设计的 IVI 体系结构

从图 3.12 可以看出,IVI 体系结构由 IVI 类驱动程序、IVI 特定驱动程序、IVI 引擎、IVI 配置管理、IVI 配置文件 5 部分组成。在应用测试程序中调用类驱动程序,类驱动程序调用特定驱动程序来控制实际的仪器,因此,即使测试系统的具体仪器改变,也不会使类驱动程序的测试代码受到影响。

(1) 类驱动程序

一个类驱动程序包含该类仪器通用的各种属性和操作函数,比如示波器、数字多用表、函数发生器等,这些函数有一个通用功能器前缀如 IVIScope、IVIDmm 或 IVIFgen。目前 IVI 类驱动程序工具包共有 8 类:示波器、数字多用表、信号发生器、电源、开关矩阵/多路复用器、功率表、频谱分析仪和射频信号发生器,每个类驱动程序调用特定仪器驱动程序来控制实际的仪器。

使用 IVI 类驱动程序的目的之一是用户能够在不改变测试程序源代码、不进行源程序的重新编译或链接的条件下,就可以实现测试系统中的仪器更换。为此,IVI 类驱动程序必须有标

准的程序接口。但由于仪器功能千差万别,不可能用一种程序接口涵盖一类仪器中所有型号仪器的所有特性。因此,IVI 类驱动程序将驱动程序功能分为 IVI 固有功能、基本功能、扩展功能组、仪器专用功能 4 种层次结构。

① IVI 固有功能

IVI 固有功能包含所有 IVI 仪器驱动程序都必须实现的一些函数、属性和属性值,其中一些固有函数与 VPP 规范中的定义很相似。例如,IVI 仪器驱动程序必须包含初始化函数、复位函数、自检函数和关闭函数等。另外一些固有属性和函数允许用户使能或禁止某些 IVI 功能,如状态缓冲、仿真、越界检查和仪器状态检查等。还有一些固有属性提供了仪器和驱动程序的相关信息,例如,用户通过编程得到 IVI 仪器驱动程序支持的规范版本和仪器模型、驱动程序制造商等信息。

② 基本功能

基本功能包含某一类仪器普遍应具备的一些函数、属性和属性值。IVI 基金会通过表决来确定这些基本功能。例如,示波器仪器类的基本功能包含边缘触发配置、启动波形采集和返回波形数据等一些函数和属性。IVI 类兼容的专用驱动程序必须实现所有基本功能。

③ 扩展功能组

扩展功能组包含表示某一类仪器特有性能的一些函数、属性和属性值。例如,示波器仪器类为不同示波器具有的一些特殊触发方式定义了不同的扩展功能规范,有 TV 触发、脉宽触发、毛刺触发等,能够执行 TV 触发的示波器应实现 TV 触发扩展功能组规范。通常情况下,IVI 类兼容的专用驱动程序应实现其硬件支持的所有扩展功能。

④ 仪器专用功能

仪器专用功能包含仪器类中未定义的一些特殊函数、属性和属性值。例如,有些示波器具有 IVIScope 类规范中未定义的抖动分析和定时分析功能。用户在使用这类仪器驱动程序时,应注意在仪器替换时对测试程序作出相应的修改。

(2) 特定驱动程序

特定驱动程序为每一类仪器中的不同型号仪器的驱动程序。特定驱动程序包含了用于特殊仪器编程的命令字符串或寄存器信息。如果无须考虑仪器硬件互换,可以直接用特定仪器驱动程序来开发测试应用程序。

(3) IVI 引擎

IVI 引擎完成状态缓存、仪器属性跟踪、类驱动程序到特定驱动程序的映射功能,是实现 IVI 仪器驱动程序完成状态缓存和其他增强性能的关键支持库,如仪器仿真、量程检查和状况检查等功能。在开发期间,这些功能可以辅助应用软件的开发和调试,一旦转入产品模式,IVI 引擎允许关闭量程检查、状况检查、仪器仿真等功能,以获得最快速度的软件执行性能。

(4) IVI 配置管理

可通过配置 IVI 仪器驱动程序来设置一个应用程序,在该程序中创建和配置 IVI 逻辑名称(Logical Names),在测试程序中通过传送逻辑名称给一个类驱动程序初始化函数,以将操作映射到具体仪器及其仪器驱动程序。

(5) IVI 配置文件

IVI 配置文件存储了所有逻辑名称和类驱动程序到具体仪器驱动程序的映射信息。

3. 仪器互换性的实现

仪器的互换性是通过仪器类驱动程序来调用不同的 IVI 特定仪器驱动程序来实现的,图 3.12 说明了 IVI 驱动程序的结构。测试程序调用的是类驱动程序,而类驱动程序通过调用不同的特定仪器驱动程序来访问具体仪器。由于 IVI 类驱动程序是一系列函数和属性的集合,因此,当改变测试系统中类驱动程序下层的特定仪器驱动程序及相应的仪器时,不会影响测试代码。从这里也可看出,如何使用一个类驱动程序根据需要调用不同的特定仪器驱动程序是制作类驱动程序所需解决的关键问题。

特定仪器驱动程序也包含一些函数及属性,IVI 规范中规定其任何函数名的构成都是"特定仪器驱动程序名-函数名",以 DMM 中初始化函数为例,如采用 HP34401,函数名为 HP34401-Init,而若采用 Fluke 45,则函数名为 FLUKe45-Init。因此在制作类驱动程序时,没有必要考虑每一个函数是怎样具体实现的,只需更换它们的前缀即可。即若当前的特定仪器为 HP34401,当测试程序调用 DMM 类驱动程序中的初始化函数 IVIDmm-Init 时,IVIDmm-Init 就应当调用 HP34401-Init;而若当前的特定仪器为 Fluke 45 时,如果测试程序调用函数 IVIDmm-Init,IVIDmm-Init 就应当调用 F145-Init。由于函数名实际上是函数的入口地址,此时测试程序调用 IVIDmm-Init 就相当于调用 F145-Init。若当前使用的仪器改为 HP34401,只需将配置文件中"F145"更换为"HP34401",当测试程序同样调用 IVIDmm-Init 时,经过相同的操作,相当于调用 HP34401-Init,这样就实现了互换性。

本 章 小 结

本章介绍了虚拟仪器的软件标准,内容包括可编程仪器标准命令(SCPI)、虚拟仪器软件结构(VISA)、建立在 VISA 基础之上的仪器驱动程序开发规范 VPP,以及解决同类型仪器互换性的 IVI 仪器驱动程序。

SCPI 是为解决程控仪器编程进一步标准化而制定的标准程控语言,目前已成为程控仪器软件重要的标准之一。VISA 是 VPP 系统联盟制定的 I/O 接口软件标准及其相关规范的总称,为虚拟仪器提供了标准化的 I/O 接口软件。VPP 规范通过 VISA 解决了仪器驱动程序与硬件接口的无关性,而 IVI 则解决了测试应用软件与仪器驱动程序的无关性,IVI 建立在 VPP 基础之上,比 VPP 更高一个层次。

从 SCPI 到 VISA,再到 IVI,虚拟仪器软件标准更加成熟,更加开放,更加适应当前虚拟仪器系统的发展要求。随着测试技术的迅速发展,新的测试软件标准必将推动自动测试技术的进步,以建立更开放、更强大的自动测试软件平台。

思考题和习题 3

1. 说明可编程仪器标准命令(SCPI)的含义。
2. 简述 SCPI 仪器模型。
3. SCPI 的测量命令有哪几条? 各有哪些基本功能?
4. SCPI 的标准参数有哪几种?
5. 什么是 VISA? VISA 资源管理器能提供哪些服务?
6. 简述 VISA 的结构特点。
7. 什么是仪器驱动程序? 使用仪器驱动程序来实现仪器控制有哪些优点?
8. 简述 VPP 仪器驱动程序的特点。
9. 简述 VPP 仪器驱动程序的结构模型。
10. 什么是 IVI? IVI 技术的特点是什么?
11. IVI 基金会共制定了哪几类仪器规范?
12. 在 IVI 仪器驱动程序中,仪器互换性是如何实现的?

第4章　虚拟仪器软件开发平台 LabVIEW

构造一个虚拟仪器，基本硬件确定以后，就可以通过不同的软件实现不同的功能。软件是虚拟仪器的关键。目前流行的虚拟仪器软件开发工具有两类：文本编程语言有 C,C++,VB,VC,LabWindows/CVI 等；图形化编程语言有 LabVIEW,Agilent VEE 等。其中 LabVIEW 最流行，是目前应用最广、发展最快、功能最强的图形化软件。

本章主要介绍图形化编程语言 LabVIEW 的概念和特点，以及 LabVIEW 2015 的编程环境与操作方法，并通过一个具体示例来说明 LabVIEW 2015 创建虚拟仪器的一般步骤。具体包括：LabVIEW 概述，LabVIEW 2015 编程环境，创建虚拟仪器。

4.1　LabVIEW 概述

4.1.1　LabVIEW 的含义

LabVIEW(Laboratory Virtual Instrument Engineering Workbench,实验室虚拟仪器集成环境)是一种图形化的编程语言（又称 G 语言），它是由美国 NI 公司推出的虚拟仪器开发平台，也是目前应用最广、发展最快、功能最强的图形化软件集成开发环境。

LabVIEW 作为一种强大的虚拟仪器开发平台，广泛地被工业界、学术界和研究实验室所接受，被视为一个标准的数据采集和仪器控制软件。LabVIEW 集成了 GPIB,VXI,PXI,RS-232C,USB 的硬件和数据采集卡通信的全部功能，并且它还内置了便于应用 TCP/IP,ActiveX 等软件标准的库函数。因此，LabVIEW 是一个功能强大且灵活的软件，利用它可以方便地组建自己的虚拟仪器。

使用 LabVIEW 开发平台编制的程序称为虚拟仪器，它包括前面板、程序框图及图标/连线板三部分。LabVIEW 简化了虚拟仪器的开发过程，缩短了仪器开发和调试周期，它让用户从烦琐的计算机代码编写中解脱出来，把大部分精力投入仪器设计和分析当中，而不再拘泥于程序的细节。

4.1.2　LabVIEW 的特点

LabVIEW 是一种图形化的编程语言，使用这种语言编程时，基本上不用写程序代码，取而代之的是程序框图。LabVIEW 尽可能地利用了技术人员、科学家、工程师所熟悉的术语、图标和概念，因此，LabVIEW 是一个面向最终用户的工具，它可以增强用户构建自己的工程系统的能力，提供了实现仪器编程和数据采集系统的便捷途径，使用它进行原理研究、设计、测试并实现仪器系统时，可以大大提高工作效率。

LabVIEW 是通过图形符号来描述程序的行为，它消除了令人烦恼的语法规则，减轻了用户编程的负担，提高了效率。LabVIEW 的特点如下：

（1）图形化的编程环境

LabVIEW 的基本编程单元是图标，不同的图标表示不同的功能模块。用 LabVIEW 编写程序的过程也就是将多个图标连接起来的过程，连线表示功能模块之间存在数据的传递。被连接的对象之间的数据流控制着执行顺序,并允许有多个数据通路同步运行。其编程过程近似人的思维过程,直观易学,编程效率高,无须编写任何文本格式的代码,易为多数工程技术人员接受。

(2) 开发功能高效、通用

LabVIEW 是一个带有扩展功能库和子程序库的通用程序设计系统,提供了数百种功能模块(类似其他计算机语言的子程序或函数),包括信号采集、信号分析与处理、信号输出、数据存取、数据通信等功能模块,涵盖了仪器的各个环节,用户通过拖放及简单的连线,就可以在极短的时间内设计好一个高效的仪器程序。

(3) 支持多种仪器和数据采集硬件的驱动

LabVIEW 提供了数百种仪器的源码级驱动程序,包括 DAQ,GPIB,VXI,PXI,RS-232 等,根据需要还可以在 LabVIEW 中自行开发各种硬件驱动程序,也可以通过动态链接库(DLL)利用其他语言开发驱动函数库,从而进一步扩展其功能。

(4) 查错、调试能力强大

LabVIEW 的查错、调试功能也非常强大。程序查错无须先编译,只要有语法错误,LabVIEW 就会自动显示并给出错误类型、原因及准确的位置。进行程序调试时,既有传统的程序调试手段,如设置断点、单步运行等,又有独到的高亮执行工具,就像电影中的慢镜头一样,使程序动画式执行,利于设计者观察程序的运行细节。同时可以在任何位置插入任意多的数据探针,程序在调试状态下运行时,LabVIEW 会给出各种探针的具体数值,通过观察数据流的变化情况、程序运行的逻辑状态,就可以来寻找错误、判断原因,从而大大缩短程序调试时间。

(5) 网络功能强大

LabVIEW 支持常用网络协议,如 TCP/IP,UDP,DataSocket 等,方便网络、远程测控系统的开发。

(6) 开放性强

LabVIEW 具有很强的开放性,是一个开放的开发环境,能和第三方软件连接。通过 LabVIEW 可以把现有的应用程序和 .NET 组件、ActiveX、DLL 等相连,可以和 MATLAB 混合编程,也可以在 LabVIEW 中创建能在其他软件环境中调用的独立执行程序或动态链接库。

4.1.3 LabVIEW 的发展

1986 年 10 月,NI 公司基于 Macintosh 平台正式发布了 LabVIEW 1.0,随后对编辑器、图形显示及其他细节进行重大改进,在 1990 年 1 月发布了 LabVIEW 2.0。1992 年 LabVIEW 实现了从 Macintosh 平台到 Windows 平台的移植,1993 年 1 月 LabVIEW 3.0 正式发行。此时 LabVIEW 已经成为包含几千个 VI 的大型应用软件和系统,作为一个比较完整的软件开发环境得到认可,并迅速占领市场。

1996 年 4 月 LabVIEW 4.0 问世,实现了应用程序生成器(LabVIEW Application Builder)的单独执行,并向数据采集 DAQ 通道方向进行了延伸。1998 年 2 月发布的 LabVIEW 5.0 对以前版本全面修改,对编辑器和执行系统进行了重写,尽管增加了复杂性,但也大大增强了 LabVIEW 的可靠性。1999 年 6 月,NI 公司发布了用于实时应用程序的分支——LabVIEW RT 版。

2000 年 6 月 LabVIEW 6 发布,LabVIEW 6 拥有新的用户界面特征(如 3D 形式显示)、扩展功能及各层内存优化,另外还具有一项重要的功能就是强大的 VI 服务器。2003 年 5 月发布的 LabVIEW 7 Express,引入了波形数据类型和一些交互性更强、基于配置的函数,使用户应用开发更简便,在很大程度上简化了测量和自动化应用任务的开发,并对 LabVIEW 使用范围进行扩充,实现了对 PDA 和 FPGA 等硬件的支持。2005 年发布了 LabVIEW 8,为分布在不同计算目标上的各种应用程序的开发和发布提供支持。

2006年,NI公司为庆祝和纪念LabVIEW正式推出20周年,在当年10月发布了LabVIEW的20周年纪念版——LabVIEW 8.2。该版本增加了仿真框图和MathScript节点两大功能,提升了LabVIEW在设计市场的地位,同时第一次推出了简体中文版,为中国科技人员的学习和使用降低了难度。

2007年8月LabVIEW 8.5发布。LabVIEW 8.5凭借其本质上的并行数据流特性,简化了多核以及FPGA应用的开发。2008年8月发布了LabVIEW 8.6,通过采用多核处理器技术,提高测试及控制系统的吞吐量,在基于FPGA(现场可编程门阵列)的高级控制及嵌入式原型应用中缩短开发时间,更便捷地创建分布式测量系统、采集远程数据。2009年8月发布的LabVIEW 2009,通过对软件工程过程(包括对关键测试软件的开发、发布和维护)流水线化,有效简化了复杂测试系统开发的挑战。同时,它提供了如虚拟化技术的并行编程特性,提升了基于多核测试应用的工作性能,并改进了LabVIEW FPGA编译器性能,帮助简化FPGA的可重复配置I/O(RIO)的开发。此外,LabVIEW 2009针对在统一的硬件平台上测试WLAN、WiMAX、GPS和MIMO等多种无线标准的测试系统提供了新的解决方案。2010年8月发布的LabVIEW 2010,新增了即时编译技术,可将执行代码的效率提高20%,并针对更多应用市场推出各种附加工具包的收费与评估版,用户还可轻松将自定义功能集成到平台上,这些全新特性进一步提高了LabVIEW 2010的效率。

2011年8月,备受赞誉的LabVIEW软件迎来了25周年,NI公司发布了LabVIEW 2011。该版本通过新的工程实例库及其对大量硬件设备和部署目标的交互支持,极大地增进了效率。这其中包含新的多核NI CompactRIO控制器及性能最强大的射频向量信号分析器之一的NI PXIe-5665。LabVIEW 2011还支持内置在最新的Microsoft .NET框架的组件,并且基于用户的反馈新增了多项新特性。LabVIEW 2011能够帮助工程师将零散的系统部件集成为一个统一并可重配置的平台,从而让工程应用更高效、更出色、成本也更低。正如LabVIEW的发明者兼公司创始人之一的Jeff Kodosky所说:"25年前,我们创建了LabVIEW来帮助工程师从繁杂的编程及系统集成中解脱出来,将精力专注于应用和创新。而今天,LabVIEW已经变成了针对测试测量和控制领先的图形化系统设计软件。每一次软件版本的更新,不论是无缝集成最新的硬件,还是添加新的函数库和API,以及新增基于用户反馈的新特性,我们的主要目的依然是在所有工程环境中提高应用效率。"

2012年8月,NI公司发布了LabVIEW 2012。NI总裁兼CEO,创始人之一的James Truchard博士表示:"LabVIEW 2012中的新功能和资源能够加强培训,并推动开发实践,帮助用户在更短的时间内推出高性能、高质量的系统,从而最大限度地降低开发及维护成本。"2013年8月发布的LabVIEW 2013,不仅支持NI Linux实时操作系统,方便开发人员访问动态、社区数据库,还是全新cRIO-9068软件定制的控制器的基础。2014年8月发布的LabVIEW 2014,通过跨系统复用相同的代码和工程流程来标准化用户与硬件交互的方式,这一方式也使得工程师能够根据未来需求调整应用程序。

2015年8月,NI公司发布了LabVIEW 2015。新版的LabVIEW通过更快的速度、开发快捷方式和调试工具来帮助开发人员更高效地与所创建的系统进行交互。该版本内含LabVIEW的新特性、各类LabVIEW模块以及针对其余LabVIEW平台的更新和漏洞修复。

LabVIEW 2015新增了以下高级硬件的支持:
- 四核高性能CompactRIO和CompactDAQ控制器;
- 14槽CompactDAQ USB 3.0机箱;

- Single-Board RIO 控制器；
- FlexRIO 控制器；
- 8 核 PXI 控制器；
- 高压供电系统 SMU。

LabVIEW 2015 还可以帮助用户以最短的时间学习软件设计的方法，进而快速开发强大、灵活、可靠的系统。

LabVIEW 2015 集成了多个可帮助工程师更快速打开、编写、调试和部署代码的功能，进一步提高了他们的工作效率。

从性能、效率的提升到日益壮大的生态系统，LabVIEW 2015 为工程师提供了所需的工具来帮助他们更快速地完成工作。

4.1.4 LabVIEW 2015 的安装与运行

LabVIEW 2015 可以安装在 Windows XP SP3(32 位)、Windows 10/8.1/7 Service Pack 1 等不同的操作系统上。不同的操作系统在安装 LabVIEW 2015 时对系统的配置要求不同，用户在安装 LabVIEW 2015 前需对计算机系统的软硬件环境配置作一定的了解。

LabVIEW 2015 的安装十分简单，只需运行安装光盘中的 setup 程序，按照屏幕提示，一步步选择必要的安装选项即可。

选择 LabVIEW 2015 的安装程序后，屏幕上将会出现初始化界面，如图 4.1 所示。

图 4.1　LabVIEW 2015 安装程序初始化界面

整个系统的安装时间取决于硬件平台和选择的安装选项。LabVIEW 2015 开发环境约占 5GB 的硬盘空间(包括 NI 设备驱动程序光盘中的默认驱动程序)。

为了控制 VXI、PXI 和 DAQ 等设备，在 LabVIEW 2015 安装完成后，还需安装专门的仪器驱动程序和 VISA 库函数，例如 NI-DAQ、NI ELVISmx 等驱动程序。

当 LabVIEW 2015 成功安装到计算机后，在 Windows 的开始菜单中便会自动生成启动 LabVIEW 2015 的快捷方式——NI LabVIEW 2015 SP1(32 位)。单击这个快捷方式，就可启动 LabVIEW 2015，启动界面如图 4.2 所示。

图 4.2　LabVIEW 2015 的启动界面

在 LabVIEW 2015 的启动界面中可创建新 VI(LabVIEW 的程序文件)或打开现有的 LabVIEW 文件，可以基于模板或范例创建新项目，也可通过启动窗口访问 LabVIEW 的扩展资源和教程。

4.2　LabVIEW 2015 编程环境

LabVIEW 2015 程序开发环境采用图形化的编程方式，无须编写任何代码，它不仅包含有丰富的数据采集、分析及存储的库函数，还提供了 PCI、GPIB、VXI、PXI、RS-232C、USB 等通信总线标准的功能函数，可以驱动不同总线接口的设备和仪器。LabVIEW 2015 具有强大的网络功能，支持常用的网络协议，可以方便地设计开发网络测控仪器，并有多种程序调试手段，如断点设置、单步调试等。

4.2.1　LabVIEW 2015 的基本开发平台

使用 LabVIEW 开发平台编制的程序称为虚拟仪器，简称 VI。VI 由以下 3 部分构成。
- 前面板：即用户界面。
- 程序框图：包含用于定义 VI 功能的图形化源代码。
- 图标和连线板：用以识别 VI 的接口，以便在创建 VI 时调用另一个 VI。当一个 VI 应用在其他 VI 中，则称为子 VI。子 VI 相当于文本编程语言中的子程序。

1. 前面板

前面板是 VI 的用户界面。创建 VI 时，通常应先设计前面板，然后设计程序框图执行在前面板上创建的输入/输出任务。前面板示例如图 4.3 所示。

前面板上有用户输入控制和输出显示两类对象，用于模拟真实仪表的前面板。控制和显示对象用各种各样的图形形式出现在前面板上，具体表现为旋钮、按钮、图形、指示灯以及其他的控制和显示对象等，这使得用户界面更加直观易懂。

2. 程序框图

前面板创建完毕后，便可使用图形化的函数添加源代码来控制前面板上的对象。程序框图是图形化源代码的集合,图形化源代码又称 G 代码或程序框图代码。含有接线端、函数和连线等的程序框图示例,如图 4.4 所示。

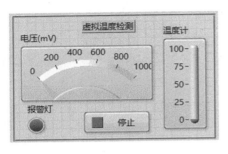

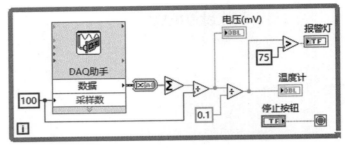

图 4.3　前面板示例　　　　　　　　　图 4.4　程序框图示例

程序框图对象包括接线端和节点。将各个对象用连线连接便创建了程序框图。接线端的颜色和符号表明了相应输入控件或显示控件的数据类型。程序框图由接线端、节点、连线和结构等构成,功能简介如下。

(1) 接线端

接线端用来表示输入控件和显示控件的数据类型。在程序框图中,可将前面板的输入控件和显示控件显示为图标或数据类型接线端(如图 4.4 中的温度计、报警灯等)。接线端是在前面板和程序框图之间交换信息的输入/输出端口。

(2) 节点

节点是程序框图上的对象,具有输入/输出端口,在 VI 运行时进行运算。节点相当于文本编程语言中的语句、运算符、函数和子程序,如图 4.4 中的除、大于函数就是节点。

(3) 连线

程序框图中对象的数据传输通过连线实现。每根连线都只有一个数据源,但可以与多个读取该数据的 VI 和函数连接。不同数据类型的连线有不同的颜色、粗细和样式。

(4) 结构

结构是文本编程语言中的循环和条件语句的图形化表示。使用程序框图中的结构可以对代码块进行重复操作,如是按条件执行代码或是按特定顺序执行代码。

3. 图标和连线板

创建 VI 的前面板和程序框图后,请创建图标和连线板,以便将该 VI 作为子 VI 调用。图标和连线板相当于文本编程语言中的函数原型。每个 VI 都显示为一个图标,位于前面板和程序框图窗口的右上角,如图 4.5(a)所示。

(a) 图标　　(b) 连线板

图 4.5　图标和连线板

图标是 VI 的图形化表示,可包含文字、图形或图文组合。如果将一个 VI 当作子 VI 使用,程序框图上将显示代表该子 VI 的图标,可双击图标进行修改或编辑。

如需将 VI 当作子 VI 使用,还需创建连线板,如图 4.5(b)所示。

连线板用于显示 VI 中所有输入控件和显示控件的接线端,类似于文本编程语言中调用函数时使用的参数列表。连线板标明了可与该 VI 连接的输入和输出端,以便将该 VI 作为子 VI 调用。连线板在其输入端接收数据,然后通过前面板的输入控件传输至程序框图的代码中,并从前面板的显示控件中接收运算结果传输至其输出端。

4.2.2 LabVIEW 2015 的操作选板

设计一个 LabVIEW 应用程序，主要是利用 LabVIEW 提供的 3 个操作选板来完成。这 3 个操作选板是：工具选板、控件选板和函数选板。这些选板集中反映了 LabVIEW 的功能与特征。

在前面板和程序框图中都可看到工具选板。工具选板上的每一个工具都对应于鼠标的一个操作模式。光标对应于选板上所选择的工具图标。可选择合适的工具对前面板和程序框图上的对象进行操作和修改。

控件选板仅位于前面板。控件选板包括创建前面板所需的输入控件和显示控件。根据不同输入控件和显示控件的类型，将控件归入不同的子选板中。

函数选板仅位于程序框图。函数选板中包含创建程序框图所需的 VI 和函数。按照 VI 和函数的类型，将 VI 和函数归入不同子选板中。

下面分别介绍工具选板、控件选板和函数选板。

1. 工具选板

LabVIEW 2015 的工具选板如图 4.6 所示，如果自动选择工具已打开，当光标移到前面板或程序框图的对象上时，LabVIEW 将自动从工具选板中选择相应的工具。如果打开的 VI 没有出现工具选板，在 LabVIEW 2015 的菜单中选择【查看】→【工具选板】，即可打开工具选板。工具选板提供了各种用于创建、修改和调试 VI 的工具。当从工具选板中选择了任意一种工具后，光标箭头就会变成该工具相应的形状。工具选板中各工具的图标、名称及功能如表 4.1 所示。

图 4.6 LabVIEW 2015 的工具选板

表 4.1 工具选板中各工具的图标、名称及功能

图标	名称	功能
	自动选择工具	按下自动选择工具后，当光标在面板或程序对象图标上移动时，系统自动从工具模板上选择相应工具，方便用户操作
	操作值工具	用于操作前面板的控制和显示
	定位/调整大小/选择工具	用于选择、移动或改变对象的大小
	编辑文本工具	用于输入标签文本或者创建自由标签
	进行连线工具	用于在程序框图上连接对象。如果联机帮助的窗口被打开时，把该工具放在任一条连线上，就会显示相应的数据类型
	对象快捷菜单工具	使用该工具单击窗口任意位置均可以弹出对象的快捷菜单
	滚动窗口工具	使用该工具可以不需要使用滚动条就在窗口中漫游
	设置/清除断点工具	在调试程序过程中设置/清除断点
	探针数据工具	可以在程序框图内的数据流线上设置探针，通过探针窗口来观察该数据流线上的数据变化
	获取颜色工具	从当前窗口中提取颜色
	设置颜色工具	用来给对象定义颜色，它也显示出对象的前景色和背景色

2. 控件选板

控件选板包括创建前面板所需的输入控件和显示控件。如果打开的VI没有出现控件选板，在LabVIEW 2015的菜单中选择【查看】→【控件选板】，或在前面板活动窗口用鼠标右键单击，即可弹出控件选板。LabVIEW将记住控件选板的位置和大小，因此当LabVIEW重启时，控件选板的位置和大小保持不变。

LabVIEW 2015的控件选板，如图4.7所示。

控件选板中控件的种类有：数值（如滑动杆和旋钮）、图形、图表、布尔（如按钮和开关）、字符串、路径、数组、簇、列表框、树形、表格、下拉列表、枚举和容器控件等。控件样式有新式、经典、银色和系统4种样式。LabVIEW 2015【经典】控件子选板中的图标、名称及功能，如表4.2所示。

表4.2 LabVIEW 2015【经典】控件子选板中的图标、名称及功能

图标	名称	功能
	数值	用于创建数值的输入或显示控件，包含滑动杆、滚动条、旋钮、转盘和数值显示框等
	布尔	用于输入并显示布尔值，包含开关、按钮、指示灯等
	字符串及路径	用来创建字符串输入、字符串显示、文件路径输入、文件路径显示等控件
	数组、矩阵与簇	用来创建数组、矩阵与簇等控件
	列表、表格和树	用来创建列表、表格、树等形式显示的控件
	图形	用来创建图、图表、XY图、强度图、数字波形图、三维图等图形显示的控件
	下拉列表及枚举	用来创建文本下拉列表、菜单下拉列表、枚举、图片下拉列表等类型的控件
	容器	用来创建水平与垂直分隔栏、容器、子面板等控件
	I/O	设置与硬件有关的VISA、IVI等通道名等
	引用句柄	LabVIEW对很多对象的操作都需要一个句柄标识被操作的对象，该子选板包括各类引用句柄控件

3. 函数选板

函数选板中包含创建程序框图所需的VI和函数。按照VI和函数的类型，将VI和函数归入不同子选板中。LabVIEW 2015的函数选板如图4.8所示。

如同控件选板一样，函数选板中所有函数被分门别类地存放在一系列子选板中，如【编程】、【测量I/O】、【仪器I/O】、【数学】、【信号处理】、【数据通信】等函数子选板。表4.3介绍了LabVIEW 2015函数选板中最常用的【编程】函数子选板的图标、名称及功能。

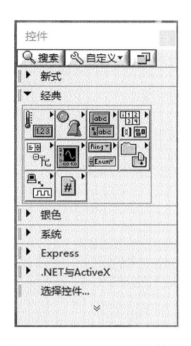

图4.7　LabVIEW 2015的控件选板　　　　图4.8　LabVIEW 2015的函数选板

表4.3　LabVIEW 2015函数选板中【编程】函数子选板的图标、名称及功能

图标	名称	功能
	结构	用于控制程序框图的执行方式,如循环、顺序、分支等
	数组	用于创建数组并对其操作,如在数组中插入、删除或替换数据元素、分解数组等
	簇、类与变体	用于创建和操作簇,如从簇中提取单个数据元素、向簇添加单个数据元素、将簇拆分成单个数据元素等
	数值	用于各种常用的数值运算,如加、减、乘、除等
	布尔	用来进行布尔型数据的运算,如与、或、非等
	字符串	用于字符串运算和处理,如搜索和替换字符串、扫描字符串等
	比较	用于各种比较运算,如大于、小于、等于等
	定时	用于控制程序执行速度以及从系统时间得到数据,如等待、获取当前日期/时间等
	对话框与用户界面	用于创建对话框、用户界面和出错处理等

· 79 ·

(续表)

图标	名称	功能
	文件 I/O	用于创建、打开、读取及写入等文件操作
	波形	用于进行和波形有关的操作,如获取波形成分、创建波形等
	应用程序控制	用于应用程序打开及调用、停止及退出功能设计等
	同步	用于通告操作、排队操作、集合、事件等
	图形与声音	用于创建图形,从图形文件获取数据及对声音信息的处理
	报表生成	用于创建和控制应用程序报表,如新建报表、打印报表等

4.2.3 LabVIEW 2015 的菜单和工具栏

菜单和工具栏用于操作和修改前面板和程序框图上的对象。LabVIEW 2015 为创建的 VI 同时打开两个窗口:前面板设计窗口和程序框图编辑窗口。这两个窗口具有相同的菜单和工具栏(区别在于调试功能按钮只出现在程序框图窗口中)。

1. LabVIEW 2015 的菜单简介

VI 窗口顶部的菜单为通用菜单。LabVIEW 2015 菜单包括文件、编辑、查看、项目、操作、工具、窗口、帮助 8 大项。

(1) 文件菜单

主要完成 VI 文件和项目文件的新建、打开、关闭、保存,以及打印、属性设置和退出程序等操作。

(2) 编辑菜单

主要完成操作撤销、选定对象的剪切、复制、粘贴、删除、查找、从文件中导入图片、删除断线,对齐所选项,编辑运行时的菜单等操作。

(3) 查看菜单

用于弹出控件选板、函数选板、工具选板、错误列表、VI 层次结构、LabVIEW 类层次结构、浏览器关系、类浏览器操作以及弹出启动窗口、导航窗口等操作。

(4) 项目菜单

主要完成项目的新建、打开、关闭、保存、显示项路径等操作。

(5) 操作菜单

主要完成运行、停止、断点、单步、结束时打印、结束时记录、数据记录、改变运行模式和连接远程前面板等操作。

(6) 工具菜单

主要完成仪器驱动程序的更新和导入、VI 性能分析、用户名设定、生成应用程序、管理远程面板的连接、网络发布工具、多种选项设定等功能。

(7) 窗口菜单

主要完成前面板/程序框图设计窗口切换、左右两栏显示窗口、上下两栏显示窗口和全屏显示窗口等操作。

（8）帮助菜单

LabVIEW 2015 提供了功能强大的帮助功能,主要有及时帮助、解释错误、查找范例、查找仪器驱动等。

2. LabVIEW 2015 的工具栏简介

工具栏按钮用于运行、中断、终止、调试 VI、修改字体、对齐、组合、分布对象。LabVIEW 2015 的工具栏如图 4.9 所示。

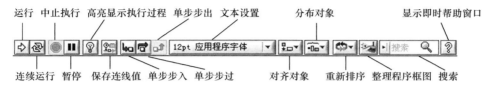

图 4.9　LabVIEW 2015 的工具栏

工具栏中的运行、连续运行、中止执行和暂停运行 4 个按钮在前面板和程序框图的编辑窗口中都具备,而高亮显示执行过程、保存连线值、开始单步执行和单步步出这些按钮只在程序框图编辑窗口中出现。当按下【高亮显示执行过程】按钮,再运行程序时,在程序框图窗口可以看到数据流的走向,方便于用户程序调试。单击【保存连线值】按钮,LabVIEW 将保存运行过程中的每个数据值,将探针放在连线上时,可立即获得流经连线的最新数据值。单步步入、单步步过、单步步出类似于传统语言的单步调试功能。在【文本设置】对话框中,可以对选定对象的字体大小、颜色、类型进行选择。对齐对象、分布对象、重新排序按钮的运用可以使用户的程序变得更美观大方。LabVIEW 具有程序内搜索功能,搜索的范围包括控件、函数选板、帮助系统及 ni.com 网站。在【搜索】文本框中输入要搜索的词或词组,就可查看搜索结果。显示即时帮助窗口可用来显示即时帮助信息,当光标移至一个对象上,即时帮助窗口将显示该 LabVIEW 对象的基本信息。VI、函数、常数、结构、选板、属性、方式、事件、对话框和项目浏览器中的各项均有即时帮助信息。

4.2.4　LabVIEW 2015 中的数据类型

LabVIEW 2015 中的数据类型与传统编程语言中的数据类型基本类似,除了支持数值型、布尔型、数组型、字符串型等一般的数据类型之外,还有一些独特的数据类型,如波形数据类型等。

LabVIEW 2015 的数据类型,如表 4.4 所示。

表 4.4　LabVIEW 2015 的数据类型

数据类型	显示控件图标	特　性
单精度浮点数	SGL	用 32 位存储单精度浮点型数据
双精度浮点数	DBL	用 64 位存储双精度浮点型数据
扩展精度浮点数	EXT	该数据类型的精度和占用内存的大小因操作系统而异
单精度浮点复数	CSG	用 32 位存储单精度浮点型数据
双精度浮点复数	CDB	用 64 位存储双精度浮点型数据
扩展精度浮点复数	CXT	该数据类型的精度和占用内存的大小因操作系统而异

(续表)

数据类型	显示控件图标	特　性
8 位有符号整数	I8	用 8 位存储整数数据,可为正数也可为负数
16 位有符号整数	I16	用 16 位存储整数数据,可为正数也可为负数
32 位有符号整数	I32	用 32 位存储整数数据,可为正数也可为负数
64 位有符号整数	I64	用 64 位存储整数数据,可为正数也可为负数
8 位无符号整数	U8	用 8 位存储整数数据,仅表示非负整数
16 位无符号整数	U16	用 16 位存储整数数据,仅表示非负整数
32 位无符号整数	U32	用 32 位存储整数数据,仅表示非负整数
64 位无符号整数	U64	用 64 位存储整数数据,仅表示非负整数
枚举型		供用户进行选择的项目列表
布尔	TF	存储布尔值(True/False)
字符串	abc	是 LabVIEW 中一种基本的数据类型
数组	[ ]	方括号内为数组元素的数据类型,方括号的颜色与数据类型的颜色一致。数组维度增加时方括号变粗
簇		可包含若干数据类型的元素
路径		使用所在平台的标准语法存储文件或目录的地址
波形		包含波形的数据、起始时间和时间间隔(Δt)
数字波形		包含数字波形的起始时间、时间间隔(Δt)、数据和属性
数字	0101	包含数字信号的相关数据
引用句柄		对象的唯一标识符,包括文件、设备或网络连接等
动态		这种类型的数据在应用时不必具体指定其数据类型,在程序运行过程中,根据需要,对象被动态赋予各种数据类型
变体		包含输入控件或显示控件的名称、数据类型信息和数据本身
I/O 名称	I/O	用来指明 LabVIEW 中设备的 I/O 通道号
图片		显示一幅图片,包括线、圆、文本或其他格式的图形、图片

在 LabVIEW 2015 中,数据类型是隐含在控制、指示及常量之中的。【经典】→【经典数值】子选板和【经典】→【经典布尔】子选板如图 4.10 和图 4.11 所示。

【经典数值】子选板中的控件主要完成设置参数和显示结果这两个功能。这些控件相当于高级文本语言中的变量,具有类似于变量的各种数据类型,如整型、浮点型、双精度浮点型等。

【经典数值】子选板中的控件按照外形可分为滑动杆、滚动条、旋钮、转盘和数值显示框。该

图4.10 LabVIEW 2015的【经典】→【经典数值】子选板

图4.11 LabVIEW 2015的【经典】→【经典布尔】子选板

选板上还有颜色盒,用于设置颜色值。时间标识用于设置时间和日期值。数值对象用于输入和显示数值。可以根据设计需要从中选择合适的数值控件构成前面板。当选择好控件并放置在前面板窗口适当位置后,应对它进行属性设置。设置的方法是用鼠标右键单击该控件,在弹出的快捷菜单中逐项设置。

【经典布尔】子选板中的布尔控件用于输入并显示布尔值(True/False),如启动仪器、仪器状态指示等。这些控件相当于高级文本语言中的标志位。

【经典布尔】子选板中的控件按照外形可分为按钮式、开关式、指示灯式等几种。可以根据需要选择合适的控件组成VI前面板。通常,【经典布尔】子选板中的控件多用于控制数据流的流向,所以常常与Case等结构连用。

在LabVIEW 2015的函数选板中,实现数值运算的子选板如图4.12所示。包含两数相加、减、乘、除运算,求两数相除的商和余数,数据类型转换,数据加1、减1、求和、求积运算,对多输入元素进行复合运算,取绝对值、对输入数据取整(四舍五入)、对输入数据取整(舍去小数,取下边界整数)、对输入数据取整(舍去小数再加1,取上边界整数),以及开方、平方、取反、求倒数、取符号等运算。

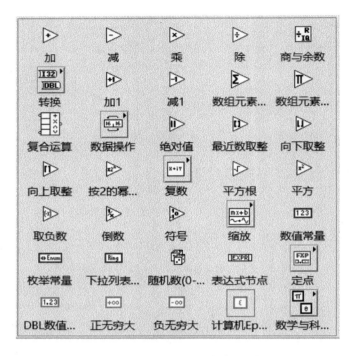

图 4.12　LabVIEW 2015 的【数值】运算子选板

在 LabVIEW 2015 的函数选板中,实现布尔运算的子选板如图 4.13 所示。包括与、或、异或、非运算,对多输入元素进行复合运算,与非、或非、异或非、X 非与 Y 相或运算,布尔数组元素求与、求或运算,将一个十进制数转换为布尔数组,将布尔数组转换为十进制数,将布尔数转换为数字 0 和 1 等运算。

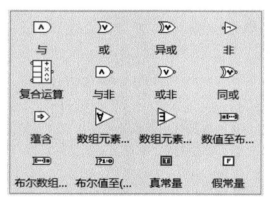

图 4.13　LabVIEW 2015 的【布尔】运算子选板

4.3　LabVIEW 2015 的初步操作

LabVIEW 程序又称虚拟仪器,即 VI。一个完整的虚拟仪器由前面板、程序框图和图标/连线板组成。本节将介绍利用 LabVIEW 2015 开发虚拟仪器的基本方法。

4.3.1 创建虚拟仪器

在 LabVIEW 2015 的启动界面单击【文件】→【新建】命令,就会出现如图 4.14 所示的前面板和程序框图窗口。

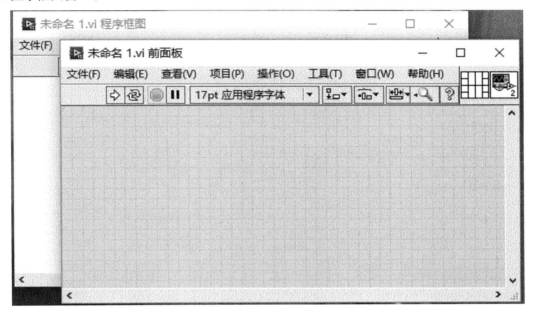

图 4.14 新建 VI 窗口

1. 前面板设计

用工具选板中相应的工具去取用控件选板中的程序所需的相关控件,排列到前面板设计窗口中的合适位置,打开控件的属性设计窗口进行参数设置,并加上各种文字说明或标签,也可以加入一些装饰用的控件。一般情况下,前面板设计窗口中创建的控件会自动在程序框图设计窗口创建相应的接线端。一个简单的两数相加与两数相减的前面板,如图 4.15 所示。

2. 程序框图设计

每一个前面板都有一个程序框图与之对应。程序框图用图形化编程语言编写,可以把它理解成传统编程语言程序中的源代码。

用工具选板中相应的工具去取用函数选板中的程序所需的相关控件,排列到程序框图设计窗口中的合适位置,这些控件即是程序框图中的节点或结构。图 4.15 所示的前面板所对应的程序框图如图 4.16 所示。

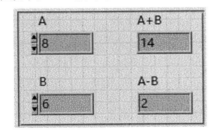

图 4.15 两数相加与两数相减的前面板

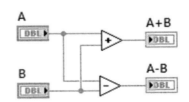

图 4.16 两数相加与两数相减的程序框图

3. 数据流编程

数据流编程就是连线操作。程序框图中对象的数据传输通过连线实现。在图 4.16 中，输入控件和显示控件的接线端口通过连线实现加、减运算。连线也是程序设计中较为复杂的问题。程序框图上的每一个对象都带有自己的接线端口，连线将构成对象之间的数据通道。由于这不是几何意义上的连线，因此并非任意两个端子间都可连线。连线类似于高级文本语言程序中的变量数据单向流动，从源端口向一个或多个目的端口流动。不同数据类型的连线有不同的颜色、粗细和样式，一些常用数据类型所对应的线型和颜色如表 4.5 所示。

表 4.5　常用数据类型对应的线型和颜色

数据类型	标量	一维数组	二维数组	颜色
整型数				蓝色
浮点数				橙色
逻辑量				绿色
字符串				粉色
文件路径				青色

当需要连接两个端口时，在第一个端口上单击连线工具（从工具选板中调用），然后移动到另一个端口，再单击第二个端口。端口的先后次序不影响数据流动的方向。

当把连线工具放在端口上时，该端口区域将会闪烁，表示连线将会接通该端口。当把连线工具从一个端口接到另一个端口时，不需要按住鼠标键。当需要连线转弯时，单击即可以正交垂直方向弯曲连线，按空格键可以改变转角的方向。

接线头是为了帮助正确连接端口的连线。当把连线工具放到端口上时，接线头就会弹出。接线头还有一个黄色小标识框，以显示该端口的名字。

线型为波折型的连线表示坏线。出现坏线的原因有很多，例如连接了两个控制对象，源端口和终端口的数据类型不匹配等。可以通过使用定位工具单击坏线，再按下 Delete 键来删除坏线。

4. 创建 VI 图标

为了唯一标识创建的 VI，可为该 VI 创建一个图标。双击前面板窗口或程序框图窗口右上角的图标，或用鼠标右键单击图标，在弹出的快捷菜单中单击【编辑图标】，将弹出"图标编辑器"窗口。在图标编辑器中，用户可创建自己的 VI 图标。

5. 运行及保存 VI

单击工具栏上的运行按钮，可运行设计好的 VI，通过运行结果检验 VI 设计的正确性。VI 设计无误后，可在菜单栏中选择【文件】→【保存】命令，在弹出的保存文件对话框中选择适当的路径和文件名保存虚拟仪器为 VI 文件。

至此，就完成了虚拟仪器的创建工作。

4.3.2　调试虚拟仪器

运行和调试程序是在用任何一种编程语言编程的过程中最重要的一步。通过这一步，编程者可以查找出程序中存在的错误，根据这些错误和运行结果修改、优化程序，使编写的程序达到预期的效果。LabVIEW 提供了有效的编程调试环境，可帮助用户完成程序的调试。

1. 运行 VI

在 LabVIEW 中可以通过两种方式来运行 VI,即运行和连续运行。

(1) 运行 VI。在前面板窗口或程序框图窗口的工具栏中单击【运行】按钮,可以运行 VI。使用这种方式运行 VI,VI 只运行一次,当 VI 正在运行时,【运行】按钮会变成状态。

(2) 连续运行 VI。在工具栏中单击【连续运行】按钮,可以连续运行 VI。连续运行的意思是指一次 VI 运行结束后,继续重新运行 VI。当 VI 正在连续运行时,【连续运行】按钮会变成状态。单击按钮,可以停在 VI 的连续运行。

当 VI 处于运行状态时,单击工具栏中的按钮,可强行终止 VI 的运行,单击按钮可暂停 VI 的运行。

2. 查找 VI 中的错误

LabVIEW 在编辑的过程中有一个自动编译的效果,即正在创建或编辑的 VI 没有错误时,运行按钮为正常状态,若运行按钮呈断裂的形状,则说明程序中存在错误。单击断开的运行按钮或选择菜单中的【查看】→【错误列表】命令,可查找 VI 断开的原因。错误列表列出了所有的错误。单击【帮助】按钮,可显示 LabVIEW 帮助中对错误的详细描述和纠正错误的相关主题。

VI 断开的常见原因如下:
① 数据类型不匹配或存在未连接的接线端;
② 必须连接的程序框图接线端没有连线;
③ 子 VI 处于断开状态或在程序框图上放置子 VI 图标后编辑了该子 VI 的连线板。

3. 高亮显示执行过程

单击程序框图工具栏中的【高亮显示执行过程】按钮,可查看程序框图的动态执行过程。

高亮显示执行过程通过沿连线移动的圆点显示数据在程序框图上从一个节点移动到另一个节点的过程。使用高亮显示执行的同时,结合单步执行,可查看 VI 中的数据从一个节点移动到另一个节点的全过程。

按照下列步骤,使用高亮显示执行过程。
① 打开任意 VI 的程序框图。
② 单击程序框图工具栏上的【高亮显示执行过程】按钮,启用执行过程高亮显示。
③ 运行 VI,并查看 VI 运行时的程序框图。

高亮显示执行过程时,注意连线上的圆点。圆点的移动显示了数据从一个节点传递至另一个节点的过程,每个接线端的值也将同时显示。

④ 停止 VI。
⑤ 再次单击【高亮显示执行过程】按钮,即可马上停止高亮显示执行过程。

4. 单步执行

单步执行 VI 时可查看运行时程序框图上的每个执行步骤。所有单步执行按钮仅在单步执行模式下影响 VI 或子 VI 的运行。单步执行一个 VI 时,该 VI 的各个子 VI 既可单步执行,也可正常运行。

按照下列步骤,单步执行 VI。
① 单击程序框图工具栏上的【开始单步执行】按钮。
② 根据需要选择并单击以下按钮:

【单步步入】,打开一个节点并暂停。再次单击【单步步入】按钮时,将执行第一个操作,然后在子VI或结构的下一个操作前暂停。

【单步步过】,执行一个节点并在达到下一个节点时暂停。

【单步步出】,结束当前节点的操作并暂停。VI结束操作时,单步步出按钮将变为灰色。

在单步执行VI时,如某些节点发生闪烁,表示这些节点已准备就绪,可以执行。

将光标移动到【单步步过】、【单步步入】或【单步步出】按钮时,可看到一个提示框,该提示框描述了单击该按钮后的下一步执行情况。如单步执行VI并高亮显示执行过程,执行符号将出现在当前执行的子VI的图标上。

③ 当整个程序框图被一个闪烁的边框包围时,单击【单步步出】按钮可结束单步执行。不处于单步执行状态时,相关的单步执行按钮将变灰。

5. 设置探针

工具选板中的探针工具 用于检查VI运行时连线上的值。如程序框图较复杂且包含一系列每步执行都可能返回错误值的操作,则可使用探针工具。利用探针并结合高亮显示执行过程、单步执行和断点,可确认数据是否有误并找出错误数据。当VI运行时,若有数据流过探针查看的数据连线,探针对话框会自动显示这些流过的数据。当执行过程由于单步执行或断点而在某一节点处暂停,可用探针探测刚才执行的连线,查看流经该连线的数值。

6. 设置断点

使用断点工具 在VI、节点或连线上放置一个断点,程序运行到该处时暂停执行。在连线上设置断点后,数据流经该连线且暂停按钮为红色时程序将暂停执行。在程序框图上放置一个断点,使程序框图在所有节点执行后暂停执行。此时程序框图边框变为红色,断点不断闪烁以提示断点所在位置。

VI暂停于某个断点时,程序框图将出现在最前方,同时一个选取框将高亮显示含有断点的节点或连线。光标移动到断点上时,断点工具光标的黑色区域变为白色。

设置断点:

① 用断点工具 单击需暂停执行的VI、节点或连线。也可用鼠标右键单击VI、节点或连线,从快捷菜单中选择【设置断点】。

② 运行VI。程序执行到一个断点时,VI将暂停执行,同时暂停按钮显示为红色。VI的背景和边框开始闪烁。此时,可进行下列操作:

● 用【单步执行】按钮单步执行程序;
● 查看连线上在VI运行前事先放置的探针的实时值;
● 若启用了保存连线值选项,则可在VI运行结束后,查看连线上探针的实时值;
● 改变前面板控件的值;
● 检查调用列表下拉菜单,查看停止在断点处调用该VI的VI列表;
● 单击【暂停】按钮可继续运行到下一个断点处或直到VI运行结束。

启用和禁用断点:

如果要禁用断点,使VI在断点处暂停执行后继续,可用鼠标右键单击断点所在的对象,从快捷菜单中选择【断点】→【禁用断点】。若要启用之前禁用的断点,用鼠标右键单击程序框图对象,从快捷菜单中选择【断点】→【禁用断点】。可一次禁用或启用一个断点,也可使用【断点管理器】窗口一次禁用或启用全部断点。

删除断点：

用断点工具单击一个现有断点并将其删除；也可用定位工具鼠标右键单击断点，从快捷菜单中选择【断点】→【清除断点】将其删除。选择【编辑】→【从层次结构中删除断点】，可删除 VI 层次结构中所有的断点。可使用【断点管理器】窗口，一次移除 VI 层次结构中的所有断点。

4.3.3 创建和调用子 VI

可将新创建的 VI 用于另一个 VI。一个 VI 被其他 VI 在程序框图中调用，则称该 VI 为子 VI。子 VI 相当于常规编程语言中的子程序，可重复调用。子 VI 的控件和函数从调用该 VI 的程序框图中接收数据，并将数据返回至该程序框图。

1. 创建子 VI

构造一个子 VI 的主要工作就是需先为子 VI 创建图标和连线板。

每个 VI 都在前面板和程序框图窗口的右上角有一个图标。图标是 VI 的图形化表示，可包含文字、图形或图文组合。如将 VI 当作子 VI 调用，程序框图上将显示该子 VI 的图标。

默认图标中有一个数字，表明 LabVIEW 启动后打开新 VI 的个数。用鼠标右键单击前面板或程序框图右上角的图标并从快捷菜单中选择【编辑图标】，或双击前面板右上角的图标，会弹出一个图标编辑器，如图 4.17 所示。

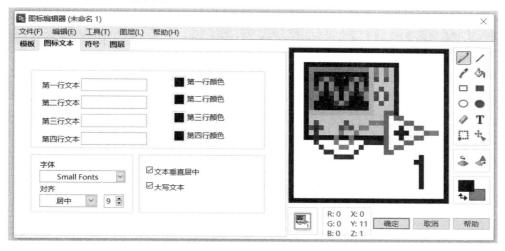

图 4.17　LabVIEW 2015 的图标编辑器

在图标编辑器中可创建用户自己的图标。图标编辑器的用法与 Windows 操作系统中的画图工具软件类似，使用图标编辑器右边的图标文本、符号和编辑工具修改 VI 图标。也可从文件系统中拖动一个图形放置在前面板或程序框图的右上角。LabVIEW 会将该图形转换为 32×32 像素的图标。

在完成图标创建后，将其作为子 VI 调用的主要工作就是创建连线板。

用鼠标右键单击前面板右上角的连线板，并从快捷菜单中选择【模式】，会出现一个图形化下拉菜单，菜单中会列出 36 种不同的连线板，如图 4.18 所示，可为 VI 选择不同的连线板模式。

连线板集合了 VI 各个接线端，与 VI 中的控件相互对应，类似文本编程语言中函数调用的参数列表。连线板标明了可与该 VI 连接的输入和输出端,以便将该 VI 作为子 VI 调用。连线板在其输入端接收数据,然后通过前面板控件将数据传输至程序框图的代码中,从前面板的显示控件中接收运算结果并传递至其输出端。

连线板上的每个单元格代表一个接线端,使用各个单元格分配输入和输出。默认的连线板模式为 4×2×2×4。使用默认模式可保留多余的接线端,当需要为 VI 添加新的输入或输出端时再进行连接。

连线板中最多可设置 28 个接线端。如果前面板上的控件不止 28 个,可将其中的一些对象组合为一个簇,然后将该簇分配至连线板上的一个接线端。

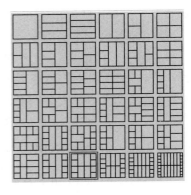

图 4.18　LabVIEW 的连线板

完成了连线板的创建之后,接下来的工作就是定义前面板中的输入控件和显示控件与连线板中各输入、输出接线端的关联关系。方法是:单击连线板中的一个矩形(代表一个接线端),光标自动变成连线工具,同时接线端变成黑色,再单击需要连接的前面板对象,此时该前面板对象被虚线框包围,选中的端口的颜色变为与该前面板对象的数据类型一致的颜色,表明该前面板对象和接线端建立起一对一的关系。如果接线端是白色的,则表示没有连接成功。

例如,将前面创建的虚拟仪器例子——两数相加与两数相减的 VI 创建为子 VI,将其图标使用图标编辑器中的文本工具编辑为"加减程序";因该 VI 有两个输入参数(A,B)与两个输出参数(A+B,A−B),其连线板可选择 2×2 模式。为该 VI 创建的图标和连线板如图 4.19 所示。

最后,选择【文件】→【保存】命令,将保存该 VI,即完成了子 VI 的创建。

2. 调用子 VI

在函数选板中选择【选择 VI】,会弹出一个名为【选择需打开的 VI】的对话框,在对话框中找到需要调用的子 VI,选中后单击【确定】按钮,此时,在光标上会出现这个子 VI 的图标,将其移动到程序框图窗口中的适当位置上单击,将图标加入主 VI 的程序框图中。然后,用连线工具将子 VI 的各个连接端与主 VI 中的其他节点按照一定的逻辑关系连接起来,至此,就完成了子 VI 的调用。

例如,调用创建的两数相加与两数相减子 VI 的 VI 程序框图如图 4.20 所示。

图 4.19　创建两数相加与两数相减
VI 为子 VI 的图标与连线板

图 4.20　调用两数相加与两数相减
子 VI 的 VI 程序框图

4.3.4　虚拟仪器创建举例——虚拟温度计

以虚拟温度计为例,介绍用 LabVIEW 2015 开发虚拟仪器的方法。

实际的温度测量有多种方式,如使用热敏电阻、热电偶、RTD 等。本例采用 AD590 集成温度传感器。

AD590 是单片集成温度传感器,是电流型集成温度传感器的代表产品。其温度测量范围为 −55~150℃,其线性电流输出为 1μA/K。AD590 以热力学温标零点作为零输出点,在 25℃时的输出电流为 298.2 μA。

假设温度测量范围为 0～100℃,按图 4.21 所选定的电路参数,该电路的输出电压灵敏度为 10mV/℃。因为 AD590 直接测量的是热力学温度(温度单位为 K),因此,为了以摄氏温度读出,其输出必须以 273.2μA 偏置。令 AD590 的输出电流流过 1kΩ 电阻,这样将 1μA/K 的电流灵敏度转换为 1mV/K 电压灵敏度,再将其转换后的输出电压连接到 AD524 仪表放大器的同相输入端。基准电压芯片 AD580 输出的 2.5V 基准电压用电阻分压到 273.2mV,接仪表放大器的反相输入端,设置 AD524 的放大倍数为 10,这样,经 AD524 对两输入端的差值放大后,就可将 0～100℃ 的温度输入变换为 0～1V 的电压输出,即该温度测量电路的输出电压灵敏度为 10mV/℃。

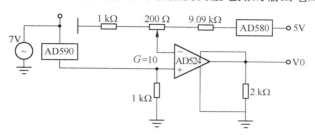

图 4.21 温度测量电路

为了设计方便,本例用一个随机数代替温度传感器测试电路产生电压输出。设温度测量范围为 0～100℃,VI 设计步骤如下。

1. 前面板设计

启动 LabVIEW 2015 后,在启动界面上,选择新建 VI,创建一个新 VI,然后按下面的步骤进行设计。

① 在控件选板的【经典】→【经典数值】子选板中选择"仪表"控件,放置到前面板设计窗口的合适位置,将标签"仪表"改为"电压(mV)"。然后,用鼠标右键单击该控件,在弹出的快捷菜单中选择【属性】,在弹出的属性窗口中选择【标尺】,在标尺窗口中设置最小值为 0,最大值为 1000。

② 在控件选板的【经典】→【经典数值】子选板中选择"温度计"控件,放置到前面板设计窗口的合适位置。

③ 在控件选板的【经典】→【经典布尔】子选板中选择"带标签椭圆形按钮"控件,放置到前面板设计窗口的合适位置。然后,用鼠标右键单击该控件,在弹出的快捷菜单中,单击【显示项】→【标签】,隐藏该控件的标签显示。

④ 在控件选板的【新式】→【修饰】子选板中选择"标签"控件,放置到前面板设计窗口的合适位置,并输入文本"虚拟温度计",单击前面板窗口上的工具栏【文本】,可编辑文本样式。

⑤ 在控件选板的【新式】→【修饰】子选板中选择"下凹框"控件,放置到前面板设计窗口的合适位置,并设置合适的大小。

完成以上 5 个步骤后的虚拟温度计前面板,如图 4.22 所示。

2. 程序框图设计

程序框图的设计步骤如下。

① 打开程序框图编辑窗口,调整与前面板相对应的控件图标位置,以便后续摆放函数与连线。

② 在函数选板的【编程】→【数值】子选板中选择"随机数(0-1)"函数,放置到程序框图编辑窗口的合适位置。

③ 在函数选板的【编程】→【数值】子选板中选择"乘"函数,放置到程序框图编辑窗口的合适位置(放置 2 个乘法器函数)。

④ 在函数选板的【编程】→【数值】子选板中选择"数值常量"函数,放置到程序框图编辑窗口

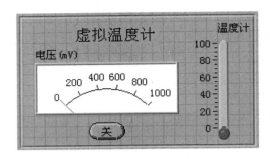

图 4.22　虚拟温度计前面板

的合适位置(放置3个数值常量,常数数值分别设置为0、100、10)。

⑤ 在函数选板的【编程】→【比较】子选板中选择"选择"函数,放置到程序框图编辑窗口的合适位置。

3. 数据流编程

选用工具选板中的连线工具,根据温度计的设计原理连接各个节点和函数,即可完成数据流编程。

设计好的程序框图如图4.23所示。

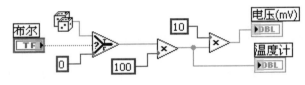

图 4.23　虚拟温度计程序框图

4. 运行程序

在前面板窗口上,选用工具选板中的【操作值】按钮,单击前面板上放置的开关按钮,使其显示为"开"状态,然后,再单击工具栏上的【运行】按钮,就可运行设计好的虚拟温度计 VI,运行结果如图4.24所示。

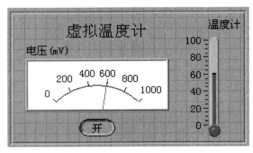

图 4.24　虚拟温度计运行结果

5. 保存文件

在前面板设计窗口或程序框图设计窗口选择【文件】→【保存】,将弹出文件保存对话框,选择合适的路径,输入文件名,单击【确定】按钮即可保存VI文件。

本 章 小 结

本章介绍了 LabVIEW 的基本特性,说明了启动 LabVIEW 2015 的方法,通过 LabVIEW 2015 的操作选板、菜单和工具栏,介绍了 LabVIEW 2015 的编程环境。详细讲解了创建虚拟仪器的一般步骤,并通过虚拟温度计的创建,介绍了虚拟仪器的设计方法。

详细了解 LabVIEW 2015 的编程环境,掌握虚拟仪器的创建步骤和调试方法,是学习和编写 LabVIEW 程序的重要一步,希望读者能够认真体会。

思考题和习题 4

1. 什么是 LabVIEW?LabVIEW 编写的程序由哪几部分组成?
2. LabVIEW 有哪 3 个选板?简述其各自的功能。
3. LabVIEW 的前面板与程序框图间如何切换?
4. 简述用 LabVIEW 编写程序的一般步骤。
5. 程序框图主要由哪几类对象构成?它们分别起什么作用?
6. 比较前面板工具栏和程序框图工具栏的相同和不同之处。
7. 简述 LabVIEW 程序调试的基本方法。
8. 如何利用错误列表快速定位程序框图中的错误?
9. 按照精度和数据的范围,LabVIEW 的数值型数据可以分成哪几类?
10. 如何更改 VI 的图标?
11. 在前面板创建 3 个数值控件,分别按上边缘对齐、下边缘对齐、左边缘对齐和右边缘对齐排列这 3 个数值控件。
12. 设计 VI,把两个输入数值相加,再把和乘以 20。
13. 设计 VI,输入一个数,判断这个数是否在 10~100 之间。
14. 设计 VI,比较两个数,如果其中一个数大于另一个数,则点亮 LED 指示灯。
15. 设计 VI,产生一个 0.0~10.0 的随机数与 10.0 相乘,然后通过一个 VI 子程序将积与 100 相加后开方。
16. 设计 VI,求 3 个输入数的平均值,并将平均值与一个 0.0~1.0 之间的随机数相乘。要求将其中求平均值的部分创建为子 VI 来实现 VI 设计。

第 5 章　虚拟仪器设计基础

LabVIEW 为虚拟仪器设计者提供了一个便捷、轻松的设计环境，利用它设计者可以像搭积木一样，轻松组建仪器系统和构造自己的仪器面板，无须进行任何烦琐的计算机程序代码的编写。本章主要介绍程序结构，字符串、数组和簇，局部变量和全局变量，文件操作，图形显示等几种 LabVIEW 编程中常用的控件和函数的用法。

5.1　程序结构

LabVIEW 中的结构是传统文本编程语言中的循环和条件语句的图形化表示。使用程序框图中的结构可对代码块进行重复操作，根据条件或特定顺序执行代码。

LabVIEW 的图形化编程使得这些结构实现起来更为简单和直观。每个结构都有自己的边界，界内的对象按照给定结构的规定执行，同时结构之间也可以建立传输数据的通道。

每种结构都含有一个可调整大小的清晰边框，用于包围根据结构规则执行的程序框图部分。结构边框中的程序框图部分被称为子程序框图。从结构外接收数据和将数据输出结构的接线端称为隧道。隧道是结构边框上的连接点。

LabVIEW 2015 提供的结构位于函数选板的【编程】→【结构】子选板中，如图 5.1 所示。

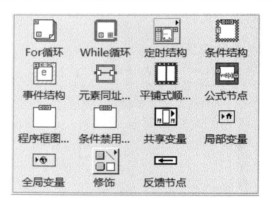

图 5.1　【结构】子选板

LabVIEW 2015 提供了多种进行程序流程控制的方式，包括循环结构、分支结构、顺序结构、事件结构、定时结构、公式节点、反馈节点等。也正是这些用于流程控制的机制，使得 LabVIEW 成为一种结构化与面向对象技术于一体的优秀编程语言。

5.1.1　循环结构

LabVIEW 中的循环结构主要通过 while 循环和 for 循环实现。这两种循环结构功能基本相同，但使用上有一些差别。for 循环必须指定循环的次数，循环一定的次数后自动退出循环；而 while 循环则不用指定循环的次数，只需要指定循环退出的条件。下面分别介绍这两种循环结构。

1. for 循环

for 循环是 LabVIEW 最基本的结构之一,它按设定的次数执行子程序框图,相当于 C 语言中的 for 循环。

LabVIEW 中的 for 循环可以从结构子选板中创建,如图 5.2 所示,它包含两个端口:计数端口 N、重复端口 i。

计数端口 N 用于指定循环要执行的次数,它是一个输入端口。重复端口 i 用于记录循环已经完成的次数,它为一个输出端口。这两个参数都必须是整型。

另外,为实现 for 循环的各种功能,LabVIEW 在 for 循环中引入了移位寄存器的新概念。移位寄存器的功能是将第 i=1,i=2,i=3 次循环的计算结果存在 for 循环的缓冲区内,并在第 i 次循环时将这些数据从循环框图左侧的移位寄存器中送出,供循环框图内的节点使用,其中,i=0,1,2,3,…。在 LabVIEW 的循环结构中创建移位寄存器的方法是在循环框图的左边或右边单击鼠标右键,在弹出的快捷菜单中选择【添加移位寄存器】,可创建一个移位寄存器,增加了移位寄存器的 for 循环结构如图 5.3 所示。

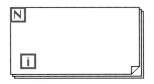
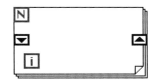

图 5.2 for 循环结构　　　　图 5.3 增加了移位寄存器的 for 循环结构

按住鼠标在左侧移位寄存器的右下角向下拖动,或在左侧移位寄存器上用鼠标右键单击,在弹出的快捷菜单中选择【添加元素】,可创建多个左侧移位寄存器。

当 for 循环在执行第 0 次循环时,for 循环的数据缓冲区并没有数据存储,所以,在使用移位寄存器时必须根据编程需要对左侧移位寄存器进行初始化,否则,左侧移位寄存器在第 0 次循环时的输出值为默认值,数值的默认值为 0;字符串的默认值为空字符;布尔数据的默认值为 False。另外,连接至右侧移位寄存器的数据类型和用于初始化左侧移位寄存器的数据类型必须一致,例如,都是数值型或都是字符串型、布尔型等。

需要注意的是,左侧移位寄存器除了初始化时可以输入数据外,其他情况下只能输出数据;而右侧移位寄存器除了在循环结束时向循环外输出数据,其他情况下只能输入数据。

【例 5.1】求 $\sum_{n=1}^{100} n$。

求和 VI 的前面板和程序框图如图 5.4 所示。

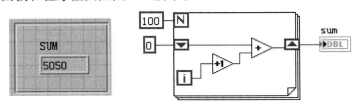

图 5.4 求和 VI 的前面板和程序框图

编程步骤如下。

(1) 首先,新建一个 VI,从控件选板的【经典】→【经典数值】子选板中选取"数值显示控件",放置在前面板的适当位置,并将其标签改为 sum。

(2) 切换到程序框图窗口,从函数选板的【结构】子选板中选取"for 循环"结构,放置到程序框图窗口上,拖动以形成一个框图;从【数值】子选板中分别选取一个加函数和一个加1函数放置到 for 循环框图内;再从【数值】子选板中选取两个数值常量放置到 for 循环框图外,将其值分别置为0,100。

(3) 为 for 循环创建移位寄存器,并按图5.4所示的程序框图进行连线。

运行程序,结果如图5.4的前面板所示。

在 LabVIEW 的程序框图设计中,当 for 循环(或 while)边框比加大时,使用移位寄存器会造成过长的连线,因此,LabVIEW 提供了反馈节点 。反馈节点和移位寄存器可以互换,方法是:在反馈节点或移位寄存器图标上单击鼠标右键,在弹出的快捷菜单中选择【替换为移位寄存器】或【替换为反馈节点】即可。需要注意的是,当移位寄存器在接线端多于1个时不能转换为反馈节点。

对于图5.4所示的求和 VI 的程序框图,若用反馈节点替换移位寄存器时,其程序框图如图5.5所示。

反馈节点箭头的方向表示数据流的方向。反馈节点有两个接线端,输入接线端在每次循环结束时将当前值存入,输出接线端在每次循环开始时把上一次循环存入的值输出。

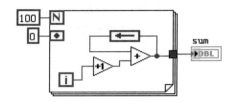

图5.5 反馈节点的数据传递

LabVIEW 没有类似于其他编程语言中的 go to 之类的转换语句,故不能随心所欲地将程序从一个正在执行的 for 循环中跳转出去。也就是说,一旦确定了 for 循环执行的次数,并开始执行后,就必须在执行完相应次数的循环后,才能终止其运行。若确定需要根据某种逻辑条件跳出循环,可用 while 循环代替 for 循环。

【例5.2】求一组随机数的最大值和最小值。

求最大值和最小值 VI 的前面板和程序框图如图5.6所示。

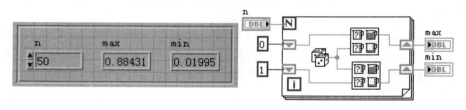

图5.6 求最大值和最小值 VI 的前面板和程序框图

程序框图中,通过控制 for 循环的次数,确定随机数的长度。随机数是通过放置在 for 循环框图中的"随机数(0-1)"函数产生的。从函数选板的【比较】子选板中选取"最大值与最小值"函数,用来求取随机数组的最大值和最小值。程序运行结果如图5.6所示。

2. **while 循环**

当循环次数不能预先确定时,就需用到 while 循环。while 循环也是 LabVIEW 最基本的结构之一,相当于 C 语言中的 while 循环和 do…while 循环。

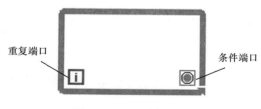

图5.7 while 循环结构

while 循环可以从程序框图中的【结构】子选板中创建,while 循环包含两个端口:条件端口 和重复端口 ,如图5.7所示。

条件端口输入的是布尔变量,用于判断循环在什么条件下停止执行。它有两种使用状态:Stop if True 和 Continue if True。当每次循环结束时,条件端口便会检测通过数据连线输入的布尔值,并根据输入的布尔值和其使用状态决定是否继续执行循环。用鼠标右键单击条件端口,在弹出的快捷菜单中选择【真(T)时停止】或【真(T)时继续】,可以切换条件端口的使用状态。

重复端口 i 为当前循环的次数。

while 循环也有移位寄存器,其用法和 for 循环类似。

【例 5.3】求 $n!$。

while 循环 VI 的前面板和程序框图如图 5.8 所示。

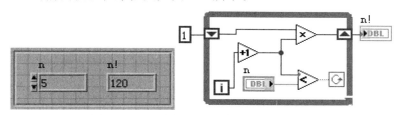

图 5.8　while 循环 VI 的前面板和程序框图

程序设计中,通过对 while 循环结构增加移位寄存器来存储乘积,利用"小于?"函数的输出状态控制循环结束。

5.1.2　条件结构

条件结构是 LabVIEW 最基本的结构之一,条件结构类似于文本编程语言中的 switch 语句或 if…then…else 语句。条件结构可从【结构】子选板中创建,条件结构包含选择端口和选择标签控制端口,如图 5.9 所示。

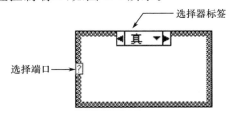

图 5.9　条件结构

在条件结构中,选择端口相当于 C 语言的 switch 语句中的"表达式",框图表示符相当于"表达式 n"。编程时,将外部控制条件连接至选择端口上,程序运行时选择端口会判断送来的控制条件,引导选择结构执行相应框架中的内容。

选择端口的外部控制条件的数据类型有整型、布尔型、字符串型和枚举型。选择端口接线端可置于条件结构左边框的任意位置。如果选择端口的数据类型是布尔型,则该结构包括真和假分支,这是 LabVIEW 默认的选择框架类型。如果选择端口的数据类型为整型、字符串型或枚举型,选择结构可以使用任意个分支。

应指定条件结构的默认条件分支以处理超出范围的数值,否则应明确列出所有可能的输入值。例如,如果选择端口的数据类型是整型,并且已指定 1、2 和 3 分支,则必须指定一个默认选择框架以便在输入数据为 0 或任何其他有效的整数值时执行,整型条件结构如图 5.10 所示。

选择框架的个数可根据实际需要确定,在选择框架的右键弹出菜单中选择【在后面添加分支】或【在前面添加分支】,可以添加选择框架。

当控制条件为字符串和枚举值时,条件结构的选择器标签的值为双引号括起来的字符串。枚举条件结构如图 5.11 所示。选择框架的个数是根据实际需要确定的。

注意:在使用条件结构时,控制条件的数据类型必须与选择器标签中的数据类型一致。二者若不匹配,LabVIEW 会报错,同时,选择器标签中字体的颜色将变为红色。

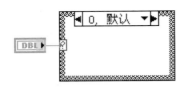
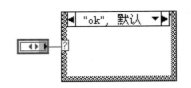

图 5.10　整型条件结构　　　　图 5.11　枚举条件结构

可为条件结构创建多个输入、输出隧道。所有输入都可供条件分支选用,但条件分支不需使用每个输入。但是,必须为每个条件分支定义各自的输出隧道。在某一个条件分支中创建一个输出隧道时,所有其他条件分支边框的同一位置上也会出现类似隧道。只要有一个输出隧道没有连线,该结构上的所有输出隧道都显示为白色正方形。每个条件分支的同一输出隧道可以定义不同的数据源,但各个条件必须兼容这些数据类型。用鼠标右键单击输出隧道并从快捷菜单中【选择未连线时使用默认】,所有未连线的隧道将使用隧道数据类型的默认值。

在 VI 处于编辑状态时,单击【递增】/【递减】按钮可将当前的选择框架切换到前一个或后一个选择框架;单击选择器标签,可在下拉菜单中选择切换到任何一个的选择框架。

【例 5.4】求一个数的平方根,当该数大于等于 0 时,输出开方结果;当该数小于 0 时,输出错误代码－999.00,并发出报警。

这是条件结构的一个典型应用,输入一个数后,首先判断该数是否大于等于 0,若大于等于 0,则输出计算结果,否则输出错误代码－999.00,并产生蜂鸣警告。求平方根 VI 的程序框图和运行结果如图 5.12 所示。其中,"蜂鸣声"函数从【编程】→【图形与声音】子选板中选取。

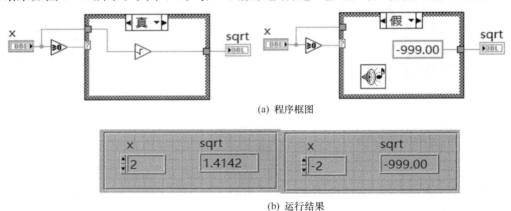

(a) 程序框图

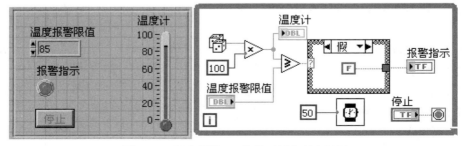

(b) 运行结果

图 5.12　求平方根 VI

【例 5.5】利用条件结构编写温度采集报警程序,当采集温度高于设定值时产生报警。温度报警 VI 的前面板和程序框图如图 5.13 所示。

图 5.13　温度报警 VI 的前面板和程序框图

程序设计中,利用"随机数(0-1)"函数乘以100模拟产生0～100℃的温度采集值,利用"等待(ms)"函数设置采集间隔(本例为50ms),利用条件结构根据温度采集值与温度报警限值(本例为85℃)的比较情况产生报警指示(点亮红色LED指示灯)。

5.1.3 顺序结构

LabVIEW顺序结构的功能是强制程序按一定的顺序执行。顺序结构包含一个或多个按顺序执行的子程序框图或帧。LabVIEW提供了两种顺序结构:平铺式顺序结构和层叠式顺序结构,如图5.14所示。

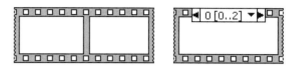

图5.14 两种顺序结构

平铺式顺序结构可以一次显示所有的帧。当所连接的数据都传递至顺序结构时,将按照从左到右的顺序执行所有的帧,直到执行完最后一帧。每帧执行完毕后会将数据至传递至下一帧。使用平铺式顺序结构可以避免使用顺序局部变量,并且可以更好地为程序框图编写说明信息。在平铺式顺序结构中添加或删除帧时,结构会自动调整尺寸大小。

层叠式顺序结构将所有的帧依次层叠,因此每次只能看到其中的一帧,并且按照帧0、帧1、……,直至最后一帧的顺序执行。层叠式顺序结构仅在最后一帧执行结束后返回数据。如需节省程序框图空间,可使用层叠式顺序结构。

位于层叠式顺序结构顶部的顺序选择标识符显示当前的帧号和帧号范围。程序运行时,顺序结构就会按顺序选择标识符0,1,2,…的顺序逐步执行各帧的内容。在程序编辑状态时,单击【递增】/【递减】按钮可将当前编号的帧切换到前一编号或后一编号的帧。

【例5.6】计算生成等于某个给定值的随机数据所用时间。

采用层叠式顺序结构设计程序,前面板和程序框图分别如图5.15和图5.16所示。

图5.15 层叠式顺序结构VI的前面板

程序框图设计方法如下。

(1)从结构子选板中选取"平铺式顺序结构",放置到程序框图编辑窗口中的合适位置并拖动为合适大小,用鼠标右键单击框架,在弹出的快捷菜单中选择【替换为层叠式顺序】。

(2)再用鼠标右键单击框架,在弹出的快捷菜单中选择【在后面添加帧】,添加第1、2帧。

(3)选择第0帧,从【定时】子选板中选取"时间计数器"函数,放置到0帧中,用于记录开始产生随机数据的系统时间。另外,为把在0帧中获得的系统时间传递到第2帧中求时间差,使用了顺序局部变量。顺序局部变量是层叠式顺序结构中特有的变量,用于向后序的帧传递数据。在层叠式顺序结构框架的右键弹出菜单中选择【添加顺序局部变量】,可添加顺序局部变量,如图5.16(a)所示。注意,顺序局部变量只能向后续的帧传递数据。

(4)选择第1帧,添加while循环,然后从数值子选板中选取"乘"、"随机数(0-1)"、"最近数取整"、"数值常量"函数,置数值常量为10000。从【比较】子选板中选取"等于"函数放置到while循环内,使用【数值】子选板中的"加1"函数将while循环的计数加1,记录循环的执行次数。第1帧的程序设计如图5.16(b)所示。

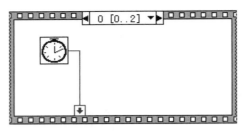

(a)层叠式顺序结构帧 0

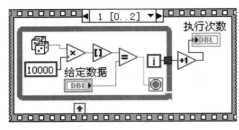

(b)层叠式顺序结构帧 1

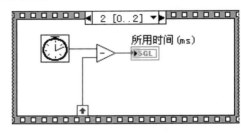

(c)层叠式顺序结构帧 2

图 5.16　层叠式顺序结构 VI 的程序框图

(5)选择第 2 帧,放置一个"时间计数器"函数,用于确定 while 循环结束后的系统时间,并将它减去顺序局部变量传递过来的 0 帧的初始时间,得到实现给定值的匹配循环运行时间,如图 5.16(c)所示。

程序运行结果如图 5.15 所示。

5.1.4　事件结构

事件结构是一个功能非常强大的编程工具,可用于编写等待事件发生的高效代码,代替循环检查事件是否发生的低效代码。LabVIEW 支持事件结构,就像在 VB、Delphi 等可视化编程环境下一样,即假设在控件对象上单击,或是当控件的值发生改变时,都可以触发一个事件。

所谓事件,是指对活动发生的异步通知。事件可以来自于用户界面,外部 I/O 或程序的其他部分。用户界面事件包括鼠标单击、键盘按键等动作。外部 I/O 事件则诸如数据采集完毕或发生错误时硬件定时器或触发器发出信号。其他类型的事件,可通过编程生成并与程序的不同部分通信。LabVIEW 支持用户界面事件和通过编程生成的事件,但不支持外部 I/O 事件。

在由事件驱动的程序中,系统中发生的事件将直接影响执行流程。与此相反,过程式程序按预定的自然顺序执行。事件驱动程序通常包含一个循环,该循环等待事件的发生并执行代码来响应事件,然后不断重复以等待下一个事件的发生。程序如何响应事件取决于为该事件所编写的代码。事件驱动程序的执行顺序取决于具体所发生的事件及事件发生的顺序。程序的某些部分可能因其所处理的事件的频繁发生而频繁执行,而其他部分也可能由于相应事件从未发生而根本不执行。

在 LabVIEW 中使用用户界面事件,可使前面板用户操作与程序框图执行保持同步。事件允许用户每当执行某个特定操作时执行特定的事件处理分支。如果没有事件,程序框图必须在一个循环中轮询前面板对象的状态以检查有否发生任何变化。轮询前面板对象需要较为可观的 CPU 时间,且如果执行太快则可能检测不到变化。通过事件响应特定的用户操作则不必轮询前面板即可确定用户执行了何种操作。LabVIEW 将在指定的交互发生时主动通知程序框图。事件不仅可减少程序对 CPU 的需求、简化程序框图代码,还可保证程序框图对用户的所有交互都能作出响应。

1. 事件结构的组成

事件结构位于【结构】子选板,它的外形和条件结构非常相似,如图 5.17 所示,它包含超时端口和事件端口。

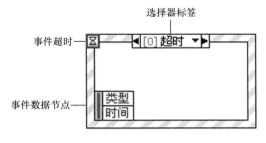

图 5.17 事件结构

事件结构可包含多个分支,一个分支即一个独立的事件处理程序。一个分支可处理一个或多个事件,但每次只能发生这些事件中的一个事件。事件结构执行时,将等待一个之前指定事件的发生,待该事件发生后即执行事件相应的条件分支。一个事件处理完毕后,事件结构的执行也告完成。事件结构并不通过循环来处理多个事件。与"等待通知"函数相同,事件结构也会在等待事件通知的过程中超时。发生这种情况时,将执行特定的超时分支。

事件结构边框上方的事件选择器标签表明由哪些事件引起了当前分支的执行。单击分支名称旁的向下箭头,可从快捷菜单中选择和查看其他事件分支。

事件超时接线端用于设置事件结构在等待指定事件发生时的超时时间(单位为 ms),默认值为-1,表示无限等待;若输入值为大于 0 的整数,则该端口会等待指定的时间;若在指定时间内没有事件发生,该端口会停止执行,并返回一个超时事件。

事件数据节点用于输出事件的参数,端口数目和数据类型根据事件的不同而不同。通过该端口可以获得事件的相关信息,如鼠标的坐标、鼠标按键的编号等。

如果添加了多个事件,就可以通过事件选择器标签来切换到不同的事件代码中。

2. 用户界面事件

用户界面事件有两种类型:通知事件和过滤事件,如图 5.18 所示。

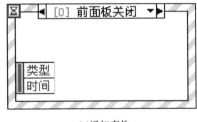
(a)通知事件

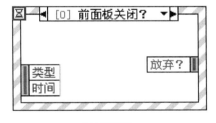
(b)过滤事件

图 5.18 用户界面事件

通知事件表明某个用户操作已经发生,比如用户改变了控件的值。通知事件用于在事件发生且 LabVIEW 已对事件处理后对事件作出响应。可配置一个或多个事件结构对一个对象上同一通知事件作出响应。事件发生时,LabVIEW 会将该事件的副本发送到每个并行处理该事件的事件结构。

过滤事件将通知用户 LabVIEW 在处理事件之前已由用户执行了某个操作,以便用户为程序如何与用户界面的交互作出响应进行自定义。使用过滤事件参与事件处理可能会覆盖事件的默认行为。在过滤事件的事件结构分支中,可在 LabVIEW 结束处理该事件之前验证或改变事件数据,或完全放弃该事件以防止数据的改变影响到 VI。例如,将一个事件结构配置为"放弃前面板关闭?"事件可防止用户关闭 VI 的前面板。过滤事件的名称以问号结束,如"前面板关闭?",以便与通知事件区分。多数过滤事件都有相关的同名通知事件,但没有问号。该事件是在过滤事件之后,若没有事件分支,放弃该事件时由 LabVIEW 产生。

与通知事件一样,对于一个对象上同一个通知事件,可配置任意数量对其响应的事件结构。但 LabVIEW 将按自然顺序将过滤事件发送给为该事件所配置的每个事件结构。LabVIEW 向每个事件结构发送该事件的顺序取决于这些事件的注册顺序。在 LabVIEW 能够通知下一个事件结构之前,每个事件结构必须执行完该事件的所有事件分支。如果某个事件结构改变了事件数据,LabVIEW 会将改变后的值传递到整个过程中的每个事件结构。如果某个事件结构放弃了事件,LabVIEW 便不把该事件传递给其他事件结构。只有当所有已配置的事件结构处理完事件且未放弃任何事件后,LabVIEW 才能完成对触发事件的用户操作的处理。

3. 事件结构的编辑

对于事件结构,无论是进行编辑还是添加或复制等操作,都会使用【编辑事件】对话框,如图 5.19 所示。

图 5.19 【编辑事件】对话框

【编辑事件】对话框主要包含以下几部分。

(1) 事件分支:列出事件结构中分支的总数和名称。通过从下拉菜单中选择【事件分支】为其编辑事件。当选择其他分支时,事件结构将进行更新,并在程序框图中显示选定的事件分支。

(2) 事件说明符:列出事件源和事件结构的当前分支处理的所有事件的名称。单击事件源或事件中的项可改变对话框的事件说明符部分显示的项。单击【添加事件】按钮或【删除】按钮可添加或删除该列表中的事件。

(3) 事件源:列出按类排列的事件源。

(4) 事件:列出在对话框的事件源和事件栏中选定的事件源的可用事件。通知事件用绿色的右箭头符号表示,过滤事件用红色的右箭头符号表示。

通过【编辑事件】对话框,可以设定某个事件结构分支响应的事件。

用户可以在一个事件结构分支中设定多个事件,当然,用户也可以在事件结构中添加多个分支,以响应多个事件。添加分支的方法是,在事件结构框架的右键快捷菜单中选择【添加事件分支…】。

4. 事件结构的应用

【例 5.7】使用事件结构处理鼠标按下事件。

利用事件结构演示单击前面板窗口时,发生鼠标按下事件并处理鼠标按下事件。程序框图如图 5.20 所示。

在事件结构的【"窗格":鼠标按下】事件中,使用了一个位于【对话框与用户界面】子选板中的"双按钮对话框"节点,当 VI 处于运行状态,用户单击 VI 前面板窗口时,就会发生一个鼠标按下事件,此时事件结构就会运行【"窗格":鼠标按下】事件中的程序,即"双按钮对话框"节点,此时会弹出一个对话框,询问用户是否停止 VI 执行程序,如图 5.21 所示。当单击【确定】按钮时,VI 就会停止执行;当单击【取消】按钮时,VI 就会继续执行。

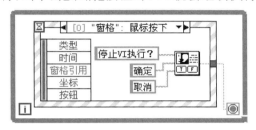

图 5.20　事件结构 VI 的程序框图

图 5.21　询问对话框

5.1.5　公式节点

LabVIEW 是一种图形化编程语言,主要编程元素和结构是系统预先定义的,用户只需要调用相应节点构成程序框图即可,这种方式虽然方便直接,但是灵活性受到限制。尤其对于复杂的数学处理,LabVIEW 就不可能把所有的数学运算和组合方式都形成节点。为了解决这一问题,LabVIEW 另辟蹊径,提供了一种专用于处理数学公式编程的特殊结构形式,称为公式节点。

公式节点是一种便于在程序框图上执行数学运算的文本节点。用户无须使用任何外部代码或应用程序,且创建方程时无须连接任何基本算术函数。除接收文本方程表达式外,公式节点还接收文本形式且为 C 语言编程者所熟悉的 if 语句、while 循环、for 循环和 do…while 循环。这些程序的组成元素与在 C 语言程序中的元素相似,但并不完全相同。

公式节点尤其适用于含有多个变量或较为复杂的方程,以及对已有文本代码的利用。可通过复制、粘贴的方式将已有的文本代码移植到公式节点中,无须通过图形化编程的方式再次创建相同的代码。

公式节点是一个类似于 for 循环、while 循环、条件结构、层叠式顺序结构和平铺式顺序结构且大小可改变的方框。然而,公式节点不含有子程序框图,而是含有一个或多个由分号隔开的类似 C 语言的语句。与 C 语言一样,可通过将注释的内容放在斜杠/星号对(/ * comment * /)中,或在注释前添加两个斜杠(//comment)来添加注释。

公式节点的创建通常按以下步骤进行。

(1) 在【结构】子选板中选择公式节点,然后按住鼠标在程序框图中拖动,画出公式节点的框架,如图 5.22 所示。

(2) 添加输入/输出端口。在公式节点框架的右键快捷菜单中选择【添加输入】,然后,在出现的端口图标中输入端口的名称,就完成了一个输入端口的创建,输出端口的创建与此类似。注意输入变量的端口都在公式节点框架的左边,而输出变量的端口则分布在框架的右边,如图 5.23 所示。

(3)按照 C 语言的语法规则在公式节点的框架中加入程序代码。特别要注意的是,公式节点框架内每个语句后必须用分号结束,如图 5.24 所示。

图 5.22 创建公式节点　　　　图 5.23 添加输入/输出端口　　　　图 5.24 输入程序代码

完成一个公式节点的创建后,公式节点就可以像其他节点一样使用了。

【例 5.8】输入三角形的三边长,求三角形面积。

为简单起见,设输入的三边长 a、b、c 能构成三角形。求三角形面积 VI 的前面板和程序框图如图 5.25 所示。

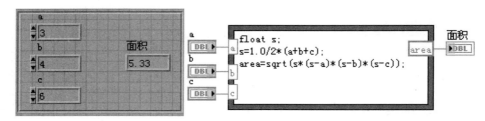

图 5.25 求三角形面积 VI 的前面板和程序框图

公式节点中代码的语法与 C 语言类似,可以进行各种运算。这种兼容性使 LabVIEW 的功能更强大,也更容易使用。

在使用公式节点中的变量时,需要注意以下几点。

① 一个公式节点中包含的变量或方程的数量不限。

② 两个输入或两个输出不可使用相同名称,但一个输出可与一个输入名称相同。

③ 用鼠标右键单击公式节点的边框,从快捷菜单中选择【添加输入】可声明一个输入变量。不可在公式节点内部声明输入变量。

④ 用鼠标右键单击公式节点的边框,从快捷菜单中选择【添加输出】可声明一个输出变量。输出变量的名称必须与输入变量的名称或在公式节点内部声明的输出变量的名称相匹配。

⑤ 用鼠标右键单击变量,从快捷菜单中选择【转换为输入】或【转换为输出】,可指定变量为输入或输出变量。

⑥ 公式节点内部可声明和使用一个与输入或输出连线无关的变量。

⑦ 必须连接所有的输入端。

⑧ 变量可以是浮点数值标量,其精度由计算机配置决定。变量也可使用整数和数值数组。

⑨ 变量不能有单位。

5.2 字符串、数组和簇

字符串、数组和簇是 LabVIEW 中的 3 种数据类型。字符串是 ASCII 码集合,数组与其他编程语言中的数组概念是相同的,簇相当于 C 语言中的结构数据类型。LabVIEW 为上述 3 种数据类型的创建和使用提供了大量灵活便捷的工具,使编程效率得到提高。可以说字符串、数组和簇是学习 LabVIEW 编程必须掌握的数据类型。

5.2.1 字符串

字符串是可显示的或不可显示的 ASCII 字符序列。字符串提供了一个独立于操作平台的信息和数据格式。常用的字符串操作如下:
- 创建简单的文本信息;
- 将数值数据以字符串形式传送到仪器,再将字符串转换为数值;
- 将数值数据存储到磁盘,如需将数值数据保存到 ASCII 文件中,需在数值数据写磁盘文件前将其转换为字符串;
- 用对话框指示或提示用户。

在前面板上,字符串以表格、文本输入框和标签的形式出现。LabVIEW 提供了用于对字符串进行操作的内置 VI 和函数,可对字符串进行格式化、解析字符串等编辑操作。

1. 字符串显示类型

用鼠标右键单击前面板上的字符串输入控件或显示控件,从表 5.1 所示的显示类型中选择显示类型。

图 5.26 表示了输入字符串"There are fore display types"的 4 种字符串显示方式,可以很清楚看出各种显示方式的区别。

表 5.1 字符串显示类型

显示类型	说明
正常显示	可打印,字符以控件字体显示。不可显示字符通常显示为一个小方框
"\"代码显示	所有不可显示字符显示为反斜杠
密码显示	每一个字符(包括空格在内)显示为星号(*)
十六进制显示	每个字符显示为其十六进制的 ASCII 值,字符本身并不显示

图 5.26 字符串的 4 种显示方式

2. 字符串函数

LabVIEW 2015 的【字符串】子选板中有多个字符串处理函数,如图 5.27 所示。
字符串函数可通过以下方式编辑字符串:
① 查找、提取和替换字符串中的字符或子字符串;
② 将字符串中的所有文本转换为大写或小写;

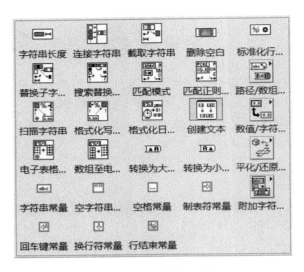

图 5.27 【字符串】子选板

③ 在字符串中查找和提取匹配模式；
④ 从字符串中提取一行；
⑤ 将字符串中的文本移位和反序；
⑥ 连接两个或多个字符串；
⑦ 删除字符串中的字符。

3. 字符串应用举例

【例 5.9】将一些字符串和数值转换成一个新的输出字符串。

组合字符串 VI 的前面板和程序框图如图 5.28 所示。VI 的功能是将浮点型数据 12.3 转换为"12.300"，单位为"V"，结果显示"Voltage＝12.300V"的组合字符串。

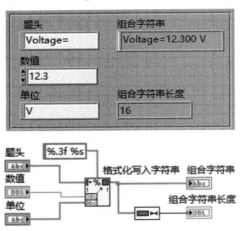

图 5.28 组合字符串 VI 的前面板和程序框图

程序设计中，使用了【字符串】子选板中的"格式化写入字符串"函数组合字符串。对于"格式化写入字符串"函数，拖动它的输入端口，可增加输入端口。在"格式化写入字符串"函数的快捷菜单上选择【编辑格式字符串】，可以对"格式化写入字符串"函数输入参数进行设置，如图 5.29 所示。配置好格式字符串后，单击【确定】按钮，该函数自动产生一个字符串常量，并与格式字符串输入口连接。

图 5.29 【编辑格式字符串】对话框

5.2.2 数组

与其他的编程语言一样,LabVIEW 也提供了数组结构,数组是相同数据类型的集合。这些数据类型可以是数据型、布尔型、字符串型等。一个数组可以是一维、二维或者是多维,每一维最多可以有 $2^{31}-1$ 个元素。数组的索引是从 0 开始的,范围介于 $0\sim n-1$ 之间,其中 n 是数组中元素的个数。

需要注意的是,数组中的元素必须是同一种数据类型,而且必须同时都是输入控件或者同时都是显示控件。

1. 数组的创建

(1)前面板上创建数组

在前面板上创建一个数组输入控件或数组显示控件的方法是:在前面板上放置一个数组框架,然后将一个数据对象或元素拖曳到该数组框架中。数据对象或元素可以是数值、布尔、字符串、路径、引用句柄、簇输入控件或显示控件。创建数值型数组,如图 5.30 所示。单击框架下拉箭头,系统会自动添加更多的元素进去。框架左上角的小框内是索引号,可以根据索引号直接定位到数组,显示数组多个元素,可以通过左右和上下箭头调整显示框大小。

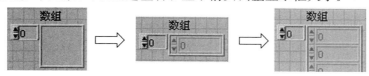

图 5.30 创建数值型数组

如果需要在前面板上创建一个多维数组控件,可用鼠标右键单击索引框并从弹出的快捷菜单中选择【添加维度】。也可改变索引框的大小直到出现所需的维数。如需一次删除数组的一个维度,用鼠标右键单击索引框并从弹出的快捷菜单中选择【删除维度】,也可改变索引框的大小来删除维度。创建好的二维数组,如图 5.31 所示。使用操作工具,可对索引元素逐个进行赋值。

图 5.31 创建好的二维数组

如需在前面板上显示某个特定的元素,可在索引框中输入索引数字或使用索引框上的箭头找到该数字。

例如,图 5.31 所示的二维数组包含行和列。左边的两个方框中上面的索引为行索引,下面的索引为列索引。行和列是从零开始的,即第一列为列 0,第二列为列 1,依此类推。

(2)程序框图上创建数组

在程序框图上创建数组和在前面板上创建数组有点类似,首先在【数组】函数子选板上选择

"数组常量",在程序框图上创建一个数组外壳,然后可以在数组外壳里选择放入数值型常量、字符串型常量、布尔型常量以及枚举等。刚刚放入常量后,所有的数组成员显示为灰色,可以用操作工具依次给它们赋值,赋值范围以外的数组成员保持灰色不变。如果跳过一些数组成员给后面的成员赋值,则前面的成员自动赋一个系统默认值。

图 5.32 创建数值型常量数组

如图 5.32 所示,在数组外壳里放置数值常量创建了一个数值型数组,在它的第三个成员里用操作工具加入数值"5",则它之前的成员自动赋值为"0",而它之后的成员依然以灰色显示。

2. 数组函数

LabVIEW 2015 在【数组】函数子选板中给出了大量的数组处理函数,【数组】函数子选板如图 5.33 所示。

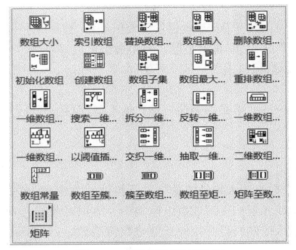

图 5.33 【数组】函数子选板

数组函数可创建数组并对其操作。例如,执行以下操作:
- 从数组中提取单个数据元素;
- 在数组中插入、删除或替换数据元素;
- 分解数组。

索引数组、替换数组子集、数组插入、删除数组元素和数组子集等函数,可自动调整大小以匹配所连接的输入数组的维数。例如,将一个一维数组连接到以上某一个函数,则该函数只显示单个索引输入。如将一个二维数组连接到同样的函数,则该函数显示两个索引输入,其中一个用于行索引,另一个用于列索引。

3. 数组应用举例

【例 5.10】求一个一维数组和一个二维数组的长度。

求数组长度 VI 的前面板和程序框图如图 5.34 所示。

图 5.34 求数组长度 VI 的前面板和程序框图

程序设计方法是：在前面板上创建一个一维数组和一个二维数组,并用工具选板中的操作值工具对这两个数组赋值。程序框图中调用"数组大小"函数求数组长度。

【例 5.11】利用创建数组函数组建数组。

创建数组 VI 的前面板和程序框图如图 5.35 所示。

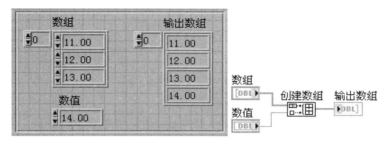

图 5.35　创建数组 VI 的前面板和程序框图

本例将一个一维数组和一个标量元素合并为新的数组。创建数组函数合并数组或元素时,按左侧端口输入的数组和元素从上到下的顺序组成一个新数组。

如果两个一维数组作为元素输入时,可以输出一个二维数组。

【例 5.12】从一个二维数组中取出一部分元素。

求数组子集 VI 的前面板和程序框图如图 5.36 所示。

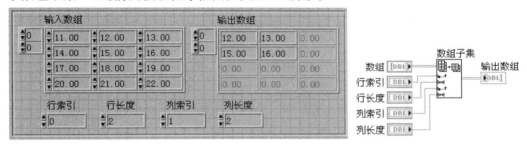

图 5.36　求数组子集 VI 的前面板和程序框图

5.2.3　簇

簇是 LabVIEW 中一个比较特别的数据类型,类似于文本编程语言中的记录或结构体。簇不同于数组的地方还在于簇的大小是固定的。与数组一样,簇包含的不是输入控件即是显示控件。

1. 簇的创建

(1)前面板上创建簇

通过以下方式在前面板上创建一个簇输入控件或簇显示控件:在前面板上放置一个簇框架,再将一个数据对象或元素拖曳到簇框架中。数据对象或元素可以是数值、布尔、字符串、路径、簇输入控件或簇显示控件,如图 5.37 所示。

簇元素有自己的逻辑顺序,与它们在簇框架中的位置无关。放入簇中的第一个对象是元素 0,第二个为元素 1,依此类推。如删除某个元素,则顺序会自动调整。簇顺序决定了簇元素在程序框图中的"捆绑"函数和"解除捆绑"函数上作

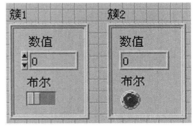

(a) 簇输入控件　(b) 簇显示控件
图 5.37　前面板上创建簇

为接线端出现的顺序。用鼠标右键单击簇边框,从快捷菜单中选择【重新排序簇中控件…】,可查看和修改簇顺序。

若需连接两个簇,则二者必须有相同数目的元素。由簇顺序确定的相应元素的数据类型也必须兼容。例如,一个簇中的双精度浮点数值在顺序上对应于另一个簇中的字符串,那么程序框图的连线将显示为断开且 VI 无法运行。如果数值的表示不同,LabVIEW 会将它们强制转换成同一种表示法。

(2) 程序框图上创建簇

若需在程序框图中创建一个簇常量,则从【簇、类与变体】子选板中选择一个簇常量,将该簇框架放置于程序框图上,再将字符串常量、数值常量、布尔常量放置到该簇框架中,如图 5.38 所示。簇常量用于存储常量数据或同另一个簇进行比较。

如果用户想要簇严格地符合簇内对象的大小,可以用鼠标右键单击簇的边界,在弹出的快捷菜单中选择【自动调整大小】,可自动定义簇大小。有 4 种类型可供选择,分别为:无、调整匹配大小、水平排列和垂直排列。

2. 簇函数

LabVIEW 2015 的【簇、类与变体】子选板如图 5.39 所示。

图 5.38 程序框图上创建簇常量

图 5.39 【簇、类与变体】子选板

LabVIEW 的簇函数中最主要的就是构造打包生成簇的"捆绑"函数和从簇中解包提取簇中元素的"解除捆绑"函数。它们是根据簇成员的顺序来进行操作的,这也说明了簇内成员顺序排列的重要性。

簇函数可创建和操作簇,例如,可执行以下操作:
● 从簇中提取单个数据元素;
● 向簇添加单个数据元素;
● 将簇拆分成单个数据元素。

3. 簇应用举例

【例 5.13】将几个不同的数据类型组成一个簇。

打包簇 VI 的前面板和程序框图如图 5.40 所示。在前面板上放置两个数值输入控件和两个字符串输入控件,在程序框图中将它们对应的接线端与"捆绑"函数输入端自上而下连接,组成一个含有 4 个元素的混合型控制簇。

【例 5.14】将一个簇中的各个元素值分别取出。

解包簇 VI 前面板和程序框图如图 5.41 所示。在前面板上创建一个包含 4 个控件的簇对象,在程序框图中将簇的接线端与"解除捆绑"函数输入端连接,该函数输出端口自动与簇元素匹配。

图 5.40　打包簇 VI 的前面板和程序框图

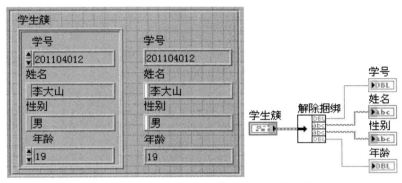

图 5.41　解包簇 VI 的前面板和程序框图

5.3　局部变量和全局变量

局部变量和全局变量是 LabVIEW 用来传递数据的工具。LabVIEW 编程是一种数据流编程，它是通过连线来传递数据的。但是如果一个程序太复杂的话，有时连线会很困难甚至无法连线，这时就需要用到局部变量。另外，需要在两个程序之间交换数据时，靠连线的方式是无法实现的，在这种情况下，就需要使用全局变量。

5.3.1　局部变量

局部变量可从一个 VI 的不同位置访问前面板对象，并将无法用连线连接的数据在程序框图上的节点之间传递。

局部变量可对前面板上的输入控件或显示控件进行数据读/写。写入一个局部变量相当于将数据传递给其他接线端。但是，局部变量还可向输入控件写入数据和从显示控件读取数据。事实上，通过局部变量，前面板对象既可作为输入访问也可作为输出访问。

1. 创建局部变量

创建局部变量的方法有两种。

(1) 直接为前面板对象创建局部变量

用鼠标右键单击一个前面板对象或程序框图接线端并从快捷菜单中选择【创建】→【局部变量】，便可创建一个局部变量。该对象的局部变量的图标将出现在程序框图上，如图 5.42(a) 所示。

(2) 通过函数选板创建局部变量

这种方式是在函数选板的【编程】→【结构】子选板中选择局部变量,将其图标放在程序框图中,如图 5.42(b)所示。此时的"局部变量"节点为一个带问号的图标,表示它还没有与前面板的对象关联,还需要为"局部变量"节点指定一个前面板对象。如需使局部变量与输入控件或显示控件相关联,可用鼠标右键单击该"局部变量"节点,从快捷菜单中选择【选择项】。展开的快捷菜单将列出所有自带标签的前面板对象。LabVIEW 通过自带标签将局部变量和前面板对象相关联,因此必须用描述性的自带标签对前面板控件和显示件进行标注。

(a) 创建局部变量方式一　　　　　(b) 创建局部变量方式二

图 5.42　创建局部变量

需要注意的是,局部变量具有读、写两种属性。用鼠标右键单击创建的局部变量,在弹出的快捷菜单中选择【转换为读取】或【转换为写入】,可改变局部变量的读、写属性。

2. 局部变量的应用举例

由局部变量的创建可见,局部变量必须依附在一个前面板对象上,相当于其接线端的一个复制,它的值与该接线端的数据相同。使用局部变量可以在程序框图的不同位置访问前面板对象。

【例 5.15】要求使用局部变量向与它联系的前面板上的电压表控件写数据,也可以从电压表控件读取数据。

局部变量创建 VI 的前面板和程序框图如图 5.43 所示。

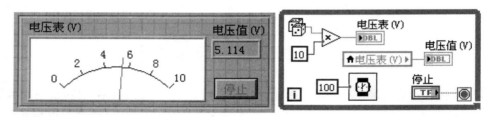

图 5.43　局部变量创建 VI 的前面板和程序框图

程序设计中,利用了一个"随机数(0-1)"函数乘以 10 模拟产生 0~10V 的电压值,对电压表输出控件创建了一个局部变量"电压表(V)"。这样"电压表(V)"局部变量从电压表控件读出当前电压值,并交给"电压值(V)"显示控件显示当前电压值。要注意将"电压表(V)"局部变量改为读属性。

3. 局部变量的特点

局部变量有许多特点,了解这些特点,有助于用户更加有效地使用 LabVIEW 编程。局部变量的特点如下。

① 局部变量只能在同一个 VI 中使用,其生存期与它所在的 VI 模块密切相关,VI 停止运行,在此 VI 内定义的局部变量自动消失。

② 局部变量必须依附在一个前面板对象上。一个前面板对象可以建立多个局部变量,但一个局部变量只能有一个端点与其对应。

③ 局部变量就是其相应前面板对象的一个数据复制,要占用一定的内存。在程序中要控制局部变量的数据,特别是对于那些包含大量数据的数组,若在程序中使用多个这种数组的局部变量,将会占用大量的内存,从而降低程序运行的效率。

④ LabVIEW 是一种并行处理语言,只要节点的输入有效,节点就会执行。当程序中有多个局部变量时,要特别注意这一点。因为这种并行可能造成意想不到的错误。例如,在程序的某一处,用户从一个控制的局部变量中读出数据,在另一处,根据需要又为这个控制的另一个局部变量赋值。如果这两个过程恰好是并行发生的,这就有可能使读出的数据不是前面板对象原来的数据,而是赋值后的数据。这种错误不是明显的逻辑错误,很难发现,因此在编程过程中要特别注意,尽量避免这种情况发生。

5.3.2 全局变量

全局变量可在同时运行的多个 VI 之间访问和传递数据。全局变量是内置的 LabVIEW 对象。创建全局变量时,LabVIEW 将自动创建一个前面板但无程序框图的特殊全局 VI。向该全局 VI 的前面板添加输入控件和显示控件,可定义其中所含全局变量的数据类型。该前面板实际便成为一个可供多个 VI 进行数据访问的容器。

1. 创建全局变量

全局变量的创建通常按以下步骤进行。

① 新建一个 VI,从函数选板的【结构】子选板中选择一个全局变量,将其放置在程序框图中,如图 5.44 所示。

② 使用操作工具双击"全局变量"节点,会自动打开全局变量 VI 的前面板,然后在前面板上放置所需的控制或显示对象,如图 5.45 所示。

③ 保存全局变量文件。方法是在主菜单中选择【文件】→【保存】命令,然后关闭全局变量的前面板窗口。

④ 使用操作工具单击第一步所创建的全局变量图标,或在其右键弹出快捷菜单中选择【选择项】,弹出的子菜单列出了全局变量所包含的所有对象的名称,根据需要选择相应的对象。如图 5.46 所示,选择"停止"作为全局变量。

图 5.44　创建全局变量　　　图 5.45　全局变量 VI 的前面板　　　图 5.46　选择一个全局变量

与局部变量相同,全局变量也具有读、写两种属性,在全局变量的右键快捷菜单中选择【转换为读取】或【转换为写入】,可以改变全局变量的读/写属性。

2. 全局变量的应用举例

建立了全局变量以后就可以在其他 VI 里面调用它,方法如下。

① 在 VI 的【函数】模板上选择【选择 VI】,在弹出的【选择需打开的 VI】对话框中,选择所需的全局变量声明文件,单击【确定】按钮,在程序框图中放置这个全局变量。

② 用鼠标右键单击"全局变量"节点,在弹出的快捷菜单上选取【选择项】,在列出的所有变量对象中选择所需对象。

③ 若在一个 VI 中需要使用多个全局变量,可使用复制和粘贴全局变量的方法实现全局变量的复制。

【例 5.16】利用全局变量在不同 VI 中传递数据。

要求创建一个全局变量和两个 VI。第一个 VI 测量温度,送至全局变量中;第二个 VI 显示温度,即从全局变量中将温度值读出并送前面板上的温度计显示。

全局变量应用 VI 的前面板和程序框图如图 5.47 所示。

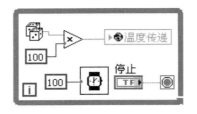

(a)第一个 VI 程序框图

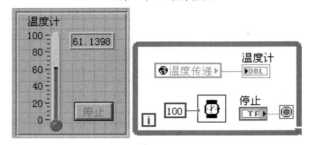

(b) 第二个 VI 的前面板和程序框图

图 5.47　全局变量应用 VI 的前面板和程序框图

3. 全局变量的特点

① LabVIEW 中的全局变量相对于传统编程语言中的全局变量更加灵活。传统编程语言中的全局变量只能是一个变量，一种数据类型。而 LabVIEW 中的全局变量以独立文件的形式存在，并且在一个全局变量中可以包含多个对象，拥有多种数据类型。

② 全局变量与子 VI 的不同之处在于它不是一个真正的 VI，不能进行编程，只能用于简单的数据存储与数据传递。

③ 全局变量不能用于两个 VI 之间的实时数据传递。因为通常情况下，两个 VI 对全局变量的读、写速度不能保证严格一致。

5.4　文件操作

文件操作是虚拟仪器软件开发的重要组成部分，数据存储、参数输入、系统管理都离不开文件的建立，LabVIEW 为文件的操作与管理提供了一组高效的 VI 集。本节将详细介绍在 LabVIEW 中进行文件输入和输出操作的方法。

5.4.1　LabVIEW 支持的文件类型

文件是存储在磁盘上的数据集合，文件输入与输出操作就是要在磁盘文件中保存和读取数据。文件操作主要包含 3 个基本的步骤：新建或打开一个已有的文件，对文件进行读/写，关闭文件。

LabVIEW 可读写的文件格式有文本文件、二进制文件和数据记录文件 3 种。使用何种格式的文件取决于采集和创建的数据，以及访问这些数据的应用程序。可根据以下条件确定使用文件的格式：

● 如果需在其他应用程序(如 Microsoft Excel)中访问这些数据，使用最常见且便于存取的是文本文件；

● 如果需随机读写文件或读取速度及磁盘空间有限，可使用二进制文件，在磁盘空间利用和读取速度方面二进制文件优于文本文件；

● 如果需在 LabVIEW 中处理复杂的数据记录或不同的数据类型,使用数据记录文件。

如果仅从 LabVIEW 访问数据,而且需存储复杂的数据结构情况看,数据记录文件是最好的方式。

(1) 文本文件

文本文件又称 ASCII 码文件或字符文件,它的每个字节代表一个字符,存放的是这个字符的 ASCII 码。文本文件的优点是它几乎在任何应用程序中都是可读的,这种文件最易于进行整体互换,用户可以用其他的软件来访问数据。例如,文字处理软件 Word 或电子表格 Excel 等,具有很好的直观性和兼容性;其缺点是占用磁盘空间大,执行速度慢,因为文本文件的存取数据过程中存在 ASCII 码与机器内码的互换。

(2) 二进制文件

二进制文件是把数据按其在内存中存储的形式(机器内码)原样输出到磁盘上,所以它的存取速度最快,格式也最紧凑。用这种格式存储文件,占用空间要比文本文件小得多。但是用这种格式存储的数据文件无法被一般的文字处理软件如 Word 读取,因而其通用性较差。

(3) 数据记录文件

确切地说,数据记录文件也是一种二进制文件,只有 LabVIEW 才可以对它进行读取和处理。数据记录文件以相同的结构化记录序列存储数据(类似于电子表格),每行均表示一个记录。数据记录文件中的每条记录都必须是相同的数据类型。LabVIEW 会将每个记录作为含有待保存数据的簇写入该文件。每个数据记录可由任何数据类型组成,并可在创建该文件时确定数据类型。

数据记录文件只需进行少量处理,因而其读/写速度更快。数据记录文件将原始数据块作为一个记录来重新读取,无须读取该记录之前的所有记录,因此使用数据记录文件简化了数据查询的过程。仅需记录号就可访问记录,因此可更快更方便地随机访问数据记录文件。创建数据记录文件时,LabVIEW 按顺序给每个记录分配一个记录号。

5.4.2 文件操作函数

LabVIEW 2015 在函数选板的【编程】→【文件 I/O】子选板中提供了功能强大且方便灵活的文件 I/O 操作函数,包括文件的打开和关闭、文件的读/写、创建新文件、删除、移动及复制等一系列操作,如图 5.48 所示。

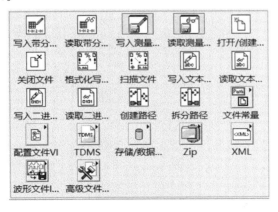

图 5.48 【文件 I/O】子选板

【文件 I/O】子选板上的 VI 和函数可用于常见文件 I/O 操作,如读写以下类型的数据:
- 在电子表格文本文件中读/写数值;
- 在文本文件中读/写字符;
- 从文本文件读取行;
- 在二进制文件中读/写数据。

高级文件 I/O 函数可控制单个文件 I/O 输出操作,这些函数可创建或打开文件,向文件读/写数据及关闭文件。可实现的任务有:
- 创建目录;
- 移动、复制或删除文件;
- 列出目录内容;
- 修改文件特性;
- 对路径进行操作。

路径是一种 LabVIEW 数据类型,用来指定文件在磁盘上的位置,LabVIEW 文件路径图标如图 5.49 所示。

图 5.49　LabVIEW 文件路径图标

路径包含文件所在的磁盘、文件系统根目录到文件之间的路径以及文件名。在控件中可按照特定的标准语法输入或显示一个路径。

5.4.3　文件操作举例

无论哪种类型的文件,其输入与输出操作基本流程都是相同的,即打开文件、读文件或写文件、关闭文件。本节将通过举例说明文件输入/输出操作的具体方法。

1. 电子表格文件的输入/输出

电子表格文件是一种特殊的文本文件,为了让 Microsoft Excel 等表格处理软件直接读取这种格式的文件,在文件中加入了一些特殊的标记字符。在 LabVIEW 2015 中,提供了两个专门用于电子表格文件的输入和输出操作 VI,分别是 Write To Spreadsheet File.vi 和 Read From Spreadsheet File.vi。

(1) 电子表格文件的输入

【例 5.17】使用 Write To Spreadsheet File.vi,将用正弦函数产生的 100 个正弦数据和循环序号组成的数组,存储到一个电子表格文件"d:\wave_sine.xls"中。

写电子表格文件 VI 的程序框图如图 5.50 所示。

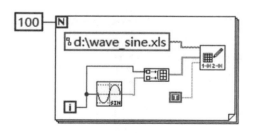

图 5.50　写电子表格文件 VI 的程序框图

"正弦"函数位于函数选板的【数学】→【初等与特殊函数】→【三角函数】子选板中。程序设计中,利用 for 循环产生 100 个正弦数据,与循环序号一起组成数组,连接至 Write To Spreadsheet File.vi 的一维数组端口。"路径常量"节点位于函数选板的【编程】→【文件 I/O】→【文件常量】子选板中,利用"路径常量"节点可确定存储文件的路径。本例文件路径为 d 盘根目录,文件名为

"wave_sine.xls"。

(2) 电子表格文件的输出

【例 5.18】使用 Read From Spreadsheet File.vi 读取例 5.17 所创建的电子表格文件"d:\wave_sine.xls"。

读电子表格文件 VI 的前面板和程序框图如图 5.51 所示。

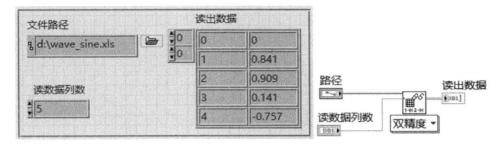

图 5.51 读电子表格文件 VI 的前面板和程序框图

程序设计中,利用文件路径输入控件输入待读取的电子表格文件名,利用输出型数组显示读取后的值。

2. **文本文件的输入/输出**

文本文件是一种以 ASCII 形式存储数据的文件格式,它存储数据的数据类型为字符串。在 LabVIEW 2015 中,对文本文件的存储是通过"写入文本文件"函数和"读取文本文件"函数来完成的,下面分别介绍这两个函数的使用方法。

(1) 文本文件的输入

由于大多数文字处理应用程序读取文本时并不要求格式化的文本,因此将文本写入文本文件无须进行格式化。若需将文本字符串写入文本文件,可用"写入文本文件"函数自动打开和关闭文件。

【例 5.19】使用"写入文本文件"函数写文本文件。

LabVIEW 2015 中文本文件写入由"写入文本文件"函数来完成,写文本文件 VI 的前面板和程序框图如图 5.52 所示。

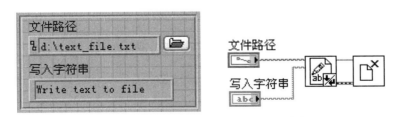

图 5.52 写文本文件 VI 的前面板和程序框图

程序设计中,将写入字符串输入控件节点与"写入文本文件"函数的文本端口相连。文件的路径为 d 盘根目录,存储的文件名为"text_file.txt"。

(2) 文本文件的输出

【例 5.20】使用"读取文本文件"函数读文本文件。

LabVIEW 2015 中文本文件的输出由"读取文本文件"函数来完成,读文本文件 VI 的前面板和程序框图如图 5.53 所示。

读取例 5.19 所创建的文本文件"d:\text_file.txt"的结果,如图 5.53 所示。

图 5.53 读文本文件 VI 的前面板和程序框图

3. 二进制文件的输入/输出

二进制文件格式最为紧凑,冗余数据比较少,存储时无须数据转换,尤其适合于大量数据采集的应用场合。

(1) 二进制文件的输入

【例 5.21】使用"写入二进制文件"函数写二进制文件。

LabVIEW 2015 中,二进制文件的输入由"写入二进制文件"函数来完成。写二进制文件 VI 的程序框图如图 5.54 所示。

程序设计中,用 for 循环产生 100 个正弦数据,在循环中加入自动索引,将正弦数据组合为一个一维数组输出。将存储了 100 个正弦数据的一维数组与"写入二进制文件"函数的数据端口相连。文件的路径为 d 盘的根目录,存储的文件名为"binary_file.dat"。

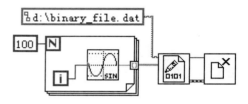

图 5.54 写二进制文件 VI 的程序框图

(2) 二进制文件的输出

【例 5.22】使用"读取二进制文件"函数读二进制文件。

LabVIEW 2015 中,二进制文件的输出由"读取二进制文件"函数来完成。读二进制文件 VI 的前面板和程序框图如图 5.55 所示。

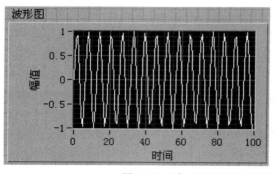 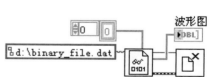

图 5.55 读二进制文件 VI 的前面板和程序框图

程序读取了例 5.21 所创建的"d:\binary_file.dat"文件,将读取的结果作为一个一维数组显示在波形图窗口中。

4. 数据记录文件的输入/输出

用户在编程序时,如果不需要把文件存储成可供别的软件访问的格式,可以把数据输出到一个数据记录文件。使用这种格式时,把数据写入文件的操作变得非常简单,这也使得读/写操作的速度更快。访问该文件可以以记录为单位,并且可直接访问文件中的任意一个记录。记录本身的数据结构可由用户自定义,一个记录内可容纳不同的数据类型,它就像一个簇。

使用数据记录文件还可以简化数据采集的工作,因为可以把初始化的数据块作为一个日志或者记录读取,而无须了解其中含有多少数据,LabVIEW 编程语言会记录数据的数量,用于对每个数据记录文件的记录。

数据记录文件实际也是一种二进制文件,输入的数据类型可以是任何类型。操作方法与二进制文件基本相同,不同的是数据记录文件必须用它的专用的操作函数。需要注意的是:

① 没有专门用于存储数据记录文件的函数,需要依靠基本的分离函数来实现数据存储。

② 按以下流程存储数据记录文件:
- 建立空文件;
- 将不同类型的数据合成簇;
- 将簇写入文件;
- 关闭文件。

(1) 数据记录文件的输入

【例 5.23】写数据记录文件。

LabVIEW 2015 中,数据记录文件的输入可由"写入数据记录文件"函数来完成,该函数位于函数选板的【编程】→【文件 I/O】→【高级文件函数】→【数据记录】子选板中。写数据记录文件 VI 的前面板和程序框图如图 5.56 所示。

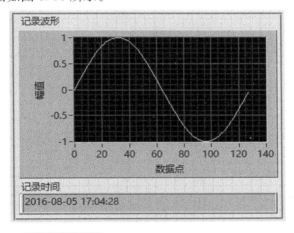
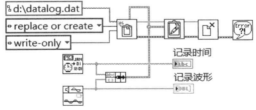

图 5.56 写数据记录文件 VI 的前面板和程序框图

程序设计中,调用了函数选板的【编程】→【文件 I/O】→【高级文件函数】→【数据记录】子选板中的"打开/创建/替换数据记录文件"函数打开、替换或新建一个文件,然后用"写入数据记录文件"函数写记录文件。在函数选板的【信号处理】→【信号生成】子选板中选择"正弦"函数产生一个周期的正弦波数据。在函数选板的【编程】→【定时】子选板中选择"格式化日期/时间字符串"函数获取记录时间,用【编程】→【簇、类与变体】子选板中的"捆绑"函数将记录时间与正弦波数据打包为一个簇,输出给"写入数据记录文件"函数的记录端口。

程序运行结果如图 5.56 所示。前面板的记录波形显示了一个周期的正弦波,同时显示了程序运行的日期和时间。记录文件的路径为 d 盘的根目录,存储的文件名为"datalog.dat"。

(2) 数据记录文件的输出

【例 5.24】读数据记录文件。

LabVIEW 2015 中,数据记录文件的输出可由"读数据记录文件"函数来完成,该函数位于函数选板的【编程】→【文件 I/O】→【高级文件函数】→【数据记录】子选板中。读数据记录文件 VI 的前面板和程序框图如图 5.57 所示。

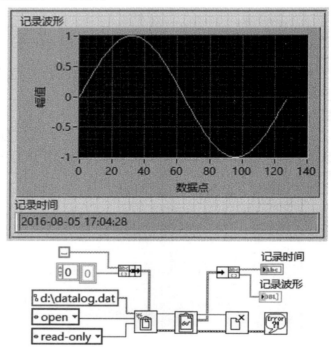

图 5.57　读数据记录文件 VI 的前面板和程序框图

程序中使用"捆绑"函数将一个空字符串和空数据捆绑成一个簇,并将它们输出到"打开/创建/替换数据记录文件"函数的记录类型端口,作为数据记录文件的记录类型。如果记录类型的数据类型与原记录文件的记录类型不相同的话,程序运行就不能读出数据,并提示出错。

在图 5.57 所示的程序中,读取了例 5.23 所创建的"d:\datalog.dat"数据记录文件,并将文件内容作为一个一维数组显示在波形图窗口中。

5.5　图形显示

图形显示是虚拟仪器重要的组成部分,LabVIEW 为用户提供了丰富的图形显示功能。LabVIEW 2015 的【经典】→【经典图形】子选板提供的图形显示控件如图 5.58 所示。

在 LabVIEW 2015 的图形显示功能中,按照处理测量数据的方式和显示过程的不同,图形显示控件主要分成两大类:一类为图形,另一类称为图表。这两类控件都是用于图形化显示采集或生成的数据。图形和图表的区别在于各自不同的数据显示和更新方式。含有图形的 VI 通常先将数据采集到数组中,再将数据绘制到图形中。该过程类似于电子表格,即先存储数据再生成数据的曲线。数据绘制到图形上时,图形不显示之前绘制的数据而只显示当前的新数据。图形

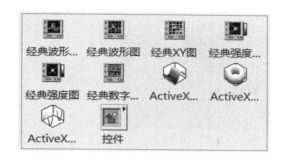

图 5.58 LabVIEW 的【经典】→【经典图形】子选板提供的图形显示控件

一般用于连续采集数据的快速过程。

与图形相反,图表将新的数据点追加到已显示的数据点上以形成历史记录。在图表中,可结合先前采集到的数据查看当前读数或测量值。当图表中新增数据点时,图表将会滚动显示,即图表右侧出现新增的数据点,同时旧数据点在左侧消失。图表最适于每秒只增加少量数据点的慢速过程。

LabVIEW 包含以下类型的图形和图表:
① 波形图和图表,显示采样率恒定的数据;
② XY 图,显示采样率非均匀的数据及多值函数的数据;
③ 强度图和图表,在二维图上以颜色显示第三个维度的值,从而在二维图上显示三维数据;
④ 数字波形图,以脉冲或成组的数字线的形式显示数据;
⑤ 三维图形,在三维前面板图中显示三维数据。需要注意的是,只有安装了 LabVIEW 完整版和专业版开发系统才可使用三维图形控件。

下面将对【经典图形】子选板中的显示控件进行介绍。

5.5.1 波形图和图表

LabVIEW 使用波形图和图表显示具有恒定速率的数据。

1. 波形图

波形图用于显示测量值为均匀采集的一条或多条曲线。波形图仅绘制单值函数,即在 $y = f(x)$ 中,各点沿 X 轴均匀分布。例如一个随时间变化的波形。波形图的前面板如图 5.59 所示。

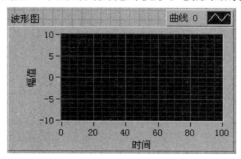

图 5.59 波形图的前面板

波形图既可显示单个信号波形,也可以同时显示多个信号波形,并且还提供实时任意缩放和图上测量等高级显示工具。它的坐标、网格和标注等设置都可以根据需要灵活定制。

【例 5.25】用波形图显示用随机函数产生的 50 个随机数据。

波形图显示数据 VI 的前面板和程序框图如图 5.60 所示。

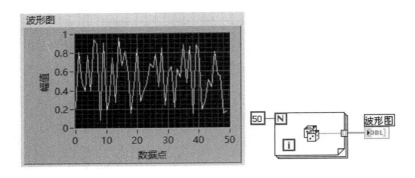

图 5.60 波形图显示数据 VI 的前面板和程序框图

程序设计中,在 for 循环结构中放置了一个随机函数产生器,for 循环次数设为 50,表示每次运行产生 50 个随机数。

【例 5.26】设计一个 VI,显示一个正弦波电压测量结果。电压采样从 0 开始,每隔 2ms 采样一个点,共采样 50 个点。要求程序的显示能够反映出实际的采样时间及电压值。

电压测量 VI 的前面板和程序框图如图 5.61 所示。

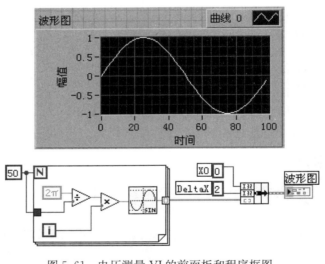

图 5.61 电压测量 VI 的前面板和程序框图

程序设计中,在 for 循环结构中放置一个正弦函数来模拟正弦波测量结果,for 循环次数设为 50。为了使 X 轴的刻度值与实际的测量时间对应,加入一个起始位置"X0"及步长"DeltaX",并把这两个数与所测量数据数组打包,然后送入波形图。

设定 X0=0,DeltaX=2,此时,X 轴的刻度值为 X=X0+n×DeltaX,其中 n 为数据在数组中的序号。

注意:数据打包的顺序不能错,必须以 X0、DeltaX、数据组的顺序进行。

【例 5.27】设计一个程序,进行两组数据采集,但在相同的时间内,一组采集了 30 点的数据,另一组采集了 50 点的数据。用波形图显示测量结果。

LabVIEW 在构成一个二维的数组时,如果两组数据长度不一致,整个数组的存储长度将以较长的那组数据的长度为准,而数据较少的那组在所有的数据存储完后,余下的空间将被 0 填充。为了避免值为 0 的直线拖尾,程序设计中,先把两组数据数组打包,然后再组成显示时所需的一个二维数组。显示两组数据 VI 的前面板和程序框图如图 5.62 所示。

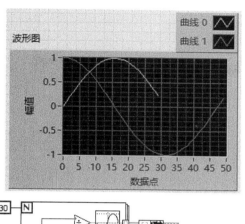

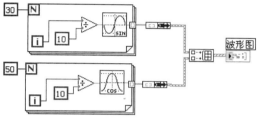

图 5.62　显示两组数据 VI 的前面板和程序框图

程序设计中,用 for 循环里放置一个正弦函数来模拟测量结果。第一组数据用一个 30 点的 for 循环模拟,第二组数据用一个 50 点的 for 循环模拟。两组数据分别打包后送入"创建数组"函数的两个输入端口,组成一个二维数组送波形图显示。

2. 波形图表

波形图表是显示一条或多条曲线的特殊数值显示控件,一般用于显示以恒定速率采集到的数据。波形图表的前面板如图 5.63 所示。

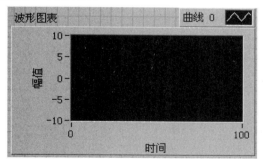

图 5.63　波形图表的前面板

波形图通常把显示的数据先收集到一个数组中,然后再把这组数据一次性送入波形图前面板对象中进行显示;而波形图表是把新的数据连续添加到已有数据的后面,波形是连续向前推进显示的,这种显示方法可以很清楚地观察到数据的变化过程。

波形图表一次可以接收一个点的数据,也可以接收一组数据。不过,这组数据与波形图的数据在概念上是不同的。波形图表的数据只不过是代表一条波形上的几个点,而波形图的数据代表的则是整条波形。

波形图表内置了一个显示缓冲区,用来保存一部分历史数据,并接收新数据。这个缓冲区的**数据存储按照先进先出的规则管理**,它决定了显示数据的最大长度。用鼠标右键单击波形图表,在弹出的快捷菜单中选择【图表历史长度】可配置缓冲区大小。波形图表的默认图表历史长度为1024个数据点。向图表传送数据的频率决定了图表重绘的频率。

波形图表适合用于实时测量中的参数监控,而波形图适合用在事后数据显示与分析。

【例5.28】用波形图表来实时显示现场温度值,当温度超过设定的临界值时,点亮报警指示灯。

温度值显示VI的程序框图和显示结果如图5.64所示。

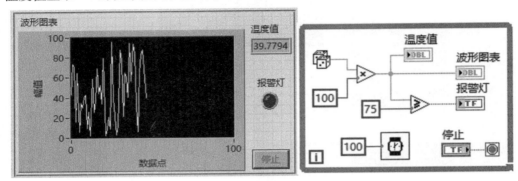

图5.64　温度值显示VI的程序框图和显示结果

程序设计中,利用"随机数(0-1)"函数的输出乘以100来模拟现场0~100℃的温度采集值,该温度采集值一方面送波形图表和数值显示控件显示,同时通过"大于等于?"函数与设定的临界值比较,当采集值大于或等于临界设定值时,点亮报警指示灯。

波形图表接收到数据后,从第0个数据开始显示。程序中,屏幕宽度与缓冲区的大小都使用了默认值,分别为100个点和1024个点。显示宽度可用文本编辑工具改变,但不能超过缓冲区大小。当显示的数据量超过100后,在接收到下一个数据时,波形将自动左移一位,而X轴的开始刻度为1,最后的刻度为101,坐标宽度保持100不变。

如果需向波形图表传送多条曲线的数据,可将这些数据打包为一个标量数值簇,其中每一个数值代表各条曲线上的单个数据点。

【例5.29】用波形图表显示两组测量结果的数据。

用波形图表同样可以同屏显示多个信号波形,其数据组织方法主要有以下两种。

(1)把每种测量的一个点捆绑在一起,然后把该数据包送到波形图表中显示。这是最简单,也是最常用的方法。利用这种方法,波形是通过单个点的平移刷新的。波形图表显示两路波形VI的前面板和程序框图如图5.65所示。

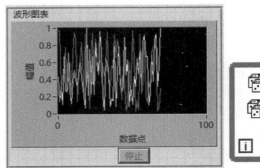
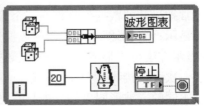

图5.65　波形图表显示两路波形VI的前面板和程序框图1

(2)先对单个点进行捆绑,但不是直接送去显示,然后将这些数据包再组成一个数组,最后送到波形图件中显示,如图 5.66 所示。在此例中,每 10 个点显示一次。

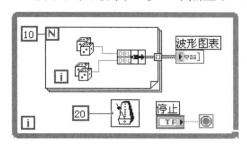

图 5.66　波形图表显示两路波形 VI 的程序框图 2

5.5.2　XY 图

波形图显示控件有一个特征,其 X 是测量点序号、时间间隔等,Y 是测量数据值。它并不合适描述 Y 值随 X 值变化的曲线,对于这种曲线,LabVIEW 专门设计了 XY 图,如图 5.67 所示。

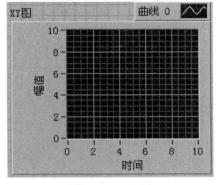

图 5.67　XY 图

XY 图是通用的笛卡儿绘图对象,用于绘制多值函数,如圆形或具有可变时基的波形。XY 图可显示任何均匀采样或非均匀采样的点的集合。

XY 图可显示包含任意个数据点的曲线。XY 图接收多种数据类型,从而将数据在显示为图形前进行类型转换的工作量减到最小。

与波形图相同,XY 图也是一次性完成波形显示刷新;不同的是,XY 图的输入数据类型是由两组数据打包构成的簇,簇的每一对数据都对应一个显示数据点的 X,Y 坐标。下面通过例子来介绍 XY 图的使用方法。

【例 5.30】应用 XY 图描绘同心圆。

描绘同心圆 VI 的前面板和程序框图如图 5.68 所示。

因为 XY 图的显示机制决定了它的输入必须是簇,所以程序设计中用"捆绑"函数将两个簇数组转换为簇,最后再用"创建数组"函数组成一个簇数组。一个周期的 $0\sim2\pi$ 之间数据的正弦值和余弦值,由函数选板的【数学】→【初等与特殊函数】→【三角函数】子选板中的"正弦"函数和"余弦"函数产生。

5.5.3　强度图和图表

强度图和图表通过在笛卡儿平面上放置颜色块的方式在二维图上显示三维数据。例如,强度图和图表可显示图形数据,如温度图和地形图(以量值代表高度)。强度图和图表接收三维数字数组。数组中的每个数字代表一个特定的颜色。在二维数组中,元素的索引可设置颜色在图形中的位置。强度图表操作的有关概念如图 5.69 所示。

数组索引与颜色块的左下角顶点对应。颜色块有一个单位面积,即由数组索引所定义的一个区间的面积。强度图或图表最多可显示 256 种不同颜色。

1. 强度图

强度图提供了一种在二维平面上表现三维数据的方法。一个典型的强度图如图 5.70 所示。

【例 5.31】强度图应用。

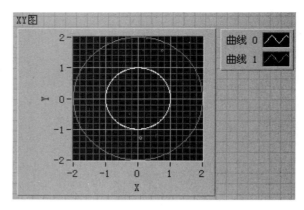

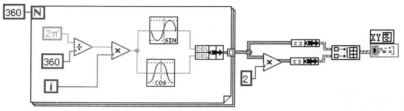

图 5.68 描绘同心圆 VI 的前面板和程序框图

	输入数组 列=y		
	0	1	2
0	50	50	13
行=x 1	45	61	10
2	6	13	5

数组元素=z	颜色
5	蓝
6	紫
10	浅红
13	深红
45	橙
50	黄
61	绿

结果曲线

深红	浅红	蓝
黄	绿	深红
黄	橙	紫

图 5.69 强度图表操作的有关概念

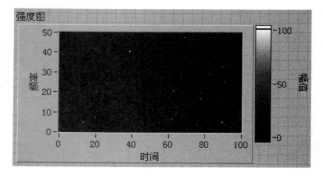

图 5.70 一个典型的强度图

在这个程序中,利用了数值型 3×4 二维数组(数据类型为"I8"即单字节整型),控制强度图显示控件的显示。在显示屏上共有 3 列,每列的高度为 4。强度图应用 VI 的程序框图及显示结果如图 5.71 所示。

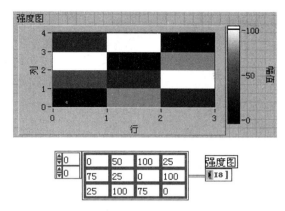

图 5.71　强度图应用 VI 的程序框图及显示结果

2. 强度图表

与强度图一样,强度图表也是用一个二维的显示结构来表达一个三维的数据类型,它们之间的主要区别在于图像刷新方式的不同,在强度图表上绘制一个数据块以后,笛卡儿平面的原点将移动到最后一个数据块的右边。图表处理新数据时,新数据出现在旧数据的右边。如果图表显示已满,则旧数据将从图表的左边界移出。而强度图并不保存先前的数据,也不接收更新模式。每次将新数据传送至强度图时,新数据将替换旧数据。

与波形图表一样,强度图表也有一个来源于此前更新而产生的历史数据,又称缓冲区。用鼠标右键单击强度图表,在弹出的快捷菜单中选择【图表历史长度…】,可配置缓冲区大小。强度图表缓冲区的默认大小为 128 个数据点。但结构与波形图表不一样,是一个二维的缓冲结构,而波形图表缓冲区结构是一维的。强度图表的显示需要占用大量的内存。

【例 5.32】强度图表应用。

强度图表应用 VI 前面板及程序框图如图 5.72 所示。

在这个程序中,先让"正弦"函数在循环的边框通道上形成一个一维数组,然后再形成一个列数为 1 的二维数组送到控件中去显示。因为二维数组是强度图表所必需的数据类型,所以,即使只有一行数据,这步工作也是必要的。此例中的强度图表一次只显示一列图像,其显示结果如图 5.72 所示(图中显示是从 0 列到 100 列的图像)。

强度图表的 Z 轴设置与 X、Y 轴的设置项目有些不同,因为它是以颜色来表示数据的,同时它还是一个坐标轴,所以,它除了有颜色设置项目外,还有通用坐标轴的设置项目。

5.5.4　数字波形图

数字波形图用于显示数字数据,尤其适于用到定时框图或逻辑分析器时使用。

数字波形图接收数字波形数据类型、数字数据类型和上述数据类型的数组作为输入。默认状态下,数字波形图将数据在绘图区域内显示为数字线和总线。通过自定义数字波形图,可以显示数字总线、数字线,以及数字总线和数字线的组合。如果连接的是一个数字数据的数组(每个数组元素代表一条总线),则数组中的一个元素便是数字波形图中的一条线,并以数组元素绘制到数字波形图的顺序排列。数字波形图的前面板如图 5.73 所示。

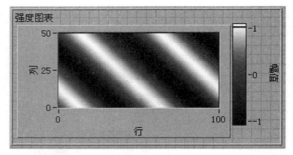
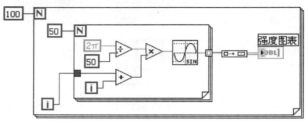

图 5.72 强度图表应用 VI 的前面板和程序框图

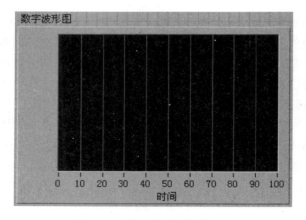

图 5.73 数字波形图的前面板

【例 5.33】数字波形图应用。

数字波形图应用 VI 的前面板和程序框图如图 5.74 所示。

程序设计中,利用了位于函数选板的【编程】→【波形】子选板中的"模数转换"函数将一组输入数字量转换为二进制数据,然后送入数字波形图和数字数据显示控件显示。

二进制表示法数字显示控件显示了这些数字的二进制表示,表中的每一列代表一个二进制位。例如,数字 128 的二进制显示为"0111 1111"。

5.5.5 三维图形

大量实际应用中的数据,例如某个表面的温度分布、联合时频分析、飞机的运动等,都需要在三维空间中可视化显示数据。三维图形可令三维数据可视化,修改三维图形属性可改变数据的显示方式。

LabVIEW 2015 的【经典图形】子选板中包含以下三维图形控件:

● ActiveX 三维曲面图,使用 ActiveX 技术,在三维空间绘制一个曲面;

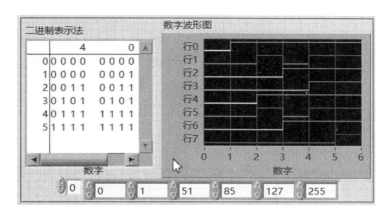

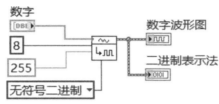

图 5.74 数字波形图应用 VI 的前面板和程序框图

- ActiveX 三维参数图,使用 ActiveX 技术,在三维空间绘制一个参数图;
- ActiveX 三维曲线图,使用 ActiveX 技术,在三维空间绘制一条曲线。

需要注意的是,ActiveX 三维图形控件仅在 Windows 平台上的 LabVIEW 完整版和专业版开发系统上可用。

对三维图形属性的设置可以直接在三维图形的快捷菜单上选择【CWGraph3D】→【特性(P)】,在弹出的对话框中进行图形、网格、坐标及光照等设置。下面通过 3 个示例来分别说明三维曲面图、三维参数图和三维曲线图的使用方法。

1. **三维曲面图**

三维曲面图用 X、Y 和 Z 数据绘制图形上的各点,再将这些点连接,形成数据的三维曲面。

【例 5.34】用三维曲面图显示曲面 $z=\sin\theta, \theta\in[0,2\pi]$,X、Y 坐标的步长为 $\pi/50$。

三维曲面图应用 VI 的前面板和程序框图如图 5.75 所示。使用两个 for 循环,计算曲面在每个网格节点的 Z 坐标,然后通过 for 循环边框的索引功能将 Z 坐标组成一个二维数组,送到三维曲面图显示。程序中,X 坐标数组和 Y 坐标数组是相同的。

2. **三维参数图**

【例 5.35】三维参数图应用。

三维参数图应用 VI 的前面板和程序框图如图 5.76 所示。

程序设计中,使用了两个嵌套的 for 循环结构,第一个是用 for 循环嵌套结构的自动索引累加功能产生一个变化范围介于 −12~12 之间的二维数组,二维数组的大小为 49×49,列间元素步长为 0.5。将产生的二维数组及其行列转置后的数组送给三维参数图的 X 矩阵和 Y 矩阵端口。二维数组的转置是通过【数组】子选板的"二维数组转置"函数来实现的。第二个是用 for 循环嵌套结构的自动索引取数功能将二维数组的元素提取出来进行计算。先将两个二维数组的元素取出来进行平方,然后相加开平方,结果用"Sinc"函数(位于【数学】→【初等与特殊函数】→【三角函数】子选板)来进行计算。算法实现的功能等价于 $z=\sin(\mathrm{sqrt}(x^2+y^2))/\mathrm{sqrt}(x^2+y^2)$。最后将累加得到的二维数组送给三维参数图的 Z 矩阵接线端。

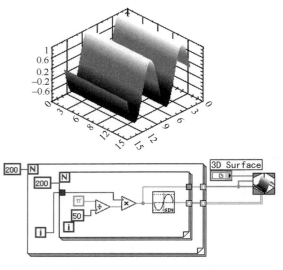

图 5.75 三维曲面图应用 VI 的前面板和程序框图

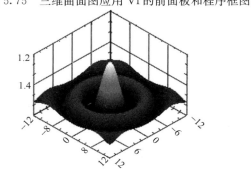

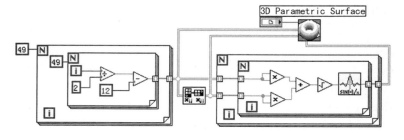

图 5.76 三维参数图应用 VI 的前面板和程序框图

3. 三维曲线图

三维曲线包含图形上的单个点，每个点均具有 X、Y 和 Z 坐标，VI 用线连接这些点。三维曲线可理想地显示运动对象的轨迹。

【例 5.36】使用三维曲线图绘制螺旋线。

要求绘制一条螺旋线，螺旋线的坐标由下面的公式给出：

$$\begin{cases} x = \cos\theta \\ y = \sin\theta \\ z = \theta \end{cases}$$

其中 $\theta \in [0, 6\pi]$，步长为 $\pi/50$。

绘制螺旋线 VI 的前面板和程序框图如图 5.77 所示。为了看起来更加直观，在三维曲线图的右键快捷菜单中选择【CWGraph3D】→【特性(P)】,通过对话框可改变三维曲线图的颜色、字体、格式等属性。

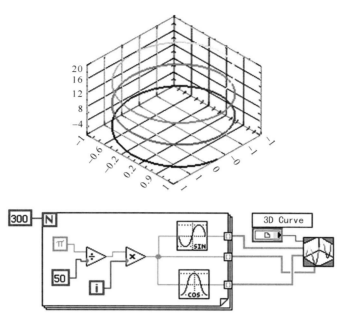

图 5.77　绘制螺旋线 VI 的前面板和程序框图

本 章 小 结

本章介绍了 LabVIEW 对各种结构的定义,字符串、数组和簇几种数据类型,局部变量和全局变量的创建,LabVIEW 可以读/写的几种文件格式,以及几种图形显示控件。辅助大量的实例对它们的用法和典型应用进行了详细的阐述,并给出了结构编程过程中需要注意的地方以及波形图和波形图表的用法与区别。

掌握 LabVIEW 的基本编程知识,合理的使用各种变量和程序结构,可编写出灵活、简洁的 LabVIEW 应用程序。

思考题和习题 5

1. 说明 for 循环和 while 循环的区别。
2. 数组和簇的区别是什么?
3. 简述局部变量和全局变量的区别。
4. LabVIEW 提供的常用文件类型主要有哪些?
5. 什么是数据记录文件?
6. 简述波形图与波形图表的区别。
7. 设计 VI,求 0~99 之间所有偶数的和。
8. 设计 VI,计算 $\sum_{x=1}^{n} x!$。
9. 设计 VI,使用 for 循环产生 100 个 0~1 之间的随机数,并同时判定当前随机数的最大值和最小值。
10. 设计 VI,在前面板上放置一个布尔按钮和一个字符串显示控件,要求当按钮按下时,显示"按钮被按下";当按钮松开时,显示"按钮被松开"。

11. 设计 VI,在前面板上放置 3 个 LED 灯,要求第 1 个 LED 灯点亮 3s 熄灭后,点亮第 2 个 LED 灯,保持 5s 熄灭后,同时点亮第 1 个 LED 灯和第 3 个 LED 灯,保持 5s 后,VI 停止运行。

12. 设计 VI,使用公式节点,完成下面公式的计算。

$$y1 = x^2 + x + 1$$
$$y2 = ax + b$$

13. 设计 VI,将两个字符串连接成为一个字符串。

14. 设计 VI,求一个一维数组中所有元素的和。

15. 创建一个 3 行 4 列的二维数组,并给数组元素赋值为:
    1,2,3,4
    5,6,7,8
    9,10,11,12

16. 从习题 15 创建的数组中索引第 2 行第 3 列元素,并将第 1 行元素替换为:0,2,4,6。

17. 设计 VI,建立一个簇,包含个人姓名、性别、年龄、民族、专业等信息,并使用"解除捆绑"函数,将簇中的各个元素分别取出。

18. 设计 VI,利用全局变量将一个 VI 产生的正弦波送另一个 VI 显示。

19. 设计 VI,将含有 10 个随机数的一维数组存储为电子表格文件。

20. 设计 VI,将三角波信号生成器产生的三角波数据存储为二进制文件。

21. 设计 VI,在波形图上用两种不同的颜色显示一条正弦曲线和一条余弦曲线,每条曲线长度为 128 点,其中正弦曲线的 $X_0=0, \Delta X=1$,余弦曲线的 $X_0=2, \Delta X=5$。

22. 设计 VI,用 XY 图显示一个半径为 5 的圆。

23. 设计 VI,用数字波形图显示数组各元素对应的二进制信号,数组为(0,7,14,21,9,35,13)。

24. 设计 VI,使用 for 循环生成一个 3 行 4 列的二维数组,数组元素由范围为 0~100 的随机数组成。要求在强度图中用不同的颜色表示数组元素的值所处的位置。

25. 设计 VI,使用三维参数图显示一个单位圆。

第6章 虚拟仪器的数据采集与信号处理

LabVIEW 作为一种图形化的虚拟仪器开发平台,在数据采集,信号的发生、分析与处理上有明显的优势。LabVIEW 提供了非常丰富的数据采集,信号发生、信号分析与处理函数。本章将主要介绍在 LabVIEW 中进行数据采集,信号的发生、分析和处理的方法和技巧。具体包括数据采集、信号产生、信号的时域分析、信号的频域分析、数字滤波器、曲线拟合。

6.1 数 据 采 集

虚拟仪器主要用于获取真实物理世界的数据,也就是说,虚拟仪器必须要有数据采集的功能。从这个角度来说,数据采集就是虚拟仪器设计的核心,使用虚拟仪器必须要掌握如何进行数据采集。

6.1.1 数据采集系统的含义

在科研、生产和日常生活中,模拟量(如温度、压力、流量、速度、位移等)的测量和控制是经常地。数据采集(Data Acquisition,DAQ),就是将被测对象的各种参量(物理量、化学量、生物量等)通过各种传感器作适当转换后,再经信号调理、采样、量化、编码、传输等步骤送到计算机进行数据处理或记录的过程。用于数据采集的成套设备称为数据采集系统(Data Acquisition System,DAS)。

数据采集系统的任务,就是通过传感器从被测对象获取有用信息,并将其输出信号转换为计算机能识别的数字信号,然后送入计算机进行相应的处理,得出所需的数据。同时,将计算机得到的数据进行显示、存储或打印,以便实现对某些物理量的监视,其中一部分数据还将被生产过程中的计算机控制系统用来进行某些物理量的控制。

数据采集系统性能的好坏,主要取决于它的精度和速度。在保证精度的条件下,应有尽可能高的采样速度,以满足实时采集、实时处理和实时控制对速度的要求。

现代数据采集系统具有以下主要特点。

① 现代数据采集系统一般都含有计算机系统,这使得数据采集的质量和效率等大为提高,同时显著节省了硬件投资。

② 软件在数据采集系统中的作用越来越大,增强了系统设计的灵活性。

③ 数据采集与数据处理相结合得日益紧密,形成了数据采集与处理相互融合的系统,可实现从数据采集、处理到控制的全部工作。

④ 速度快,数据采集过程一般都具有"实时"特性。对于通用数据采集系统一般希望有尽可能高的速度,以满足更多的应用环境。

⑤ 随着微电子技术的发展,电路集成度的提高,数据采集系统的体积越来越小,可靠性越来越高,甚至出现了单片数据采集系统。

⑥ 总线在数据采集系统中的应用越来越广泛,总线技术对数据采集系统结构的发展起着重要作用。

计算机技术的发展和普及提升了数据采集系统的水平。在生产过程中,应用数据采集系统可对生产现场的工艺参数进行采集、监视和记录,可提高产品的质量、降低成本;在科学研究中,应用数据采集系统可获得大量的动态信息,是研究瞬间物理过程的有力工具。总之,不论在哪个应用领域中,数据的采集与处理越及时,工作效率就越高,取得的经济效益就越大。

6.1.2 数据采集系统结构

数据采集系统随着新型传感器技术、微电子技术和计算机技术的发展而得到迅速发展。由于目前数据采集系统一般都使用计算机进行控制,因此数据采集系统又称作计算机数据采集系统。

数据采集系统的结构如图 6.1 所示。

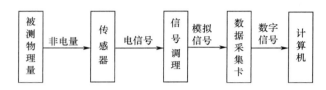

图 6.1 数据采集系统的结构

数据采集系统通常是由传感器、信号调理电路、多功能数据采集卡(通常集成有模拟多路开关、程控放大器、采样/保持器、定时器、A/D 转换器及 D/A 转换器)、计算机及外设等部分组成。其中,传感器是将被测量(通常为非电量)转换成电信号的信号转换元件,由于传感器所产生的电信号一般不可能直接输入 PC,必须进行调理才能被数据采集设备精确、可靠地采集。信号调理就是将传感器所输出的电信号进行放大、隔离、滤波等,以便数据采集卡实现数据的采集。一般而言,信号调理是基于 PC 的通用数据采集系统不可或缺的组成部分。

1. 传感器

传感器是指能感受规定的被测量并按照一定的规律转换成可用输出信号的器件或装置。传感器不但应该对被测量敏感,而且还具有将其对被测量的响应传送出去的功能。由于电信号最便于远程传输,所以绝大多数传感器的输出是电量的形式。这样,在实际应用中,除根据被测量的类别、性质、测量范围及测试现场环境等因素选择合适的传感器外,还要视传感器的独特电气特性设计独特的传感器调理电路。

2. 信号调理

无论何种传感器,都需要使用适当的信号调理装置来提高信号质量或改进其性能。信号调理的一般作用包括放大、滤波和隔离等。

(1) 放大

最常用的信号调理形式是放大,即将输入微弱的电信号放大至采集卡量程相当的程度,以获得尽可能高的分辨率。典型的信号调理电路如图 6.2 所示,在输入回路中串入的 500Ω 的精密采样电阻,可以把 4~20mA 的电信号转换成所需要的 1~5V 的电压信号。在实际应用中,电流型变送器的输出信号一般是 0~10mA DC 或 4~20mA DC 的标准电流信号;而电压型变送器的输出通常则是 0~5V DC、0~10V DC、-5~5V DC 或 -10~10V DC 的标准电压信号。由于电流信号对辐射干扰、长距离导线产生的电压降等不利因素具有较好的抑制能力,所以电流型变送器应用相对较多。信号调理电路首先应将输入的微弱电流信号通过一个精密电阻,转化为电压信号,再对该电压信号进行调理和数字化。另外,信号调理模块应尽可能靠近信号源、传感器或变送器,这样信号在受到环境噪声影响之前即被放大,使信噪比得到改善。

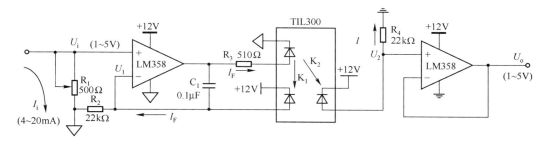

图 6.2 典型的信号调理电路

(2) 隔离

隔离是指使用变压器或光电耦合器等方法在测试系统和被测试系统之间传递信号,以避免直接的电或物理连接。因为被测量常有瞬变或冲激现象,而这足以损坏计算机和数据采集卡,将传感器信号同计算机隔离开来,使系统安全得到保证。另外,通过隔离可以确保数据采集卡的读数不致受到"地"电位或共模电压差异的影响。数据采集卡每次采集输入信号时,都是以"地"为基准的,如果两"地"之间存在电位差,就导致"地"环路的产生,从而造成所采集的信号不准确。如果这一电位差太大,则可能危机到数据采集系统的安全。利用隔离技术就可以消除"地"环路并保证准确地采集信号。一般而言,模拟信号的隔离较数字信号的隔离要困难得多,且商业化的模拟信号隔离放大器用法复杂,价格较高。在图 6.2 所给出的典型电路中,采用的是 TI 公司的精密线性光电耦合器 TIL300 来实现模拟信号的隔离功能,就是折中考虑精度要求和元件成本的结果。

(3) 滤波

滤波的目的就是从所要测量的信号中除去干扰信号。数据采集系统一般在工作现场环境中使用,工作现场可能存在各种干扰。由于内部和外部干扰的影响,在被测信号电压或电流上叠加着干扰信号,这种干扰信号通常为噪声。噪声对被测信号存在着严重的干扰,当被测信号很弱时,就会被干扰噪声"淹没"掉,导致较大的数据采集误差。因此,噪声是数据采集的主要障碍。为了能精确地采集数据,需要抑制和消除系统中的噪声。所以,在分析和设计数据采集系统时,必须考虑到可能存在的干扰对系统的影响,把干扰问题作为系统设计中的一个至关重要的内容,从硬件和软件上采用相应的措施以增强系统的抗干扰能力。

在实际应用中,几乎所有的数据采集系统都会不同程度地受到来自电源线的 50Hz 噪声干扰,因此大多数信号调理电路都包含低通滤波器,最大限度的剔除 50Hz 噪声。交流信号则往往需要使用抗混叠滤波器。抗混叠滤波器也是一种低通滤波器,然而它具有非常陡峭的截止频率,几乎可以将频率高于数据采集卡输入带宽的信号全部除去。

(4) 激励

信号调理电路还可以产生某些传感器所必需的激励信号,例如应变式传感器、热敏电阻和热电阻等都需要外接电压或电流激励信号。使用热电阻进行温度测量时通常是使用电流源将电阻的变化转换为可测量的电压,应变式传感器则一般用带有电压激励源的电桥作为测量电路。

(5) 线性化

另一种通用的信号调理功能是线性化。许多传感器如热敏电阻等,对于被测对象的变化具有非线性响应,需附加信号调理电路来纠正这一非线性误差。目前使用的方法是,基于计算机的数据采集系统可以利用驱动软件包来解决这一问题。这些软件含有适用于热电偶、应变片及热电阻等线性化例行程序供用户即调即用。

3. 数据采集卡

一个典型的数据采集卡的功能有模拟输入、模拟输出、数字I/O、计数/定时器等，这些功能分别由相应的单元电路来实现。

模拟输入是采集卡最基本的功能。它一般由多路开关(MUX)、放大器、采样/保持电路以及A/D转换器来实现，通过这些部分，一个模拟信号就可以转化为数字信号。A/D转换器的性能和参数直接影响着模拟输入的质量，要根据实际需要的精度来选择合适的A/D转换器。

模拟输出通常是为系统提供输出或控制信号。数模(D/A)转换器的建立时间、转换率、分辨率等因素都会影响模拟输出信号。建立时间和转换率决定了输出信号幅值改变的快慢。建立时间短、转换率高的D/A转换器可以提供一个较高频率的信号。如果用D/A转换器的输出信号去驱动一个加热器，就不需要使用速度很快的D/A转换器，因为加热器本身就不能很快地跟踪电压变化。应该根据实际需要选择D/A转换器的参数指标。

数字I/O通常用来控制过程、产生测试信号、与外设通信等。它的基本参数包括数字接口路数、收/发数据速率、驱动能力等。如果输出是驱动电机、灯、开关型加热器等用电器，就不必用较高的数据转换率。数字接口路数要同控制对象配合，而且需要的电流要小于采集卡所能提供的驱动电流。配上合适的数字信号驱动电路，可以用采集卡输出的低电流TTL电平信号去控制高电压、大电流的工业设备。数字I/O常见的应用是在计算机和外设如打印机、数据记录仪等之间传送数据。另外，一些数字口为了同步通信的需要还有"握手"线。路数、数据转换速率、"握手"能力都是重要参数，应依据具体的应用场合而选择有合适参数的数字I/O。

许多场合要用到计数器，如定时、产生方波等。计数器包括3个重要信号：门限信号、计数信号、输出。门限信号实际上是触发信号，即使计数器工作或不工作的信号；计数信号即信号源，它提供了计数器操作的时间基准；输出是在输出线上产生脉冲或方波。计数器最重要的参数是分辨率和时钟频率，高分辨率意味着计数器可以计更多的数，时钟频率决定了计数的快慢，频率越高，计数速度就越快。

6.1.3 数据采集卡的选用及产品介绍

所有能够在计算机控制下完成数据采集和控制任务的板卡产品都称为数据采集卡，它是虚拟仪器实现数据采集最基本的硬件。数据采集卡分为内插式卡和外挂式卡，内插式采集卡包括基于ISA，PCI，PXI/CPCI，PCMCIA等总线卡，特点是速度快，但插拔不方便；外挂式采集卡包括USB，IEEE1394，RS-232/RS-485和并口卡，特点是使用方便，但速度相对较慢。典型的内插式PCI采集卡和外挂式USB采集卡如图6.3所示。

(a) PCI总线接口数据采集卡

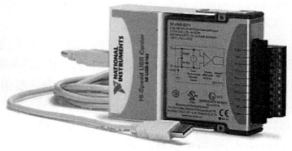
(b) USB总线数据采集卡

图6.3 数据采集卡的结构图

1. 数据采集卡的选用

在挑选数据采集卡时,用户主要考虑的是根据需求选取适当的总线形式,适当的采样速率,适当的模拟输入、模拟输出,适当的数字量输入、输出接口数等,做到既能满足工作要求,又能节省投资的目的。

选用数据采集卡的基本原则如下。

(1) 数据分辨率和精度

在组建测量仪器或系统时,对测量结果要有一个精度指标。这个精度是从整个系统考虑的,不仅涉及 A/D 变换的精度,还必须考虑到传感器、信号放大、采样/保持、多路开关、参考电压,以及计算机数据处理等各部分的误差,要根据实际情况确定对数据采集卡的精度要求。

另外,数据采集卡的分辨率往往高于其精度,分辨率等于一个量化单位,和 A/D 转换器的位数直接相关,而精度包含分辨率、零位误差、零漂等各种误差因素。一般 A/D 转换器的分辨率优于精度一个数量级或按二进制来说高出 2~4 位比较合适。

(2) 最高采样速率

数据采集卡的最高采样速率一般用最高采样频率来表示,它表示其单通道采样能使用的最高采样频率,这也就限制了该数据采集卡能够处理信号的最高频率(最高采样频率/2)。如果要进行多通道采样,则能够达到的采样频率是原最高采样频率除以通道数。

所以在选择这个指标时,首先要明确测试信号的最高频率及需要同时采样的通道数。

(3) 通道数

通道数指能够同时采样的通道数,根据测试任务选择。

(4) 数据总线接口类型

不同的总线接口类型的数据采集卡的接口硬件形式不一样,数据传递的规则和数据传递的速度也不一样,PCI 总线是台式机中目前最通用的总线;而笔记本电脑中通常使用 PCMCIA 总线;PXI 和 VXI 是比较新兴的高速传输总线。

(5) 是否有隔离

对于工作在强电磁干扰环境中的数据采集系统,选择具有隔离配置的数据采集卡,对于保证数据采集的可靠性是非常重要的。

(6) 支持的软件驱动程序及其软件平台

和数据采集卡的硬件接口类似,买来的数据采集板卡能在什么软件环境中使用,使用起来是否还需要自己编制驱动程序,这也是选择一款数据采集卡很重要的因素。选择数据采集卡的软件除了和现有的测试系统软件兼容以外,还应考虑其更广泛的兼容性和灵活性,以备在其他测试任务和系统中也能使用。

另外,数据采集卡的选择还有一些常用的指标,如输入电压的最大范围、输入增益的种类、是否有模拟输出、输入触发的类型等。

2. 数据采集卡产品介绍

目前,很多公司都推出了不同性能的数据采集卡产品。但考虑到在 LabVIEW 环境下实现数据采集最简单的方式就是直接利用 NI 公司生产的数据采集卡,因此,下面将以 NI 公司的数据采集卡为例介绍数据采集卡的基本特性。

美国 NI 公司作为虚拟仪器技术的开创者,在不断推出全球数据采集产品的同时,面向国内的广大用户设计出一系列高品质的通用数据采集卡,如 B 系列基本多功能 DAQ 卡、S 系列同步采样多功能 DAQ 卡、M 系列新一代多功能 DAQ 卡等。下面分别以内插式 PCI 采集卡——PCI-6251 和外挂式 USB 采集设备——myDAQ 为例,介绍 NI 数据采集卡的基本性能。

（1）NI PCI-6251 多功能采集卡

PCI-6251 是首款基于 PC 的 PCI Express 多功能高速数据采集卡，它将 PCI Express 总线技术和 NI 的 M 系列数据采集技术完美地结合在一起，提供了快速模拟和数字 I/O，以及先进的 PCI Express 每通道带宽。和其他 NI M 系列数据采集设备一样，全新的 NI PCI-6251 具备 NI-STC 2 系统控制器、NI-PGIA 2 放大器和 NI-MCal 校准技术，从而提高了性能和精度。高速 M 系列设备的板载 NI-PGIA 2 放大器专为高速扫描速率下的快速稳定时间而设计，它可确保即使以最快速度测量所有通道时也可达到 16 位精度。NI-STC 2 的定时和控制器 ASIC 能进行高速数字 I/O 和计数/定时器操作，为所有的 I/O 操作提供专门的 DMA 数据高速通路，并具有灵活的强大定时和触发功能。NI-MCal 技术通过在自校准中补偿非线性误差确保了对所有信号范围内模拟测量的精确性，将测量精度提高了 5 倍。采用 NI-MCal 技术，它能在所有输入范围内进行校准并弥补非线性特性。PCI-6251 数据采集卡如图 6.4 所示。

图 6.4　PCI-6251 数据采集卡

PCI-6251 数据采集卡的主要性能指标如下：

① 16 路模拟输入通道，16 位分辨率，单通道采样速率 1.25MS/s，多通道采样速率 1MS/s；

② 板载可编程放大器可以快速调节放大倍数来适应每个通道对输入范围的要求，可以提供 7 个可选输入电压范围（±10V，±5V，±2V，±1V，±0.5V，±0.2V，±0.1V），方便了信号的采样和调理，提高了实际分辨率和精度；

③ 2 路模拟输出通道，16 位分辨率，更新速率单通道 2.8MS/s，输出范围 ±5V，±10V；

④ 24 路数字 I/O 通道，各端子可通过编程独立配置为输入或输出，采样时钟频率 0～10MHz；

⑤ 2 个通用计数/定时器、32 位分辨率，内部基准时钟 8MHz、20MHz、0.1MHz，外部基准时钟频率 0～20MHz；

⑥ 6 个 DMA 通道可提高数据吞吐量；

⑦ 触发方式——模拟和数字触发；

⑧ 时间精确度为采样率的 0.005%，时间分辨率为 50ns，输出阻抗为 0.2Ω，过载保护电压 ±25V，过载电流 20mA。

PCI-6251 数据采集卡可选用 68 针高性能屏蔽电缆 SHC68-68-EPM 和 68 针屏蔽高性能接线端子 SCB-68，如图 6.5 所示。

(a) 68 针高性能屏蔽电缆 SHC68-68-EPM　　　　(b) 68 针屏蔽高性能接线端子 SCB-68

图 6.5　68 针屏蔽电缆与接线端子

PCI-6251 数据采集卡与选配的电缆和接线端子之间的连接如图 6.6 所示。

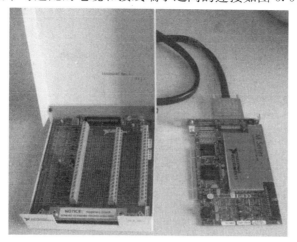

图 6.6　PCI-6251 数据采集卡与配合使用的电缆和接线端子的连接图

68 针插座头各引脚定义如图 6.7 所示。

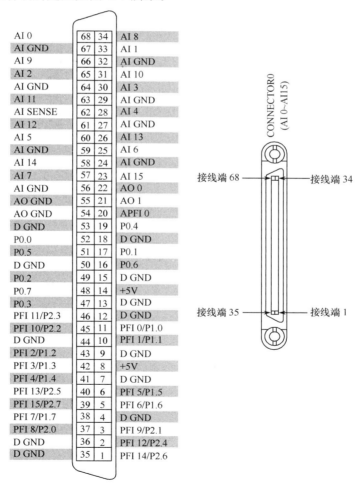

图 6.7　68 针插座头各引脚的定义

图 6.7 中,AI⟨0..15⟩为模拟信号输入接线端,当选择单端测量方式时,接线方式就是把信号源的正端接入 AI $n(n=0\sim15)$,信号源的负端接入 AI GND;当选择差分测量方式时,接线方式是把信号源的正端接入 AI $n(n=0\sim7)$,信号源的负端接入 AI $n+8$。例如,单端时,通道 0 的正负接入端分别是 AI 0 和 AI GND;差分时,通道 0 的正负接入端分别是 AI 0 和 AI 8。AO 0,AO 1 为模拟信号输出接线端。P0⟨0..7⟩,PFI⟨0..7⟩/P1,PFI⟨8..15⟩/P2 为 24 个数字信号输入/输出通道,可以通过软件设置每个数字通道为输入或者输出。

(2) NI myDAQ 数据采集设备

NI myDAQ 是低成本便携式的数据采集设备,具有体积小、可携带、完全由 USB 供电等特性。NI myDAQ 包括 200kS/s 和 16 位的两个模拟输入及输出,可实现采集音频信号等应用;8 个数字输入和输出线,能为简单的电路提供+5V、+15V 和-15V 的电源;60V 万用表,用于测量电压、电流和电阻。它基于业界领先的 NI DAQ 技术,可靠性非常高。NI myDAQ 数据采集设备如图 6.8 所示。

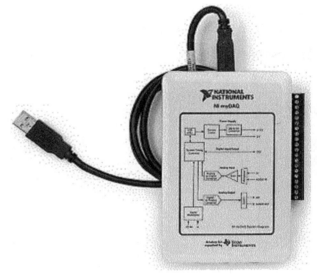

图 6.8 NI myDAQ 数据采集设备

NI myDAQ 的主要性能指标如下。

① 2 路模拟输入通道,16 位的分辨率,每通道最大采样速率可达 200kS/s,测量信号范围为 $\pm10V$。2 个模拟输入通道可配置为通用高阻抗差分电压输入或音频输入,模拟输入为多路复用。

② 2 个模拟输出通道,16 位的分辨率,每通道最大更新速率 200kS/s,生成信号范围为 $\pm10V$。两通道均带一个专用数模转换器(DAC)。

③ 8 个数字输入/输出(DIO)通道,每个通道可通过编程任意配置为输入或输出,逻辑电平 5V,兼容 LVTTL 输入,3.3V LVTTL 输出。

④ 1 个通用计数/定时器,分辨率 32 位,内部时基时钟 100MHz,最大计数和脉冲生成更新速率 1MS/s。使用计数/定时器时,默认路径为 CTR 0 SOURCE(连接源)经由 DIO 0,CTR 0 GATE(连接门)经由 DIO 1,CTR 0 AUX(辅助输入)经由 DIO 2,CTR 0 OUT(输出)经由 DIO 3,FREQ OUT(频率输出)经由 DIO 4。

⑤ 数字万用表(DMM),分辨率 3.5 位,可用于 DC 电压、AC 电压、DC 电流、AC 电流、电阻、二极管和连续性测量。DC 电压测量量程 200mV、2V、20V 和 60V;AC 电压测量量程

200mVrms、2Vrms 和 20Vrms；DC 电流测量量程 20mA、200mA 和 1A；AC 电流测量量程 20mArms、200mArms 和 1Arms；电阻测量量程 200Ω，2kΩ，20kΩ，200kΩ，2MΩ，20MΩ；二极管测量量程 2V。

NI myDAQ 可通过 3.5mm 音频插头和螺栓端子连接器连接音频、AI、AO、DIO、GND 和电源信号，其 20 针螺栓端子 I/O 连接器如图 6.9 所示。

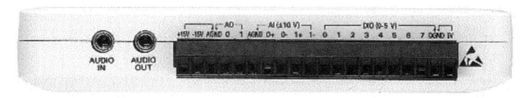

图 6.9 NI myDAQ 20 针螺栓端子 I/O 连接器

NI myDAQ 20 针螺栓端子信号说明如表 6.1 所示。

表 6.1 **NI myDAQ 20 针螺栓端子信号说明**

信号名称	参考	方向	说　明
AUDIO IN	—	输入	音频输入，立体声连接器的左声道和右声道音频输入
AUDIO OUT	—	输出	音频输出，立体声连接器的左声道和右声道音频输出
+15V/−15V	AGND	输出	+15V/−15V 电源
AGND	—	—	模拟地，AI、AO、+15V 和 −15V 的参考地
AO 0/AO 1	AGND	输出	模拟输出通道 0 和 1
AI 0+/AI 0− AI 1+/AI 1−	AGND	输入	模拟输入通道 0 和 1
DIO〈0..7〉	DGND	输入或输出	数字 I/O 信号，通用数字通道或计数器信号
DGND	—	—	数字地，DIO 数字通道和 +5V 电源的参考地
+5V	DGND	输出	5V 电源

此外，DIO〈0..4〉还可配置为计数/定时器功能。DIO 0、DIO 1 和 DIO 2 信号配置为计数器后，输入端可用于计数器、定时器、脉宽测量和正交编码应用。关于 DIO 接线端的相应计数/定时器信号分配如表 6.2 所示。

表 6.2 **NI myDAQ 计数/定时器信号分配**

NI myDAQ 信号	可编程函数接口(PFI)	计数/定时器信号	正交编码器信号
DIO 0	PFI 0	CTR 0 SOURCE	A
DIO 1	PFI 1	CTR 0 GATE	Z
DIO 2	PFI 2	CTR 0 AUX	B
DIO 3 *	PFI 3	CTR 0 OUT	
DIO 4	PFI 4	FREQ OUT	

* 脉宽调制(PWM)的脉冲序列由 DIO 3 生成。

NI myDAQ 上 DMM 的连接示意图如图 6.10 所示。

图 6.10 中，分为了电压、电阻、二极管和连续性测量连接端以及电流测量连接端。

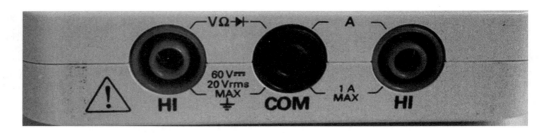

图 6.10　NI myDAQ 上 DMM 的连接示意图

6.1.4　数据采集卡的安装配置

在选购了 NI 公司的数据采集卡后，安装新的硬件设备前，首先要安装相应的驱动程序，以便 Windows 能检测到硬件产品。

硬件驱动程序是应用软件对硬件的编程接口，包含着特定硬件可以接受的操作命令，用于完成与硬件之间的数据传递。依靠硬件驱动程序可以大大简化 LabVIEW 编程工作，提高开发效率，降低开发成本。

NI 公司的数据采集产品可以和 NI LabVIEW 以及 NI-DAQmx 测量驱动服务软件无缝地结合，从而能提供更高的性能、更高的价值和更多的 I/O。

NI 公司硬件产品都附带 NI-DAQmx 驱动程序安装光盘，不同的 LabVIEW 版本对应的 NI-DAQmx 驱动程序版本不一样，必须对应选择安装。比如，NI LabVIEW 2015 可选择 NI-DAQmx 15.0 或 NI ELVISmx 15.0 驱动程序。NI 设备驱动程序安装界面如图 6.11 所示。

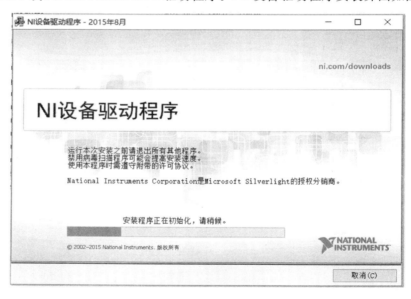

图 6.11　NI 设备驱动程序安装界面

按照安装提示即可完成驱动程序的安装。

安装好 NI 设备驱动程序软件后，就可进行硬件设备的安装，即拆开产品包装，安装设备、附件和线缆。

为了方便用户，NI 公司提供了一个专用的管理软件 Measurement & Automation Explorer（简称 MAX），即测试与自动化资源管理器，对所有 NI 公司产品相关硬件进行管理。MAX 功能比较丰富，可以浏览系统中的设备与仪器，并快速检测及配置硬件和软件，通过测试面板可验证和诊断硬件的运行情况等。MAX 是访问计算机中 NI 的各种软硬件资源的一个接口。在 LabVIEW 完全安装时,会自动安装 MAX,并在计算机桌面上自动创建一个 MAX 的图标。MAX 也可以和 NI 的驱动程序一起安装。

Measurement & Automation Explorer 运行的初始界面如图 6.12 所示。

图 6.12　Measurement & Automation Explorer 运行的初始界面

数据采集设备一旦安装在计算机中,在 MAX 的【设备和接口】的下级目录中就会显示出相应的采集设备型号。例如,系统安装的是 NI myDAQ,其目录如图 6.13 所示。

图 6.13　MAX 的目录

用鼠标右键单击 MAX 目录中的【设备和接口】→【NI myDAQ】,弹出如图 6.14 所示的快捷菜单,在该菜单中可以对 NI myDAQ 进行设置与测试。

例如,选择快捷菜单中的【测试面板】选项,可对 NI myDAQ 的通道进行测试,测试面板如图 6.15 所示。

在测试面板中,可选择模拟输入、模拟输出、数字 I/O、计数器 I/O 等测试项目。图 6.15 所示为选择模拟输入时的测试面板,当设置好各个测试参数后,单击【开始】按钮,即可显示测试结果。

图 6.14　快捷菜单

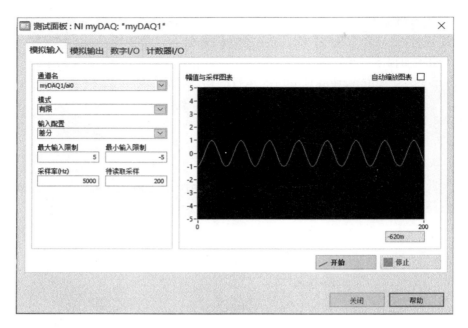

图 6.15　测试面板

6.1.5　基于 LabVIEW 的数据采集过程

基于 LabVIEW 开发的虚拟仪器主要用于获取真实物理世界的数据，也就是说，必须要有数据采集的功能，从这个角度来说，数据采集在 LabVIEW 的程序设计中占有重要的地位。基于 LabVIEW 的数据采集过程如图 6.16 所示。

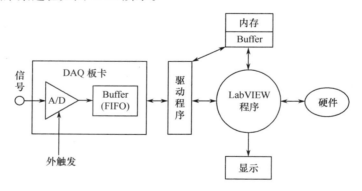

图 6.16　基于 LabVIEW 的数据采集过程

计算机通过 LabVIEW 中的数据采集函数对数据采集卡中的采集控制电路进行控制，数据采集卡和计算机之间通过计算机总线实现交换数据和传递控制信息。在数据采集之前，程序要对采集板卡初始化，板卡上和内存中的 Buffer 是数据采集存储的中间环节。

数据采集常用术语如下。

(1) 通道

在 LabVIEW 的数据采集系统中，通道分为物理通道(Physical Channel)和虚拟通道(Virtual Channel)两种。物理通道是测试或产生模拟或数字信号实际进出计算机的路径，是一个端子或引脚。每个信号各自走一个独立的通道，每个通道有一个编号。虚拟通道是一系列设置的集合，包括通道名、对应的物理通道、信号连接方式、测试类型和比例信息等。

(2) 任务

任务是指定时、触发和其他属性的一个或多个虚拟通道的集合。

(3) 定时和触发

定时用时钟信号(也称为时基信号)实现,它和触发最大的区别是时钟信号一般不产生任何行为,但当时钟信号用作采样信号时,每个时钟信号边沿都会进行一次采样,这样就会产生一个行为。触发有3种方式:数字边沿触发、模拟窗口触发和模拟边沿触发。

(4) 缓存

缓存通常指计算机为某个特殊目的而开辟的临时数据存取空间。例如,当需要采集很多数据时,就可以先把采集来的数据放进缓存区,稍后再进行分析。

(5) 采样率

采样率(Sample Rate)是指每秒从各通道采样数据的次数。它等于单个通道的采样率。

(6) 采样数

采样数(Number of Samples)指数据采集函数被调用一次,从一个通道采集的数据点数。

(7) 扫描

扫描(Scan)指对数据采集中所有通道的一次采集或读数。

6.1.6 基于 LabVIEW 的数据采集 VI 设计

数据采集是虚拟仪器获取信息的必不可少的基本功能,DAQmx 软件是 LabVIEW 的核心,使用 LabVIEW,必须要掌握如何使用 DAQmx。

LabVIEW 2015 中,DAQmx 函数位于函数选板的【测量 I/O】→【DAQmx-数据采集】子选板中。常用的 DAQmx 函数有:

- DAQmx Create Virtual Channel.vi:创建虚拟数据采集通道。
- DAQmx Timing.vi:为数据采集配置采集速率和创建缓冲器。
- DAQmx Trigger.vi:为数据采集任务配置触发源,触发数据采集。
- DAQmx Start Task.vi:开始数据采集或者产生即将输出的数据。
- DAQmx Write.vi:向指定的虚拟通道或者任务写入数据。
- DAQmx Read.vi:从指定的虚拟通道或者任务读取数据。
- DAQmx Wait Until Done.vi:等待数据采集完成。
- DAQmx Stop Task.vi:停止数据采集或者停止产生数据的输出。
- DAQmx Clear Task.vi:清除数据采集任务。
- DAQ 助手:是用于配置通道、任务和换算的图形化界面。

下面举例说明 LabVIEW 2015 数据采集 VI 的设计方法。

1. 基于 DAQ 助手的数据采集

DAQ 助手是 LabVIEW 中一个重要工具,它是一个设置测试任务、通道与缩放的图形接口。在 MAX 和 LabVIEW 中都可以通过多种途径启动 DAQ 助手。

选择 DAQ 助手后,系统将自动打开一个新的界面,即 DAQ 助手任务配置界面,如图 6.17 所示。

在 DAQ 助手任务配置界面上,有【采集信号】和【生成信号】两个选项。当选择【采集信号】时,可创建一个采集信号任务;当选择【生成信号】时,可创建一个产生信号任务。

对于【采集信号】选项,可进一步选择模拟输入、计数器输入、数字输入、TEDS 选项。下面通过例子来说明基于 DAQ 助手的数据采集实现方法。

【例 6.1】利用 DAQ 助手实现单通道模拟电压的数据采集。

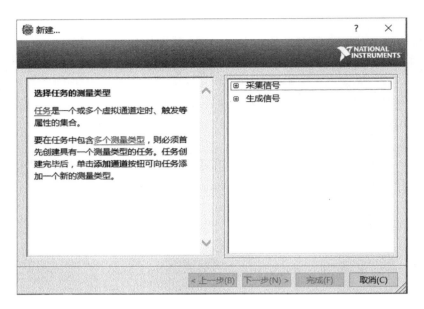

图 6.17 DAQ 助手任务配置界面

利用 DAQ 助手配置模拟电压数据采集任务的过程如下：

首先，从 LabVIEW 2015 函数选板的【测量 I/O】→【DAQmx-数据采集】子选板中选择 "DAQ 助手"函数，放置在程序框图的适当位置，在弹出的 DAQ 助手任务配置界面中，选择【采集信号】→【模拟输入】→【电压】，弹出如图 6.18 所示的物理通道选择界面。

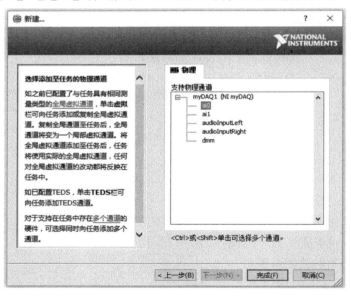

图 6.18 物理通道选择界面

图 6.18 中显示了已安装的物理设备的所有物理通道，在图中选择要进行数据采集的物理通道，单击【完成】按钮，将打开 DAQ 助手的参数设置界面，如图 6.19 所示。

在 DAQ 助手的参数设置界面中，对输入范围、信号连接方式、采样点数、采样率、时钟等进行设置，单击【确定】按钮可保存创建的任务。

在 LabVIEW 2015 中，完成任务配置并创建图形显示控件后的 DAQ 助手如图 6.20 所示，

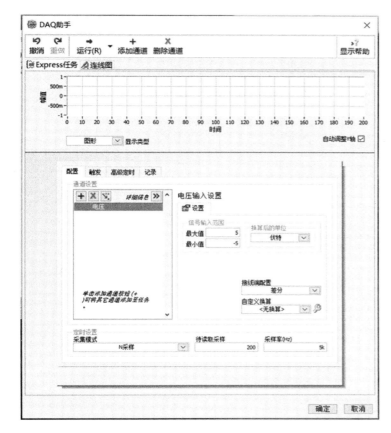

图 6.19　DAQ 助手的参数设置界面

图 6.20　完成任务
配置的 DAQ 助手

它在执行数据采集任务即可返回采集数据,并显示测试结果。

使用 DAQ 助手进行数据采集简单方便,能满足一般的数据采集任务。但 DAQ 助手提供的灵活性有时无法满足某些数据采集的应用,这些应用可能需要简单但功能强大的 DAQmx 函数。

2. 基于 DAQmx 函数的数据采集

(1) 模拟信号的采集

【例 6.2】利用 DAQmx 函数实现单通道有限数据点数据采集。

利用 DAQmx 函数所实现的单通道有限数据点数据采集 VI 如图 6.21 所示。

程序设计中,"DAQmx Create Virtual Channel.vi"用来创建一个模拟输入的物理通道,其接线端物理通道(physical channels)可用于选择数据采集的物理通道;最大值(maximum value)指定需测量的最大值单位;最小值(minimum value)指定要测量的最小值单位;输入接线端配置(input terminal configuration)可选择参考单端模式(RSE)、非参考单端模式(NRSE)、差分模式、伪差分模式。"DAQmx Timing.vi"用来设置采样时钟的源、频率,以及采集或生成的采样数量,其接线端速率(rate)指定采样速率,以单通道每秒采样为单位;采样模式(sample mode)指定任务是连续采集或生成有限数量的采样;每通道采样(samples per channel)指定采样模式为有限采样时,每个通道要获取或生成的采样数,如采样模式是连续采样,NI-DAQmx 将使用该值确定缓冲区大小。"DAQmx Start Task.vi"使任务处于运行状态。"DAQmx Read.vi"用来读取用户指定任务或虚拟通道中的采样数据,设置为模拟单通道多采样、数据返回波形。"DAQmx Clear Task.vi"用来清除任务,在清除之前,VI 将停止任务,并在必要情况下释放任务保留的资源。

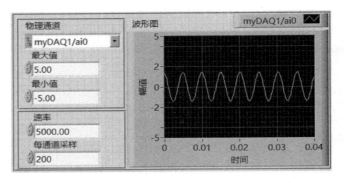

(a) 前面板

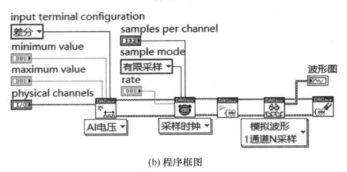

(b) 程序框图

图 6.21 单通道有限数据点数据采集 VI

例如,当选择 myDAQ 数据采集设备的 AI 0 作为模拟输入通道,指定输入接线端配置为差分,采样速率为 5kHz,每通道采样为 200,采样模式为有限采样时,运行该程序,则采集结果如图 6.21(a)所示。

【例 6.3】利用 DAQmx 函数实现单通道连续数据采集。

利用 DAQmx 函数所实现的单通道连续数据采集 VI 的程序框图如图 6.22 所示。

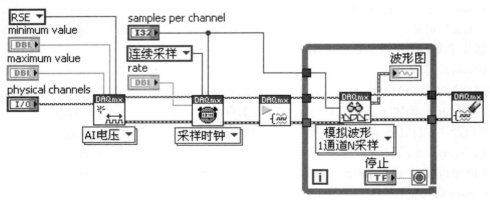

图 6.22 单通道连续数据采集 VI 的程序框图

连续数据采集与采集有限数据点不同的是要将"DAQmx Timing.vi"的采样模式设置为连续采样,"DAQmx Read.vi"放置在一个 while 循环中,并将"DAQmx Read.vi"的每通道采样数与"DAQmx Timing.vi"的 number per samples 设为相同,即每次从缓冲区读取每通道采样点数的采集数据。

【例 6.4】利用 DAQmx 函数实现多通道循环数据采集。

利用DAQmx函数所构成的多通道循环数据采集VI的程序框图如图6.23(b)所示。

程序框图中,利用了for循环构成多通道采集任务,并通过前面板设置需要循环采集的通道数,也就是for循环的次数。

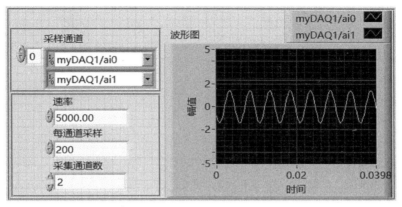

(a) 前面板

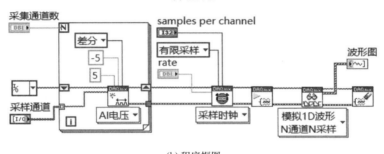

(b) 程序框图

图6.23 多通道循环数据采集VI

例如,当在myDAQ数据采集设备的AI 0通道输入正弦波,AI 1通道输入2.5V的直流信号,置采集通道数为2时,运行该程序,其采集结果如图6.23(a)所示。

(2) 离散信号的采集

【例6.5】利用DAQmx函数实现事件计数。

计数就是计算出计数器时钟输入端的输入信号上升或下降出现的次数。利用这一功能可以检测生产线上的产品数量。

事件计数VI的前面板和程序框图如图6.24所示。

程序设计中,使用"DAQmx Create Virtual Channel.vi"创建计算数字信号上升沿/下降沿数目的通道,初始计数是开始计数的值,计数方向指定是否在计数器的边沿增加或减少计数值,边沿指定在输入信号的上升/下降沿增加/减少计数。"DAQmx Start Task.vi"使任务处于运行状态,开始事件计数。将"DAQmx Read.vi"放置在一个while循环中,循环读取计数器的计数值。"DAQmx Stop Task.vi"在程序出错或按下停止按钮时停止与清除任务。

例如,选择myDAQ数据采集设备的CTR 0计数器,将事件信号接入CTR 0的时钟输入端。运行该程序,就可以对事件信号进行计数了。

(3) 数字信号的采集

【例6.6】利用DAQmx函数实现数字信号的输入。

数字输入和输出是计算机技术的基础。数字输入/输出接口通常用于与外部设备的通信和

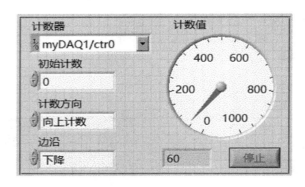

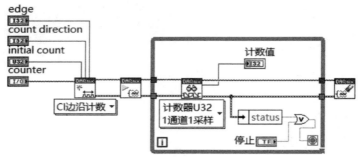

图 6.24 事件计数 VI 的前面板和程序框图

产生某些测试信号。例如，在过程控制中与受控控件传递状态信息、测试系统报警等。数字输入/输出接口处理的是二进制的开关信息，通常用高、低电平表示（程序中的值为 True、False）。

数字信号输入 VI 的前面板和程序框图如图 6.25 所示。

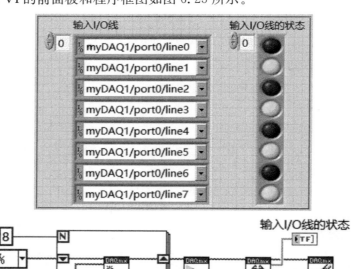

图 6.25 数字信号输入 VI 的前面板和程序框图

程序设计中，用"DAQmx Create Virtual Channel.vi"创建数字输入任务，利用 for 循环构成多通道数字量输入，将"DAQmx Read.vi"指定为读多个通道的布尔量。

• 150 •

例如,选择 myDAQ 数据采集设备 DIO〈0..7〉为数字信号输入线,将受控设备的 8 个开关量输出端分别连接到 DIO〈0..7〉端,运行该程序,就可对输入的开关量状态进行指示了(高电平 LED 亮,低电平 LED 灭)。

6.2 信 号 产 生

信号产生是仪器系统的重要组成部分,要评价任意一个网络或系统的特性,必须外加一定的测试信号,其性能方能显示出来。最常用的测试信号有正弦波、三角波、方波、锯齿波、噪声波及多频波(由不同频率的正弦波叠加而形成的波形)等。

在 LabVIEW 中用信号发生器产生一个信号实际上相当于通过软件实现了一个信号发生器的功能。在 LabVIEW 中利用信号发生器产生的信号可以进行测试系统模型的分析或进行信号处理方法的研究,也可以将仿真信号通过 D/A 转换硬件输出,驱动实际执行机构动作。

6.2.1 数字信号的产生与数字化频率的概念

下面以正弦波信号为例,说明数字信号产生方法并建立有关数字频率的概念。

已知正弦波函数的连续表达式为

$$u(t)=A\sin(\omega t+\theta_0) \tag{6.1}$$

式中,θ_0 是初相位,$\omega=2\pi f=2\pi/T$ 是角频率,A 是幅值。

按等间隔 ΔT 在信号的一个周期 T 内进行 n 次取样,得到 n 个离散序列值 $u(i)(i=0,1,\cdots,n-1)$。设 $n=10$,离散序列值 $u(i)$ 与离散时间 $t=i\Delta T$ 的关系,如图 6.26 所示。

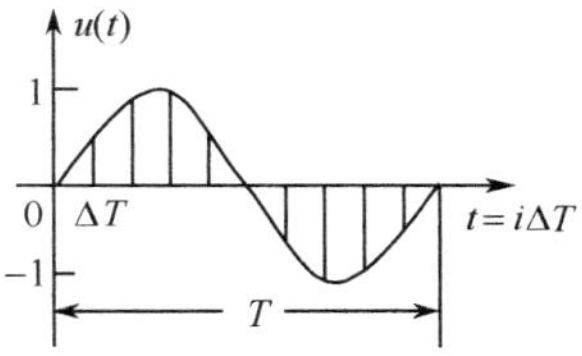

图 6.26 中,ΔT 为采样间隔,T 为信号周期,设一个周期内的采样点数为 n,则

$$T=n\Delta T$$

设采样间隔的倒数为采样频率 f_s(f_s 表示每秒采样点数,单位为 Hz),则

$$f_s=1/\Delta T$$

图 6.26 $u(t)$ 与 $i\Delta T$ 的关系曲线

于是,得到表示信号频率 f_x、采样间隔 ΔT、采样频率 f_s 三者之间的关系为

$$f_x=1/T=1/(n\Delta T)=f_s/n \tag{6.2}$$

当时间 t 取离散值时,将 $t=i\Delta T$ 与 $T=n\Delta T$ 代入式(6.1),则

$$u(i\Delta T)=A\sin(2\pi i/n+\theta_0)$$

式中,i 为离散时间序号。

将 2π 弧度用 $360°$ 表示,并省略 ΔT,则

$$u(i)=A\sin(360°\times i/n+\theta_0) \tag{6.3}$$

式中,$n=f_s/f_x$,设

$$f=f_x/f_s=1/n$$

则 $u(i)$ 又可表示为

$$u(i)=A\sin(360°\times f\times i+\theta_0) \tag{6.4}$$

式中,f 称为数字化频率,即

$$数字频率=信号频率/采样频率 \tag{6.5}$$

在模拟系统中,信号频率 f_x 定义为单位时间内周期现象重复的次数,单位为 Hz(周期数/每秒),而在数字系统中经常使用数字化频率,数字频率定义为信号频率 f_x 与采样频率 f_s 的比值,单位为周期/点数,即为一个信号周期内采样点数 n 的倒数($1/n$)。

6.2.2 信号生成

LabVIEW 已经将各种常用的信号函数制作成可以产生正弦波形、三角波形、随机噪声波形等各种仿真信号波形的功能模块,供使用者调用。这些功能模块都是用来产生指定波形的一维数组。在 LabVIEW 2015 中,【信号生成】子选板位于函数选板的【信号处理】子选板中,如图 6.27 所示。

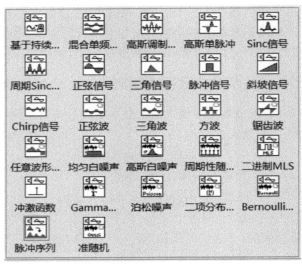

图 6.27 【信号生成】子选板

在【信号生成】子选板中的某些函数需要使用数字化频率(也称标准频率)控制,因此在使用这些节点时,必须确定采样频率,才能将模拟信号频率转换为数字化频率。根据采样定理,在一个信号周期至少要取两个样点,以及采样频率必须大于等于 2 倍的最高信号频率。需要使用数字化频率控制的函数包括:正弦波、三角波、方波、锯齿波、任意波形发生器等。

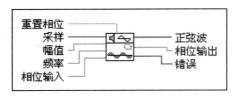

图 6.28 Sine Wave.vi 的图标及端口

1. 正弦波生成

LabVIEW 2015 提供的正弦波生成 VI(Sine Wave.vi)的图标及端口,如图 6.28 所示。

各端口含义如下。

(1) 输入参数

重置相位:确定正弦波的初始相位。默认值为 True。如果重置相位的值为 True,LabVIEW 可设置初始相位为相位输入。如果重置相位的值为 False,LabVIEW 可设置正弦波的初始相位为上一次 VI 执行时相位输出的值。

采样:是正弦波的采样点数。默认值为 128。

幅值:是正弦波的幅值。默认值为 1.0。

频率:是正弦波的数字化频率,单位为周期/采样的归一化单位。默认值为 1 周期/128 采样。

相位输入:是重置相位的值为 True 时正弦波的初始相位,以度为单位。

(2) 输出参数

正弦波:是输出的正弦波序列值。

相位输出:是正弦波下一个采样的相位,以度为单位。

错误:返回 VI 的任意错误或警告。

(3)正弦波函数的等效数学运算式

正弦波函数的等效数学运算式如下

$$\text{Sine Wave}[i]=\text{amplitude}\times\sin(360\times f\times i+\text{phase0})$$

式中,i 是离散时间序列序号,i=0,1,2,…,samples-1,amplitude 是生成正弦波的幅值,f 是生成正弦波的数字化频率,Phase0=phase in(当 reset phase=True 时)或 Phase0=phase out(当 reset phase=False 时)。

【例 6.7】利用 Sine Wave.vi 产生正弦波。

产生正弦波 VI 的前面板和程序框图如图 6.29 所示。信号频率、信号幅度、初始相位、采样频率、采样点数等参数由前面板上的输入控件设置。

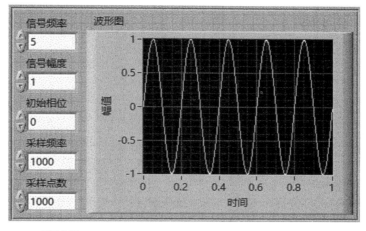

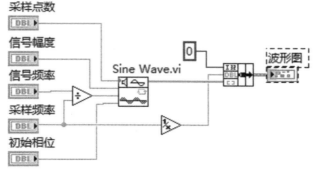

图 6.29　产生正弦波 VI 的前面板和程序框图

程序设计中,利用信号频率除以采样频率转化成数字化频率,再连接至 Sine Wave.vi 的频率接线端,以实现输出波形的频率控制。

若将信号频率设置为 5Hz,信号幅度设置为 1,采样频率设置为 1000Hz,采样点数设置为 1000,初始相位为 0,VI 的运行结果如图 6.29 中的前面板所示。

2. 函数发生器

【例 6.8】创建一个可以产生正弦波、三角波、方波和锯齿波的函数发生器。

函数发生器 VI 的前面板和程序框图如图 6.30 所示。

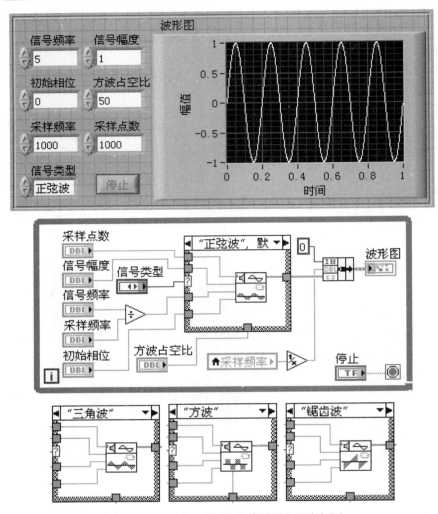

图 6.30　函数发生器 VI 的前面板和程序框图

程序设计中,利用条件结构的 4 个分支分别生成 4 种信号。这 4 种信号的生成分别由 Sine wave.vi、Triangle wave.vi、Square wave.vi、Sawtooth wave.vi 完成。生成信号所需的参数,包括信号类型、信号频率、信号幅度、初始相位、采样频率、采样点数及方波占空比等,由前面板输入控件设定。程序框图中还为采样频率输入控件创建了一个局部变量,通过局部变量可以从前面板取出采样频率值,求倒数得到采样间隔 ΔT,再与初始值 t_0 和波形数组打包后送波形图显示控件显示。

需要注意的是,在前面板设计中,信号类型选择选用的是"枚举"控件。"枚举"控件可在 LabVIEW 2015 控件选板的【新式】→【下拉列表与枚举】子选板中选取。"枚举"控件选择项内容的编辑方法是:用鼠标右键单击"枚举"控件,在弹出的快捷菜单中选择【编辑项】,将弹出如图 6.31 所示的"枚举"控件项目编辑对话框。在对话框中输入信号类型,完成编辑后单击【确定】按钮即可。

6.2.3　波形生成

前面介绍的信号生成函数仅产生指定波形图形的一组采样数据。LabVIEW 在函数选板的

图 6.31 "枚举"控件项目编辑对话框

【信号处理】子选板及【编程】→【波形】→【模拟波形】子选板下还提供了【波形生成】子选板,如图 6.32 所示。该选板能够产生正弦波形、方波波形、三角波形、锯齿波形、均匀白噪声波形、高斯白噪声波形、周期随机噪声波形等多种常用波形。

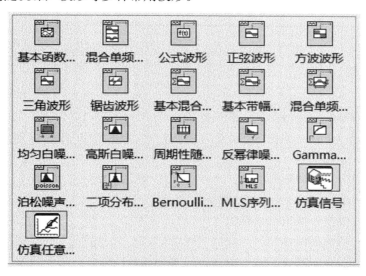

图 6.32 【波形生成】子选板

1. 波形生成函数的特点

在【波形生成】子选板中的所有函数不仅输出包含指定波形图形的数字型数组,而且包含时间参数,这种数据类型在 LabVIEW 中称为波形数据。波形数据以簇的形式给出,如图 6.33 所示,包含起始时间 t_0、采样时间间隔 dt 和一个由采样数据构成的数组。

对于一般的数组,可以通过"创建波形"函数将其转化为波形数据,"创建波形"函数图标如图 6.34 所示。该函数既可构成一个新的波形数据,也可以对已有的波形数据中任意元素进行编辑。

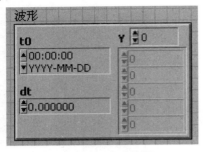

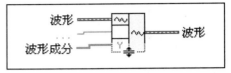

图 6.33　波形数据　　　　　　　　图 6.34　"创建波形"函数图标

2. 波形生成函数的应用举例

【例 6.9】使用基本函数发生器创建函数发生器。

基本函数发生器(Basic Function Generator.vi)可产生 4 种基本信号波形:正弦波、三角波、方波、锯齿波。Basic Function Generator.vi 的图标及端口如图 6.35 所示。

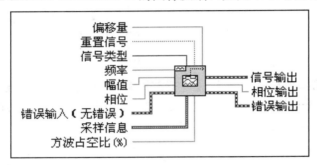

图 6.35　Basic Function Generator.vi 的图标及端口

各端口含义如下。

(1) 输入参数

偏移量:指定信号的直流偏移量。默认值为 0.0。

重置信号:若值为 True,相位可重置为相位控件的值,时间标识可重置为 0。默认值为 False。

信号类型:是要生成的波形的类型。有 4 种选择(默认值为正弦波)。

频率:是波形频率,以赫兹为单位。默认值为 10。

幅度:是波形的幅值。幅值也是峰值电压,默认值为 1.0。

相位:是波形的初始相位,以度为单位。默认值为 0。如重置信号为 False,则 VI 忽略相位。

采样信息:包含采样信息,簇类型,包含采样频率和采样点数两个子数据项。

方波占空比:是方波在一个周期内高电平所占时间的百分比。仅当信号类型是方波时,VI 使用该参数。默认值为 50。

(2) 输出参数

信号输出:是生成的波形。数据类型为簇,包含指定信号的一维波形数值及起始时间 t_0 和采样时间间隔 dt,其中 dt 取决于采样频率。

相位输出:是波形的相位,以度为单位。

函数发生器 VI 的前面板如图 6.36 所示。生成波形的参数如信号频率、信号幅度、初始相位和方波占空比由前面板输入控件设定,信号类型由文本下拉列表控件(位于【新式】→【下拉列表与枚举】子选板)选择。采样频率与采样点数由捆绑函数组合成簇作为采样信息。

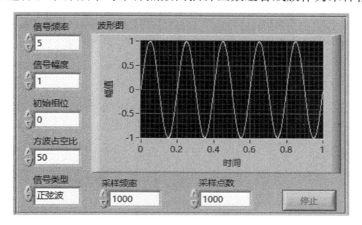

图 6.36 函数发生器 VI 的前面板

函数发生器 VI 的程序框图如图 6.37 所示。

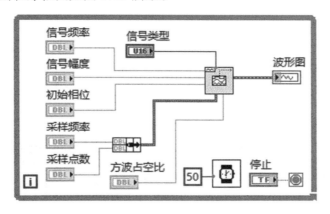

图 6.37 函数发生器 VI 的程序框图

设定信号频率为 5Hz、信号幅度为 1、采样频率为 1000Hz、采样点数为 1000,选择生成正弦波,VI 运行结果如图 6.36 所示。改变信号类型,可分别生成三角波、方波、锯齿波等波形。

【例 6.10】多频信号发生器。

多频信号是指由多个离散频率的正弦波组成的集合,其模拟信号数学表达式为

$$X(t) = \sum_{h_i} A_i \sin(h_i \omega_i t + \theta_i)$$

式中,A_i 是第 i 个正弦波的幅值,ω_i 是基频角频率,h_i 是第 i 个正弦波的角频倍数(正整数),θ_i 是第 i 个正弦波的初始相位。

在实际仪器的测量过程中,采样得到的信号可能是多频信号,因此在检验仪器功能时需要用合成信号仿真,以便尽量使之与真实测量环境信号保持一致。

LabVIEW 2015 在波形产生模板中提供了 3 种多频信号发生器,本例利用 Multitor Generator.vi 产生多频信号。Multitor Generator.vi 的图标及端口如图 6.38 所示。

主要端口含义如下。

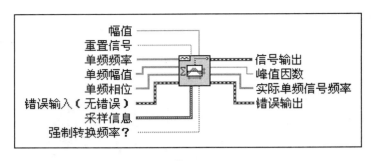

图 6.38 Multitor Generator.vi 的图标及端口

(1) 输入参数

幅值：是所有单频的缩放标准，即波形的最大绝对值。默认值为 -1。输出波形至模拟输出通道时，可使用幅值。若硬件可输出的最大值为 5V，可设置幅值为 5；若幅值为 0，则不进行缩放。

单频频率、单频幅值、单频相位：3 个输入参数均为数组，其数组大小必须匹配。各数组中的元素决定了合成信号中所包含的各个分量的频率、幅值和初始相位。

采样信息：簇类型，包含采样频率和采样点数两个子数据项。

(2) 输出参数

信号输出：多频波形数据输出端。

峰值因数：是信号输出的峰值电压和均方根电压的比。

多频信号发生器 VI 的前面板和程序框图如图 6.39 所示。前面板上，分别用 3 个一维数组输入控件设置各个分量的频率、幅值、初始相位。图中共设置了 3 个分量，频率值分别为 10Hz，50Hz 和 100Hz，幅值分别为 1.5V、2.5V 和 2.0V；初始相位值分别为 0°、30°、70°。为了证明产

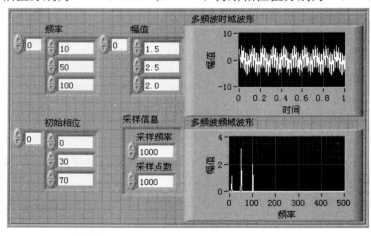

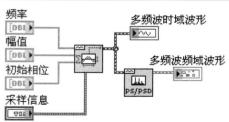

图 6.39 多频信号发生器 VI 的前面板和程序框图

· 158 ·

生的波形是多频波,在程序设计中,利用了 FFT 功率谱和 PSD 函数(FFT Power Spectrum and PSD.vi)对产生的多频波计算平均自功率谱(FFT Power Spectrum and PSD.vi 位于【信号处理】→【波形测量】子选板),计算结果送波形图上显示,从图中可观察波形的频谱分布。

【例 6.11】信号合成。

若所需的信号较为复杂,则可将多种波形产生器所生成的波形进行合成来实现。本例以多频波生成和均匀白噪声波形生成为基础,实现两种波形合成。

信号合成 VI 的前面板和程序框图如图 6.40 所示。

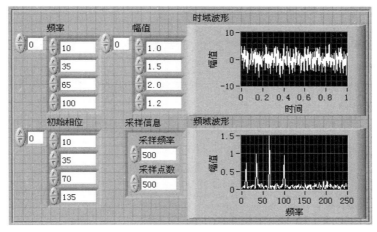

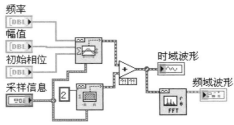

图 6.40 信号合成 VI 的前面板和程序框图

需要注意的是,应将各个信号的采样频率设为一致,保持时基相同的情况下,进行信号合成。另外,为了观察合成波形的频谱分布,利用了【信号处理】→【波形测量】子选板中的 FFT Spectrum(Mag-Phase).vi 计算合成波形的频谱。

6.3 信号的时域分析

时域分析是指在时间域内研究系统在一定输入信号的作用下,其输出信号随时间的变化情况。由于时域分析是直接在时间域中对系统进行分析的方法,所以时域分析具有直观和准确的优点。

LabVIEW 2015 提供了卷积、相关、积分、求导等时域分析函数,下面着重介绍这几种时域分析函数的使用方法。

6.3.1 卷积运算

卷积是电路分析的一个重要概念。它可以求线性系统对任何激励信号的零状态响应。卷积的物理概念及运算在测试信号处理中占有重要地位,特别是关于信号的时域与频域分析,它成为沟通时-频域关系的一个桥梁。

对于连续时间信号的卷积称为卷积积分,定义为

$$f(t) = f_1(t) * f_2(t) = \int_{-\infty}^{\infty} f_1(\tau) f_2(t-\tau) \mathrm{d}\tau$$

对离散时间信号的卷积称为卷积和,定义为

$$f(k) = f_1(k) * f_2(k) = \sum_{i=-\infty}^{\infty} f_1(i) * f_2(k-i)$$

如果是无限区间定义的函数可直接用定义求解,有限区间定义的函数大多用图解法。卷积和也可以用图解法求解。

LabVIEW 中提供了卷积运算和反卷积运算两种功能函数。它们的使用非常简单,重点要理解卷积的概念与物理意义。

LabVIEW 2015 中提供的卷积运算函数位于函数选板的【信号处理】→【信号运算】子选板中。Convolution.vi 的图标及端口如图 6.41 所示。

其中,X 是第一个输入序列,Y 是第二个输入序列,X * Y 是序列 X 与 Y 的卷积运算结果。算法用于设定卷积计算的方法,有两种情况可以设置:当置为 Direct 时,表示直接用输入序列的线性卷积($x * y[i] = \mathrm{Sum}(x[k]$ $y[i-k])$)求解卷积,计算量较大,但较为准确,比较适合于输入信号序列较小的情况;当置为 Frequency domain(默认值)时,利用 FFT 技术求解卷积,计算量较小,有利于提高计算速度,适合于输入信号序列较大的情况。

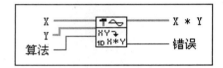

图 6.41 Convolution.vi 的图标及端口

【例 6.12】使用 Convolution.vi 求卷积运算。

卷积运算 VI 的前面板和程序框图如图 6.42 所示。

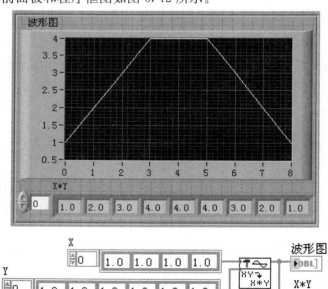

图 6.42 卷积运算 VI 的前面板和程序框图

输入序列 X 的长度 $n_1=4$,输入序列 Y 的长度 $n_2=6$,可得 X * Y 的长度 $n=n_1+n_2-1=9$。即两个长度分别为 n_1 和 n_2 的有限长度序列的卷积结果是一个 (n_1+n_2-1) 长的序列。

6.3.2 相关分析

在信号处理中经常要研究两个信号的相似性,或一个信号经过一定延迟后自身的相似性,以实现信号的监测、识别与提取等。相关分析是进行时域信号处理的一种重要方法。

1. 相关分析的原理

所谓"相关"是指变量之间的线性关系。对确定信号来说,两个变量之间可以用函数关系来描述。而两个随机变量之间不具有这样确定关系,但是,如果这两个变量之间具有某种内在的联系,那么,通过大量统计就能发现它们之间存在虽不精确但却表征其特性的相似关系。

相关分析利用相关系数或相关函数来描述两个信号间的相互关系或其相似程度,还可以用来描述同一信号的现在值与过去值的关系,或者根据过去值、现在值来估计未来值。相关函数的性质使它在工程应用中有重要的价值,尤其是互相关函数的同频相关、不同频不相关的性质为在噪声背景下提取有用信息提供了可靠的途径。

(1) 相关函数的定义

当信号 $x(n)$ 与 $y(n)$ 均为能量信号时,相关函数定义为

$$R_{xy}(m) = \sum_{n=-\infty}^{\infty} x(n)y(n+m) \text{ 或 } R_{yx}(m) = \sum_{n=-\infty}^{\infty} y(n)x(n+m)$$

$R_{xy}(m)$、$R_{yx}(m)$ 分别表示信号 $x(n)$ 与 $y(n)$ 在延时 m 时的相似程度,又称为互相关函数。

当 $x(n)=y(n)$ 时,称为自相关函数。

当信号 $x(n)$ 与 $y(n)$ 均为功率信号时,相关函数定义为

$$R_{xy}(m) = \lim_{N\to\infty} \frac{1}{2N+1} \sum_{n=-N}^{N} x(n)y(n+m)$$

或

$$R_{yx}(m) = \lim_{N\to\infty} \frac{1}{2N+1} \sum_{n=-N}^{N} y(n)x(n+m)$$

自相关函数为

$$R_x(m) = R_{xx}(m) = \lim_{N\to\infty} \frac{1}{2N+1} \sum_{n=-N}^{N} x(n)x(n+m)$$

(2) 信号的离散相关函数

模拟信号 $x(n)$ 和 $y(n)$ 数字化处理后,它们的相关函数表达式应为

$$R_{xy}(k) = \lim_{N\to\infty} \sum_{j=1}^{N} x(j)y(j+k) \quad k=0,1,2,\cdots,N-1$$

式中,N 是采样点数,j 是时间序列,k 是时延序列。

作为有限长采样的相关函数估计为

$$R_{xy}(k) = \lim_{N\to\infty} \frac{1}{N} \sum_{j=1}^{N} x(j)y(j+k)$$

依次取 $k=0,1,2,\cdots$,重复计算得到相关函数的各个函数值。在两离散序列 $x(j)$ 和 $y(j)$ 长度相等时,计算 $R_{xy}(0)$ 可以用全部计算长度数据来计算,而下一步计算时,因 $y(j)$ 作一步时移,使可提供的计算的序列长度由 N 变化为 $N-1$,随时移的增大,可提供的计算序列越来越短,所以互相关函数的估值应为

$$R_{xy}(k) = \lim_{j \to \infty} \frac{1}{N-k} \sum_{j=1}^{N} x(j)y(j+k)$$

同理,自相关函数的估计值为

$$R_{xx}(k) = \lim_{j \to \infty} \frac{1}{N-k} \sum_{j=1}^{N} x(j)x(j+k)$$

2. 相关分析的应用

相关分析是信号分析的重要组成部分,在检测系统、控制系统、通信系统等领域广为应用。图 6.43 表示利用互相关分析方法,确定深埋在地下的输油管漏损位置的探测示意图。在输油管表面沿轴向放置传感器(如拾音器、加速度计等)1 和 2,油管漏损处 K 可视为向两侧传播声波的声源,因放置两传感器的位置距离漏损处不等,则油管漏油处的声波传至两传感器就有时差,将两拾音器测得的音响信号 $x_1(t)$ 和 $x_2(t)$ 进行互相关分析,找出互相关值最大处的延时 τ,即可由 τ 确定油管破损位置。

$$S = \frac{v\tau}{2}$$

式中,S 是两传感器的中心至漏损处的距离,v 是声波通过管道的传播速度。

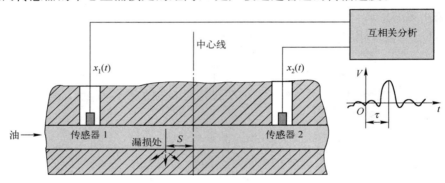

图 6.43 地下的输油管漏损位置的探测示意图

3. LabVIEW 中的相关分析函数及应用

LabVIEW 2015 提供的相关分析函数,可用于信号序列的自相关和互相关处理,自相关和互相关函数位于函数选板的【信号处理】→【信号运算】子选板中。Auto Correlation.vi 和 Cross Correlation.vi 的图标及端口如图 6.44 所示。

(a) Auto Correlation.vi   (b) Cross Correlation.vi

图 6.44 自相关和互相关函数的图标及端口

X、Y 是输入信号序列。算法用于指定互相关的计算方法,有两种情况可以设置:设置为 Direct 时,直接用输入序列求解相关,计算量较大,但较为准确,比较适合于输入信号序列较小的情况;设置为 Frequency domain(默认值)时,基于 FFT 技术求解相关,计算量较小,有利于提高计算速度,适合于输入信号序列较大的情况。归一化用于指定计算自相关或互相关的归一化方法,有 3 种方法可以选择(none(默认),unbiased,biased)。

Auto Correlation.vi 输出的自相关序列 R_{xx} 与 X 的关系为

$$R_{xx_j} = \sum_{k=0}^{N-1} X_k X_{j+k} \quad (j = -(N-1), -(N-2), \cdots, -1, 0, 1, \cdots, N-2, N-1)$$

其中，$X_j = 0 (j < 0$ 或 $j \geq N)$。

Cross Correlation.vi 输出的互相关序列 R_{XY} 与 X、Y 的关系为

$$R_{xy_j} = \sum_{k=0}^{N-1} X_k Y_{j+k} \quad (j = -(N-1), -(N-2), \cdots, -1, 0, 1, \cdots, M-2, M-1)$$

其中，$X_j = 0(j < 0$ 或 $j \geq N)$，$Y_j = 0(j < 0$ 或 $j \geq M)$。

【例 6.13】使用 Cross Correlation.vi 进行互相关运算。

互相关函数可用来判定信号中是否含有频率相同的成分。互相关函数在工程应用中有重要价值，它是在噪声背景下提取有用信息的一个非常有效的手段，只要将激励信号和所测得的响应信号进行互相关处理，就可以得到由激励引起的系统响应的幅值和相位差，消除噪声干扰的影响。

互相关运算 VI 的前面板和程序框图如图 6.45 所示。

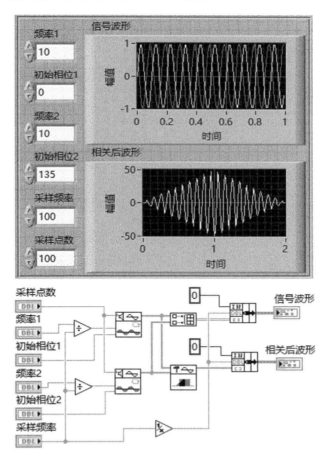

图 6.45 互相关运算 VI 的前面板和程序框图

本例以两个正弦波为输入信号，通过调节两个正弦波输入信号的频率，可验证不同信号频率情况下的相关性。

6.3.3 微积分运算

在工程应用领域,经常要对整个过程进行测量和控制,往往涉及信号的采集,而采样获得是离散的数据,若要考虑整个过程的动态状况或者获得多个参数,就要用到数值积分和数值微分运算。例如,在车辆制动性能的测试过程中(测试框图如图 6.46 所示),利用非接触式光电传感器可测量最重要的一个参数——车速,但为了获得车辆制动性能的多个评价参数并反映车辆在制动过程中的动态状况,还需要得到车辆的位移及制动减速度随时间的变化情况。由于在测试过程中得到的只是一个个离散的车速点,车速原函数 $v(t)$ 是不可求的,但根据速度、位移和制动减速度三者之间的关系,对车速信号分别进行数值积分和数值微分,就可以得到采样点的位移和制动减速度值(变化曲线如图 6.47 所示)。

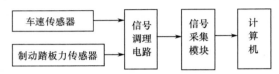

图 6.46 汽车制动性能测试框图

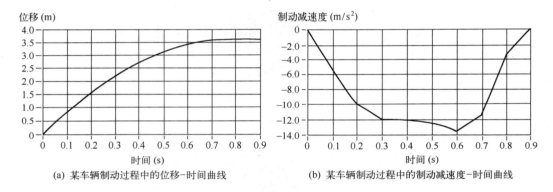

(a) 某车辆制动过程中的位移-时间曲线　　(b) 某车辆制动过程中的制动减速度-时间曲线

图 6.47 位移和制动减速度值变化曲线

数值积分是用线性泛函 $Q(f) = \sum_{j=0}^{n} A_j(x) f(x_j)$ 来逼近函数 $I(f)$ 的,一般常用插值型求积公式。以 $x_0, x_1, \cdots, x_n$ 为插值节点的 $f(x)$ 的 Lagrange 插值多项式 $L_n(x)$ 为

$$L_n(x) = \sum_{j=0}^{n} l_j(x) f(x_j)$$

其中,$l_j(x)$ 为插值基函数,即

$$l_j(x) = \prod_{i=0, i \neq j}^{n} \frac{(x - x_i)}{(x_j - x_i)}$$

则 $A_j(x) = \int_a^b l(x) \mathrm{d}x (j = 0, 1, \cdots, n)$,且 $A_j(x)$ 只依赖于求积节点和积分区间,而与求积函数 $f(x)$ 无关。当次数不超过 n 时,上述求积公式至少具有 n 次代数精度。

数值微分即求函数 $f(x)$ 的导数逼近,主要采用基于 Taylor 级数、Lagrange 多项式插值和三次样条插值的求导公式。

LabVIEW 2015 提供的积分和求导函数位于函数选板的【数学】→【积分与微分】子选板中。Integral x(t).vi 和 Derivative x(t).vi 的图标及端口如图 6.48 所示。

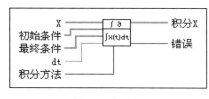 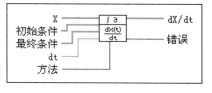

(a) Integral x(t).vi 　　　(b) Derivative x(t).vi

图 6.48　积分和微分函数的图标及端口

积分函数中的积分方法用来指定进行数值积分的方法,有 4 种方法可供选择:梯形法则、Simpson 法则(默认)、Simpson 3/8 法则、Bode 法则。如采用 Simpson 法则,Integral x(t).vi 将利用下列公式近似求某点的积分。

$$y_i = \frac{1}{6}\sum_{j=0}^{i}(x_{j-1} + 4x_j + x_{j+1})dt \quad (i = 0,1,2,\cdots,n-1; n \text{ 是 } x \text{ 的采样数})$$

求导函数中的方法指定微分方法,有 4 种方法可供选择:二阶中心(默认)、四阶中心、前向、后向。如采用二阶中心,Derivative x(t).vi 则采用以下公式近似求函数在某点的导数值。

$$y_i = \frac{1}{2dt}(x_{i+1} - x_{i-1}) \quad (i = 0,1,2,\cdots,n-1; n \text{ 为 } x(t) \text{ 的采样数})$$

【例 6.14】对方波信号进行微积分运算。

微积分运算 VI 的前面板和程序框图如图 6.49 所示。

程序框图中,利用 Square Wave.vi 产生方波信号,利用条件结构选择执行积分或微分功能。若设置信号的频率为 2Hz,采样频率为 128Hz,采样点数为 128,幅值为 1V,初始相位为 0°,方波占空比为 50%,分别选择积分和微分功能,VI 运行结果如图 6.49 中的前面板所示。

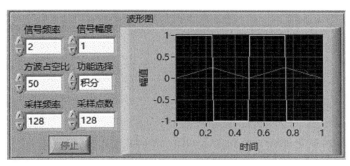

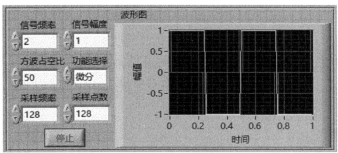

图 6.49　微积分运算 VI 的前面板和程序框图

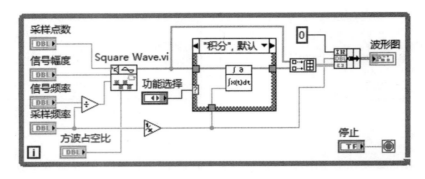

图 6.49 微积分运算 VI 的前面板和程序框图(续)

6.4 信号的频域分析

信号的时域描述只能反映信号的幅值随时间的变化情况,除只有一个频率分量的简谐波外,一般很难明确揭示信号的频率组成和各频率分量的大小。例如,图 6.50 是一个受噪声干扰的多频率成分周期信号,从信号波形上很难看出其特征,但从信号的功率谱上却可以判断并识别出信号中的 4 个周期分量和它们的大小。信号的频谱 $X(f)$ 代表了信号在不同频率分量处信号成分的大小,它能够提供比时域信号波形更直观、更丰富的信息。

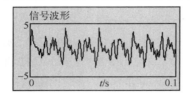 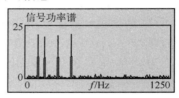

图 6.50 受噪声干扰的多频率成分周期信号

频域分析是以输入信号的频率为变量,在频率域研究系统的结构参数与性能的关系。基于传统电子技术的对频率特性进行分析和测量的仪器很多,常用的有频率特性测试仪、频谱仪、选频电压表、相位噪声分析仪等。通常这些仪器电路实现都比较复杂,而虚拟仪器技术给我们设计这些仪器提供了新的方法,让复杂的设计变得简单化。

LabVIEW 2015 提供了丰富的频域分析函数,包括傅里叶变换、Hilbert 变换、功率谱分析、谐波分析等。下面将介绍 LabVIEW 2015 中频域分析函数的使用方法。

6.4.1 快速傅里叶变换(FFT)

信号的频域描述是以 f 或 $\omega(2\pi f)$ 为横坐标变量来描述信号幅值、相位的变化规律。傅里叶变换是信号处理与数据处理中一个重要分析工具,其意义在于将时域与频域信号联系起来,通过频域分析将复杂的信号分解为各个单一的频率成分,因此一些在时域中难以分析的信号,其特征在频域中一目了然。

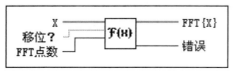

图 6.51 FFT.vi 的图标及端口

在 LabVIEW 2015 中,进行快速傅里叶变换的函数 FFT.vi 位于函数选板的【信号处理】→【变换】子选板中。FFT.vi 的图标及端口如图 6.51 所示。

其中,X 是输入序列,包含欲求 FFT 的原始信号(时域信号),FFT{X} 是 FFT 的结果,输出信号为频域信号。移位？指定 FFT 的结果是否移位(默认值为 False)。FFT 点数是指进行 FFT 的长度。若 FFT 点数大于 X 的元素数，VI 将在 X 的末尾添加 0，以匹配 FFT 点数的大小；若 FFT 点数小于 X 的元素数，VI 只使用 X 中的前 n 个元素进行 FFT，n 是 FFT 点数；若 FFT 点数小于等于 0，VI 将使用 X 的长度作为 FFT 点数。

对于一维信号，FFT.vi 使用快速傅里叶变换算法计算输入序列的离散傅里叶变换(DFT)。一维 DFT 定义为

$$Y_k = \sum_{n=0}^{N-1} X_n e^{-j2\pi n/N}$$

式中，X 为输入序列，N 为 X 中元素的数量，Y 为变换的结果。

Y 成分的频域分辨率(频率间隔)为

$$\Delta f = \frac{f_s}{N}$$

式中，f_s 为采样频率。

【例 6.15】双边傅里叶变换。

要求用 LabVIEW 提供的信号生成函数 Sine Wave.vi 生成正弦信号，用于演示 LabVIEW 求双边 FFT 的过程。双边傅里叶变换 VI 的前面板和程序框图如图 6.52 所示。

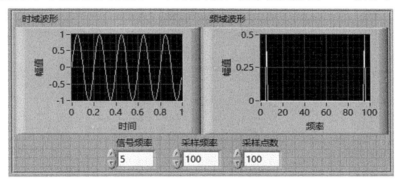

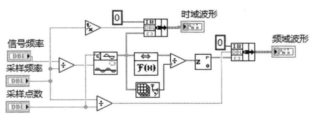

图 6.52 双边傅里叶变换 VI 的前面板和程序框图

程序框图中，用 Sine Wave.vi 生成信号，信号的频率、采样频率和采样点数由前面板输入控件设置。频率输入值要满足采样定理，欲使信号能够无失真的恢复原始信号的条件是：采样频率 $f_s \geqslant 2f_m$，其中 f_m 为信号的最高频率分量。在实际应用中，通常将采样频率 f_s 提高到信号最高频率 f_m 的 5~10 倍。需要注意的是，要将 FFT 的结果除以采样点数，才能得到正确的频谱，结果为复数形式。程序中采用了"复数至极坐标转换"函数(位于【编程】→【数值】→【复数】子选板)将 FFT 的输出分解为幅值和相位，相位的单位为弧度。程序中只显示了 FFT 的幅值。

从图 6.52 的运行结果可以看出，当信号频率为 5Hz，采样频率为 100Hz、采样点数为 100 时，时域信号图中产生了 5 个周期的正弦信号，与之相对应的频谱图中有两个波峰，一个位于 5Hz 处，另一个位于 95Hz 处，95Hz 处的波峰实际上是 5Hz 处的波峰的负值。因为频谱图形同

时显示了正负频率,所以被称为双边 FFT。通过改变信号频率的大小,可观察波峰位置随着频率变化的规律。

通过本例的分析与观察可知,FFT 的输出结果是双边频谱,即包含正、负双频率成分。实际上,频谱中绝对值相同的正、负频率对应的信号频率是相同的,负频率只是由于数学变换才出现的。通过编程可将双边频谱转换为单边频谱,即去掉负频率对应的频谱,只显示 FFT 的一半信息(即只有正频成分),注意要把正频率分量的幅值乘以 2 才能得到正确的幅值。但是,直流分量保持不变。

【例 6.16】单边傅里叶变换。

单边傅里叶变换 VI 的前面板和程序框图如图 6.53 所示。

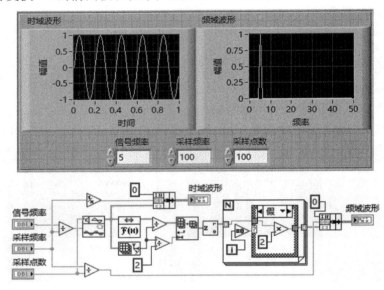

图 6.53 单边傅里叶变换 VI 的前面板和程序框图

程序设计中,利用了"数组子集"函数取 FFT 输出序列的一半,利用条件结构将非 0 频的频率分量幅值增加一倍。当输入信号频率为 5Hz、采样频率为 100Hz、采样点数为 100 时,运行结果如图 6.53 中的前面板所示。从图中可以看出,只在频率为 5Hz 处出现一个波峰,波峰幅值为 1。

6.4.2 频谱分析

频谱分析是指把时间域的各种动态信号通过傅里叶变换转换到频率域进行分析。

内容包括以下几项。

① 频谱分析:包括幅值谱和相位谱、实部频谱和虚部频谱。
② 功率谱分析:包括自功率谱和互功率谱。
③ 频率响应函数分析:系统输出信号与输入信号频谱之比。
④ 相干函数分析:系统输入信号与输出信号之间谱的相关程度。

频谱分析技术广泛应用于通信工程和自动控制过程,以及雷达、声呐、遥测、遥感、图像处理、语言识别、振动分析、石油勘探、海洋资源勘测、生物医学工程和生态系统分析等各个领域。

1. 频谱分析中应注意的问题

由于计算机不可能对无限长连续的信号进行分析处理,在数字分析处理过程中,只能将其截断变成有限长度的离散数据,那么无限长连续信号的傅里叶变换和经过截断的离散信号的傅里叶变换之间的关系能否反映原信号的频谱关系,这是一个很关键的问题。如果处理不好会引起误差或错误,如波形离散抽样所产生的混叠问题、波形截断所产生的泄露问题等。

（1）频谱混叠

频率混叠现象出现的原因：由于时间信号 $x(t)$ 的采样序列的频谱是由时间信号 $x(t)$ 的频谱 $X(f)$ 与采样函数 $s(t)$ 的频谱 $S(f)$ 卷积求得,该采样序列的频谱在频率轴上也是周期函数,其周期长度等于采样频率 f_s。若信号 $x(t)$ 的上限频率与采样频率的关系满足采样定理,即采样频率 f_s 大于被分析信号成分中最高频率 f_m 值的两倍以上,离散信号才可能代表原信号。则采样序列的频谱在 $0\sim f_s/2$ 范围内不会和下一周期频谱重叠;否则,采样序列的频谱在两个频谱周期之间将发生混叠现象。

（2）泄露效应和栅栏效应

对有限时间长度 T 的离散时间序列进行离散傅里叶变换（DFT）运算,这意味着首先要对时域信号进行截断。这种截断将导致频谱分析出现误差,其效果使得本来集中于某一频率的功率（或能量）,部分被分散到该频率邻近的频域中,这种现象称为"泄露"效应。

以余弦信号 $x(t)=A\cos(2\pi f_0 t)$ 为例说明截断前后的频谱变化的泄露效应。设有限时间长度 T 的离散时间序列信号被截断,相当于原来的余弦信号乘以一个"矩形窗"函数。无限长度的余弦信号具有一个单一的频率成分 f_0,而"矩形窗"函数的频谱是包含一个主瓣和许多旁瓣的连续谱。时域中余弦信号乘以"矩形窗"函数,在频域中的频谱就等于原信号的频谱与"矩形窗"函数频谱的卷积,卷积的结果将导致截断的信号频谱由原来信号的离散频谱变为在 f_0 处有一主瓣,两旁各有许多旁瓣的连续谱。也就是说,原来集中在频率 f_0 处的功率,泄露到了 f_0 邻近的很宽的频带上。

为了抑制"泄露",需采用"特种窗"函数来替代"矩形窗"函数。加窗的目的,是使在时域上截断信号两端的波形由突变变为平滑,在频域上尽量压低旁瓣的高度。对时域信号进行截断,使得在频域内能量不再集中,而是分布在整个频率轴上。为了进行信号分析,还要对这样的频域信号进行离散化,即进行采样。如果不能满足整周期采样,即信号的频率不是 DFT 频率分辨率的整数倍,那么,实际信号的各次谐波分量并未能正好落在频率分辨点上,而是落在某两个频率分辨点之间。这样通过 DFT 并不能得到各次谐波分量的准确值,而只能以临近的频率分辨点的值来近似代替,这即为通常所说的栅栏效应。

2. 频谱分析的 LabVIEW 实现

频谱分析技术在计算机中实现的基础就是离散傅里叶变换,其快速计算的工具是 FFT。在 LabVIEW 中,在基本傅里叶变换函数的基础上,有的谱分析有相应的可以直接计算的函数,有的则需要自己编制 VI 来实现。下面将通过例子介绍频谱分析技术在 LabVIEW 中的实现方法。

（1）幅度谱和相位谱

对一个时域信号进行傅里叶变换,就可以得到的信号的频谱,信号的频谱由两部分构成：幅度谱和相位谱。LabVIEW 2015 中,提供了直接计算输入序列的幅度谱和相位谱函数 Amplitude and Phase Spectrum.vi,该函数位于函数选板的【信号处理】→【谱分析】子选板中。Amplitude and Phase Spectrum.vi 的图标及端口如图 6.54 所示。

① 输入参数

信号（V）：指定输入的时域信号,通常以伏特为单位。时域信号必须包含至少 3 个周期的信号才能进行有效的估计。

展开相位（T）：当值为 True 时,对输出幅度谱相位启用展开相位。默认值为 True。如展开

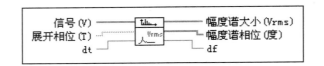

图 6.54　Amplitude and Phase Spectrum.vi 的图标及端口

相位的值为 False,VI 不展开输出相位。

dt:是时域信号的采样周期,通常以秒为单位。dt 定义为 $1/f_s$,f_s 是时域信号的采样频率。默认值为 1。

② 输出参数

幅度谱大小(Vrms):返回单边功率谱的幅度。如果输入信号以伏特为单位(V),幅度谱大小的单位为伏特 rms(Vrms,电压有效值)。如果输入信号不是以伏特为单位,则幅度谱大小的单位为输入信号单位 rms。

幅度谱相位(度):是单边幅度谱相位,以弧度为单位。

df:频率分辨率,等于采样频率除以采样点数,即 f_s/N,单位为 Hz。

Amplitude and Phase Spectrum.vi 通过下列两个步骤计算单边幅度谱。

首先,Amplitude and Phase Spectrum.vi 通过下列方程计算双边幅度谱

$$A(i)=\frac{X(i)}{N}, \quad i=0,1,\cdots,N-1$$

式中,A 为双边幅度谱,X 为信号的离散傅里叶变换,N 为信号中的点数。

然后,Amplitude and Phase Spectrum.vi 通过下列方程使双边幅度谱转换为单边幅度谱

$$B(i)=\begin{cases} A(0) & i=0 \\ \sqrt{2}A(i) & i=1,2,\cdots,\left\lfloor\frac{N}{2}-1\right\rfloor \end{cases}$$

幅度谱大小是单边幅度谱 B 的幅值,即:幅度谱大小 $=|B|$。

【例 6.17】使用 Amplitude and Phase Spectrum.vi 进行频谱分析。

要求对正弦波信号进行频谱分析。正弦波信号由 Sine Waveform.vi 产生,信号的频率、采样频率和采样点数由前面板控件输入。幅度谱和相位谱分析 VI 的前面板和程序框图如图 6.55 所示。

当设置正弦波信号频率为 10Hz,采样频率为 100Hz,采样点数为 100 时,从运行结果可以看出,幅度谱图在 10Hz 处出现一个波峰,其幅值为波形电压的有效值 0.707V。由于 Amplitude and Phase Spectrum.vi 输出的相位单位为弧度,可以将其输出的相位乘以 $180/\pi$ 转换为度位单位。

(2) 功率谱

所谓功率谱,也称为功率谱密度,是指用密度的概念表示信号功率在各频率点的分布情况。也就是说,对功率谱在频域上积分就可以得到信号的功率。LabVIEW 2015 中,提供了直接计算输入序列的自功率谱和互功率谱等函数,位于函数选板的【信号处理】→【谱分析】子选板中。

用于计算输入序列自功率谱函数 Auto Power Spectrum.vi 的图标及端口如图 6.56 所示。

信号(V)指定输入的时域信号,通常以伏特为单位。时域信号必须包含至少 3 个周期的信号才能进行有效的估计。

功率谱返回单边功率谱。如果输入信号以伏特为单位(V),功率谱的单位为伏特 rms(电压有效值的平方)。如果输入信号不是以伏特为单位,则功率谱的单位为输入信号单位 rms 平方。

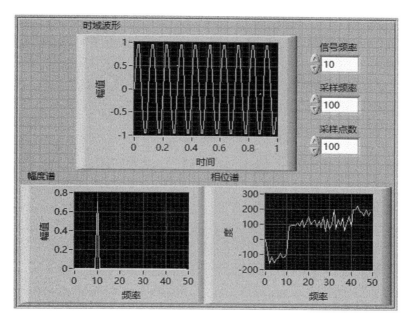

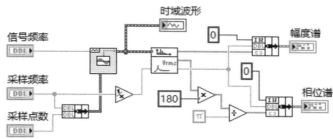

图 6.55 频谱分析 VI 的前面板和程序框图

图 6.56 Auto Power Spectrum.vi 的图标及端口

Auto Power Spectrum.vi 的等效数学运算式如下

$$功率谱 = \frac{FFT(信号) \times FFT^*(信号)}{N^2}$$

式中，N 为信号中点的个数，"*"表示复共轭。

Auto Power Spectrum.vi 可使功率谱转换为单边功率谱。

【例 6.18】使用 Auto Power Spectrum.vi 进行自功率谱分析。

自功率谱分析 VI 的前面板和程序框图如图 6.57 所示。

程序框图中，利用 Sine Wave.vi 产生正弦波信号与高斯白噪声混合后输出的波形序列送 Auto Power Spectrum.vi 进行自功率谱分析。当设置信号频率为 10Hz，采样频率为 100Hz，采样点数为 100 时，从运行结果可以看出，时域信号图形是正弦信号与高斯白噪声的混合，与之相对应的自功率谱图在频率为 10Hz 处出现一个幅值较大的波峰。

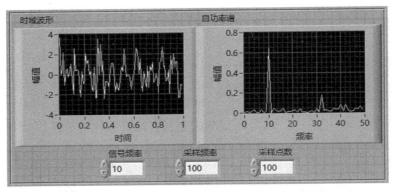

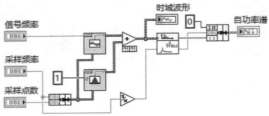

图 6.57 自功率谱分析 VI 的前面板和程序框图

6.4.3 频率响应分析

频率响应表述了一个测试系统输入和输出的频域关系，它是描述测试系统频域动态特性的重要关系。当一个测试系统输入任意信号为 $x(t)$，输出为 $y(t)$，输出、输入两者傅里叶变换的比是一个关于频率的复变函数，称为频率响应函数 $H(j\omega)$。

$$H(j\omega) = \frac{Y(j\omega)}{X(j\omega)}$$

实用中，$H(j\omega)$ 常常用其模 $A(j\omega)$ 和相位角 $\varphi(j\omega)$ 来表示，称为测试系统的幅频特性和相频特性。

频率响应是测试系统对信号中不同频率分量传输特性的描述，其幅频特性和相频特性分别决定了系统对信号中各分量的幅值和初相位的传输性能。

计算频率响应的幅度-相位函数 Frequence Response Function(Mag-Phase).vi 位于 LabVIEW 2015 函数选板的【信号处理】→【波形测量】子选板中。Frequence Response Function(Mag-Phase).vi 的图标及端口如图 6.58 所示。

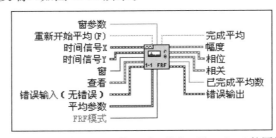

图 6.58 Frequence Response Function(Mag-Phase).vi 的图标及端口

(1) 输入参数

窗参数：指定 Kaiser 窗的 beta 参数，高斯窗的标准差，或 Dolph-Chebyshev 窗的主瓣与旁瓣的比率 s。若窗是其他类型的窗，VI 将忽略该输入。窗参数的默认值是 NaN，可设置 Kaiser 窗的 beta 参数为 0、高斯窗的标准差为 0.2，或 Dolph-Chebyshev 窗的 s 为 60。

重新开始平均(F):指定 VI 是否重新启动所选平均过程。如重新开始平均的值为 True,VI 重新启动所选平均过程;如重新开始平均的值为 False,VI 不会重新启动所选平均过程。默认值为 False。第一次调用该 VI 时,平均过程会自动开始。典型情况为:在平均过程中,主输入发生改变时,应当重新启动平均过程。

时间信号 X:是时间波形 X。

时间信号 Y:是时间波形 Y。

窗:是用于时间信号的时域窗。默认值为 Hanning 窗。

查看:指定用于返回 VI 不同结果的方式。簇类型,可指定是否以分贝形式显示结果,是否展开相位,相位结果是否需要由弧度转换为度。

平均参数:指定如何进行平均计算。参数说明包括平均类型(No averaging,Vector averaging,RMS averaging,Peak hold)、加权类型(Linear,Exponential)和平均次数(指定用于均方根及向量平均的平均数目)。

(2) 主要输出参数

幅度:返回平均频率响应的幅度和频率范围。簇类型,其中,f0 返回谱的起始频率,以赫兹为单位;df 返回谱的频率分辨率,以赫兹为单位;幅度是平均功率响应的幅度。

相位:返回平均频率响应的相位和频率范围。簇类型,其中,f0 返回谱的起始频率,以赫兹为单位;df 返回谱的频率分辨率,以赫兹为单位;相位是平均功率响应的相位。

相关:返回相关和频率的范围。簇类型,其中,f0 返回谱的起始频率,以赫兹为单位;df 返回谱的频率分辨率,以赫兹为单位;相关返回相关。

已完成平均数:返回该时刻 VI 完成的平均的数目。

【例 6.19】使用 Frequency Response Function(Mag-Phase).vi 求频率响应的幅频特性。

求频率响应 VI 的前面板和程序框图如图 6.59 所示。

程序框图中,使用 Uniform White Noise Waveform.vi 生成均匀白噪声波形作为激励,激励信号的采样信息、幅值(信号输出的最大绝对值)可设置。使用 Digital IIR Filter.vi(位于函数选板的【信号处理】→【波形调理】子选板中)对均匀白噪声波形进行滤波。IIR 滤波器规范是包含 IIR 滤波器设计参数的簇类型,包含滤波器的设计类型、滤波器的通带、滤波器的阶数、低截止频率、高截止频率、通带波纹(以分贝为单位)、阻带衰减(以分贝为单位)等设计参数。利用 Frequency Response Function(Mag-Phase).vi 计算 IIR 滤波器的频率响应。当设置 IIR 滤波器的参数为:Butterworth、Bandpass、6 阶、低截止频率为 2000Hz、高截止频率为 3800Hz、通带波纹为 0.025dB、阻带衰减为 90dB 时,利用 Frequency Response Function(Mag-Phase).vi 计算的频率响应的幅度谱如图 6.59 中的前面板所示。

6.4.4 谐波分析

谐波分析技术是近年来随着电子设备的发展而兴起的一种频域分析技术,并且应用范围正在迅速扩展。除了电力系统的谐波分析外,凡是涉及周期信号的频域分析都可以考虑用谐波分析。

谐波和基波是一个相对的概念,它是一个周期电气量中的正弦波分量,其频率为基波频率的整数倍,由于谐波的频率是基波频率的整数倍,也常称为高次谐波。在频域分析中,以电压为例,将畸变的周期性电压分解成傅里叶级数

$$u(t) = \sum_{n=1}^{M} \sqrt{2} U_n \sin(n\omega t + \alpha_n)$$

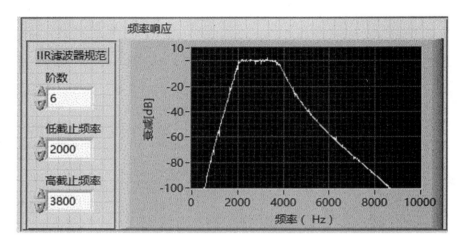

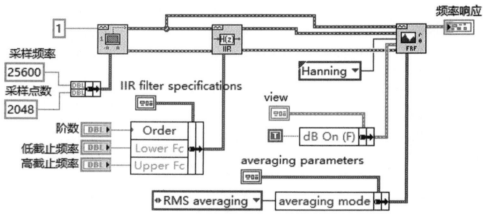

图 6.59 求频率响应 VI 的前面板和程序框图

式中，ω 为工频（即基波）的角频率（rad/s），n 为谐波次数，U_n 为第 n 次谐波电压的均方根值（V），α_n 为第 n 次谐波电压的初相角（rad），M 为所考虑的谐波最高次数，由波形的畸变程度和分析的准确度要求来决定，通常取 $M \leqslant 50$。

畸变波形因谐波引起的偏离正弦波形的程度用总谐波畸变量 THD（Total Harmonic Distortion）表示。电压谐波总的畸变率 THD_U 为

$$THD_U = \frac{\sqrt{\sum_{n=2}^{M} U_n^2}}{U_1} \times 100\%$$

由于各次谐波的均方根值 U_n 与其幅值 A_n 存在 $\sqrt{2}$ 的比例关系，所以谐波总的畸变率也可写为

$$THD = \frac{\sqrt{A_2^2(f_2) + A_3^2(f_3) + \cdots + A_n^2(f_n)}}{A_1(f_1)} \times 100\%$$

式中，A_1 为基波分量的幅值，$A_2, A_3, \cdots, A_n$ 分别是第 $2, 3, \cdots, n$ 次谐波分量的幅值。

LabVIEW 2015 在函数选板的【信号处理】→【波形测量】子选板中提供了谐波失真分析函数 Harmonic Distortion Analyzer.vi，该函数的图标及端口如图 6.60 所示。

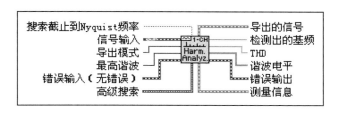

图 6.60 Harmonic Distortion Analyzer.vi 图标及端口

(1) 输入参数

搜索截止到 Nyquist 频率：若需指定在谐波搜索中仅包含低于 Nyquist 频率（采样频率的一半）的频率，必须设置该输入为 True（默认值为 True）。若设置该参数为 False，VI 可继续搜索超出 Nyquist 频率的频域。

信号输入：是时域信号输入。

导出模式：选择要导出至导出的信号的信号源和幅值，有 6 种选择方式——none（最快计算）、input signal（仅限于输入信号）、fundamental signal（单频正弦）、residual signal（信号负单频）、harmonics only（已探测谐波）、noise and spurs（信号负音频和谐波）。

最高谐波：控制用于谐波分析的最高谐波，包括基频。例如，对于三次谐波分析，可设置最高谐波为 3，以测量基波、二次谐波和三次谐波。

高级搜索：控制频域搜索范围，即中心频率和宽度，用于寻找信号的基频。

(2) 输出参数

导出的信号：包含由导出信号指定的信号，其中导出的时间信号是包含导出模式指定的导出时间信号的波形，导出的频谱（dB）是由导出模式参数指定的导出时间信号的频谱。

检测出的基频：包含搜索频域时检测出的基频。高级搜索用于设置频率搜索范围。所有谐波的测量结果为基频的整数倍。

THD：包含达到最高谐波时测量到的总谐波失真，包括最高谐波。THD 是谐波的均方根总量与基频幅值的比。如需使用 THD 作为百分比，应乘以 100。

谐波电平：包含由测量到的谐波幅值组成的数组，如信号输入以伏特为单位，则幅值也以伏特为单位。数组索引即为谐波次数，包括 0（直流），1（基波），2（二次谐波），…，n（n 次谐波），包括所有小于等于最高谐波的非负整数值。

测量信息：返回与测量有关的信息，主要是对输入信号不一致的警告。

【例 6.20】谐波分析。

要求利用 Harmonic Distortion Analyzer.vi 对一个输入信号进行谐波分析，输入信号由 Sine Waveform.vi 经过一非线性系统后来产生。输入信号的基频、采样频率、采样点数及谐波次数由前面板控件输入。

谐波分析 VI 的前面板和程序框图如图 6.61 所示。

程序框图中，使用 Sine Wave.vi 产生一个频率为 50Hz、振幅为 1V、初相角为 0°的正弦波，非线性系统用公式节点模拟，可以模拟任何次数的谐波。

输入一个基波频率为 50Hz、采样频率为 1000Hz、采样点数为 1000、谐波次数为 5 的谐波，程序运行结果如图 6.61 中的前面板所示。从导出的输入信号的频谱（dB）可以很直观地看出基波与谐波分量的分布情况。

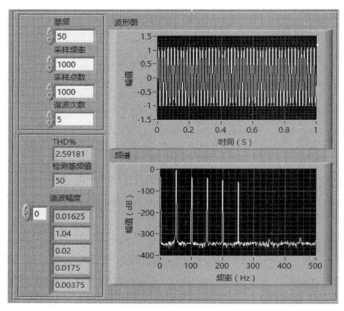

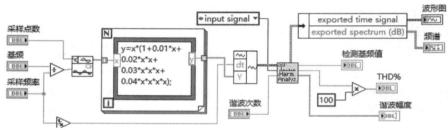

图 6.61 谐波分析 VI 的前面板和程序框图

6.5 数字滤波器

滤波技术是信号分析与处理技术的重要分支。无论是信号的获取、传输，还是信号的处理和交换都离不开滤波技术，它对信号安全可靠和有效灵活地传递是至关重要的。

在实际应用中，信号通常可分为两种形式：模拟信号和数字信号，相应的滤波器按照处理的信号性质分为模拟滤波器和数字滤波器两大类。

数字滤波器是数字信号分析中最广泛应用的工具之一。所谓数字滤波器即是以数值计算的方法来实现对离散化信号的处理，以减少干扰信号在有用信号中所占的比例，从而改变信号的质量，达到滤波或加工信号的目的。

数字滤波器按照离散系统的时域特性，可以分为无限冲激响应滤波器（Infinite Impulse Response Digital，IIR）和有限冲激响应滤波器（Finite Impulse Response Digital Filter，FIR）两大类，前者是指冲激 $h(n)$ 是无限长序列，后者是指 $h(n)$ 是有限长序列。这两种滤波器中都包含低通、高通、带通、带阻等几种类型。

一般离散系统可以用 N 阶差分方程来表示为

$$y(n) + \sum_{k=1}^{N} b_k y(n-k) = \sum_{r=0}^{M} a_r x(n-r)$$

其系统函数为

$$H(z) = \frac{Y(z)}{X(z)} = \frac{\sum_{r=0}^{M} a_r z^{-r}}{1 + \sum_{k=1}^{N} b_k z^{-k}}$$

当 b_k 全为零时，$H(z)$ 为多项式形式，此时 $h(n)$ 为有限长，称为 FIR 系统；当 b_k 不全为零时，$H(z)$ 为有理分式形式，此时 $h(n)$ 为无限长，称为 IIR 系统。

FIR 和 IIR 这两种滤波器之间最基本的差别是：对于 FIR，输出只取决于当前和以前的输入值；而对于 IIR，输出不仅取决于当前和以前的输入值，还取决于以前的输出值。IIR 滤波器的优点在于它的递归性，可以减少存储需求；缺点是其响应为非线性，在需要线性相位响应的情况下应当使用 FIR。

由于数字滤波器实际是采用数字系统实现的一种运算过程，因此具有一般数字系统的固有特点。与模拟滤波器相比，它具有特性精度高、稳定性好、灵活性强、处理功能强等优点。

6.5.1 调用数字滤波器子程序应注意的问题

直接应用现成的数字滤波器子程序可以减少自己设计滤波器的复杂性，提高工作效率。但在调用数字滤波器子程序时，除了了解滤波器的基础知识外，还需要注意以下几个问题。

1. 调用时的参数设置

工程上常用的有巴特沃斯、切比雪夫、贝塞尔等数字滤波器，它们都是借助于已相当成熟的同名模拟滤波器而设计的，因此有类同的特性参数。

① 滤波器类型选择。首先要选择滤波器的通过频带类型，即在低通、高通、带通或带阻滤波器中选择一个类型；其次要选择有限冲激响应滤波器还是无限冲激响应滤波器，因为这两者涉及完全不同的设计模板和参数。如果选择无限冲激响应滤波器，最后还要选择用哪种最佳特性逼近方式实现滤波器特性，即在巴特沃斯滤波器、切比雪夫滤波器、贝塞尔滤波器等类型中选择一个。选择的依据是滤波器的类型满足测试需求。

② 截止频率确定。对低通只需确定上截止频率，高通滤波器只需确定下截止频率，对带通及带阻滤波器应确定上、下截止频率。

③ 采样频率设定。一般软件中数字滤波器模板中的频率都是归一化的频率，归一化的频率通过采样频率这一参数和实际频率对应起来。因此，除非实际输入信号的采样频率是 1，都要对数字滤波器设定一个采样频率参数。这个参数很重要，设置不对，滤波结果则不正确。对各种类型滤波，采样频率均应设置成滤波器输入信号的采样频率。

④ 滤波器的阶数。滤波器阶数越高，其幅频特性曲线过渡带衰减越快。

⑤ 纹波幅度。切比雪夫数字滤波器通带段幅频特性呈波纹状，需要控制纹波幅度，一般取 0.1dB。巴特沃斯和贝塞尔滤波器通带段幅频特性曲线较为平坦，不需此参数。

2. 滤波器过程响应时间

输入信号经过数字滤波器，相当于输入信号和数字滤波器的单位抽样响应进行卷积运算，从运算的时间起点到获得正确的滤波结果，中间会有一个过渡过程，需要一定的响应时间。在后续处理时，应该忽略这一段的滤波结果。

3. A/D 前的抗混叠滤波器

A/D 转换获得数字信号时，若采样频率未满足采样定理，会产生频率混叠，这时信号中频率大于 1/2 采样频率的高频成分已经混进数字信号的低频段。数字滤波器是不可能将这些混在一起的频率成分再分离的，因此数字滤波器并不能完全取代 A/D 转换之前的模拟抗混叠滤波。

6.5.2 LabVIEW中的数字滤波器

LabVIEW 2015 提供了多种常用的数字滤波器,包括巴特沃斯滤波器、切比雪夫滤波器、贝塞尔滤波器、椭圆滤波器、IIR 滤波器、FIR 滤波器等。使用起来非常方便,只需输入相应指标参数(如滤波器的阶数、截止频率、阻带和通带等)即可。【滤波器】子选板位于函数选板的【信号处理】子选板中,如图 6.62 所示。

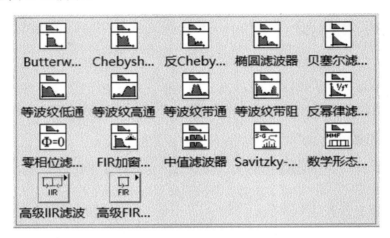

图 6.62 【滤波器】子选板

6.5.3 窗函数

计算机中只能处理有限长度的信号,原始信号 $x(t)$ 要以时间 T(采样时间或采样长度)来截断,即有限化,有限化也称加"矩形窗"。加矩形窗导致信号突然被截断,造成信号在截断点的突变,时域内的突变将会带来很宽的附加频率成分,这些附加频率成分在原信号 $x(t)$ 中其实是不存在的。一般将这种由有限化数据带来的频谱之间相互泄露渗透的现象称为"频谱泄露"。"频谱泄露"使得原来集中在 f_0 上的能量分散到全部频率轴上。

频谱泄露会带来许多问题:
① 频率曲线上产生许多"波纹"(Ripple),较大的波纹可能与小的共振峰值相互混淆;
② 如果信号为两幅值一大一小频率很接近的正弦波合成,幅值较小的一个信号可能被淹没;
③ f_0 附近曲线过于平缓,无法准确确定 f_0 的值。

为了减少泄露,可以采用如下两种方法。
① 对周期信号作整周截断,但这是很难做到的,因为精确的确定信号周期并非易事,对非周期信号作整周截断意味着采样点数为无穷,这根本无法实现。
② 降低离散傅里叶变换(DFT)等效滤波器幅频特性的旁瓣,具体办法是对采样序列 $x(n)$ 加窗。即先使用窗函数 $w(n)$ 对 $x(n)$ 进行加权,然后再作离散傅里叶变换。这种方法是行之有效的。

LabVIEW 2015 在函数选板的【信号处理】→【窗】子选板中提供了 20 种窗函数,包括矩形窗、Hanning 窗、Hamming 窗等,【窗】函数子选板如图 6.63 所示。用户可以根据需要来选择合适的窗函数。注意,频谱泄露的降低是以分辨率的下降为代价的,所以不能要求频谱分析的精度和分辨率这两个指标同时达到最好。一般来说,窗函数的选择可以考虑如下方式:对持续时间较短的信号进行分析,可选择矩形窗,并使整个信号都包括在窗内,这时,因两端截断处信号为零,也就没有泄露产生;对于包含周期信号在内的无限长的信号,可采用 Hanning 窗、Hamming 窗平滑,以减少泄露误差;如果分析无精确参照物且要求精确测量的信号,则适宜选用 Flat Top 窗;如果区分频率接近而形状不同的信号,则适应选用 Kaiser-Bessel 窗;如果信号的瞬时宽度大于窗,则适宜选用指数窗;如果信号分析的目的主要是准确确定频谱中的尖峰频率,如系统的结构自振频率,此时最重要的指标是频率分辨率,因而适宜选用主瓣最窄的矩形窗。

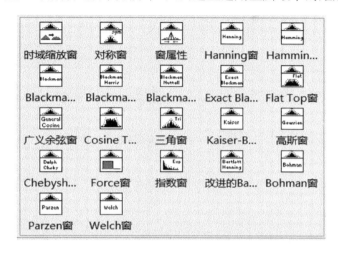

图 6.63　【窗】子选板

6.5.4　数字滤波器应用举例

【例 6.21】使用巴特沃斯滤波器提出正弦信号。

要求使用 Butterworth Filter.vi 从一个混有高频白噪声的正弦信号中滤波,提取出正弦信号。Butterworth Filter.vi 图标及端口如图 6.64 所示。

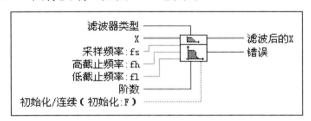

图 6.64　Butterworth Filter.vi 图标及端口

(1) 输入参数

滤波器类型:指定滤波器的通带(0-Lowpass,1-Highpass,2-Bandpass,3-Bandstop)。

X:是滤波器的输入信号。

采样频率:fs:是 X 的采样频率并且必须大于 0。默认值为 1.0Hz。若采样频率:fs 小于等于 0,VI 可设置滤波后的 X 为空数组并返回错误。

高截止频率:fh:是高截止频率,以 Hz 为单位。默认值为 0.45Hz。若滤波器类型为 0 (Lowpass)或 1(Highpass),VI 忽略该参数。滤波器类型为 2(Bandpass)或 3(Bandstop)时,高截止频率:fh 必须大于低截止频率:fl 并且满足 Nyquist 准则。

低截止频率:fl:是低截止频率(Hz)并且必须满足 Nyquist 准则。默认值为 200Hz。若低截止频率:fl 小于 0 或大于采样频率的一半,VI 可设置滤波后的 X 为空数组并返回错误。滤波器类型为 2(Bandpass)或 3(Bandstop)时,低截止频率:fl 必须小于高截止频率:fh。

阶数:指定滤波器的阶数并且必须大于 0。默认值为 2。若阶数小于等于 0,VI 可设置滤波后的 X 为空数组并返回错误。

初始化/连续:控制内部状态的初始化。默认值为 False。VI 第一次运行时或初始化/连续的值为 False 时,LabVIEW 可使内部状态初始化为 0。如初始化/连续的值为 True,LabVIEW 可使内部状态初始化为 VI 实例上一次调用时的最终状态。若需处理由小数据块组成的较大数据序列,可为第一个块设置输入为 False,然后设置为 True,对其他的块继续进行滤波。

(2)输出参数

滤波后的 X:该数组包含滤波后的采样。

使用 Butterworth Filter.vi 设计滤波提出正弦信号 VI 的前面板和程序框图如图 6.65 所示。

为了演示滤波器效果,程序框图中,采用 Uniform white Noise.vi 产生白噪声信号,并用巴特沃斯高通滤波器滤去低频分量,将获得的高频白噪声与 Sine Wave.vi 产生的正弦信号叠加,模拟待滤波的信号。然后再用巴特沃斯滤波器从混杂白噪声的信号中提出正弦信号。巴特沃斯滤波器的截止频率与滤波器阶数由前面板上的输入控件设置。

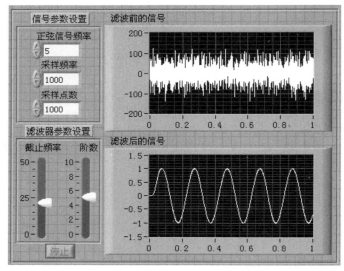

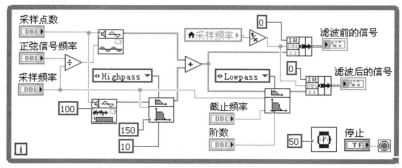

图 6.65 滤波提取正弦信号 VI 的前面板和程序框图

指定正弦信号频率为 5Hz、采样频率为 1000Hz、采样点数为 1000、滤波器阶次为 5,运行程序后的结果如图 6.65 中的前面板所示。由于程序的采样频率和采样点数相同,所以正弦信号的频率与波形周期数目相同。

可改变滤波器的阶数和截止频率,观察程序执行结果。

【例 6.22】信号分离。

窗函数的一个主要功能就是从频率接近的信号中分离出幅值不同的信号。为了说明怎样用窗函数来实现这一功能,要求用两个信号产生函数仿真两个频率较接近但幅值相差较大的正弦波,将它们合成为一组信号后,一路直接做功率谱分析,另一路加窗后再对加窗后的信号做功率谱分析,分析结果在同一个波形显示控件中显示,对处理结果进行比较。

按以上要求设计的信号分离 VI 的前面板和程序框图如图 6.66 所示。

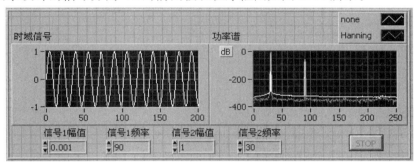

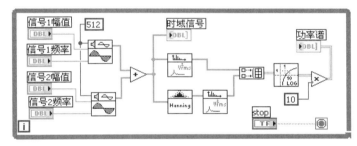

图 6.66　信号分离 VI 的前面板及程序框图

前面板由输入控制和输出显示两部分组成。左边的波形显示控件显示合成后的时域信号,右边的波形显示控件显示频域信号。

程序框图设计分为 4 个部分:信号仿真、加窗处理、功率谱分析与单位转化。信号仿真由两个 Sine pattern.vi 组成;加窗处理选用 Hanning 窗;功率谱分析选用 Auto Power Spectrum.vi;单位转化是对功率单位进行转化(从 V^2rms 转化为 dB),这是因为若两个信号幅度相差太大,则功率相差也会很大,用 dB 表示数值上不会差得太大,便于显示。

指定两个正弦信号的幅值相差 1000 倍,频率值相差 3 倍,从图 6.66 中前面板的运行结果可以看出,如果在功率谱分析前不加窗,则频域特性中幅值较小的信号被淹没,加 Hanning 窗后两个频率成分都被检出。

6.6　曲线拟合

曲线拟合技术是用连续曲线近似地刻画或比拟平面上离散点所表示的坐标之间的函数关系的一种数据处理方法。在科学实验或社会实践中,通过实验或观测得到 x 与 y 的一组数据对 $(x_i, y_i)(i=1,2,\cdots,m)$,其中各 x_i 是彼此不同的。人们希望用一种与数据的变化规律相适应的

解析表达式 $y(x)=f(x,a)$ 来反映 x 与 y 之间的依赖关系,即在一定意义下"最佳"地逼近或拟合已知数据。$f(x,a)$ 常称作拟合模型,式中 $a=(a_0,a_1,\cdots,a_n)$ 是一些待定参数。常用的曲线拟合方法有:拉格朗日插值、牛顿插值、分段插值、样条插值、最小二乘法等。其中应用最小二乘法原理实现曲线拟合的方法,是实际工程设计中应用最多的一种手段。在最小二乘法中,其误差定义为

$$e(a)=[f(x,a)-y(x)]^2$$

式中,$e(a)$ 为误差,$y(x)$ 为测量的数据集,$f(x,a)$ 为数据集的函数描述,a 为描述曲线的一组系数。比如,设 $a=\{a_0,a_1\}$,则拟合直线的函数描述为:$f(x,a)=a_0+a_1x$。用最小二乘法求解系数 a,即求解等式

$$\frac{\partial e(a)}{\partial a}=0$$

要求解上面的等式,需要建立和求解由这一等式扩展的雅可比行列式。得到 a 值之后,就可以通过函数描述 $f(x,a)$ 求得任何测量数据集中 x 对应的 $y(x)$ 估计值。

曲线拟合的实际应用非常广泛:
① 消除测量噪声;
② 填充丢失数据点(例如,当一个或多个采样点丢失以及记录不正确时填充丢失的采样点);
③ 插值(例如,若两次测量采样间隔不是足够小时可以进行插值);
④ 推断(例如,在测量点之前或之后取值);
⑤ 求解某个基于离散数据的对象的速度轨迹(一阶导数)和加速度轨迹(二阶导数)。

6.6.1　LabVIEW 的曲线拟合函数

LabVIEW 自身带有曲线拟合函数,可以用来求解雅可比行列式,然后返回理想的系数集。只要把数据集的函数描述进行处理,就可进行曲线拟合。

对数据进行曲线拟合时,通常需要有两个输入序列。假如输入序列为 Y 和 X,用 $y(x)$ 表示这两个输入序列数据之间的关系,其中任意一个数据点用 (x_i,y_i) 来表示,此处 x_i 是系列 X 中的第 i 个元素,y_i 是序列 Y 中的第 i 个元素。LabVIEW 中的曲线拟合函数使用下述公式计算拟合曲线的均方差(MSE)。求 MSE 的等式为

$$\text{MSE}=\frac{1}{n}\sum_{i=0}^{n-1}(f_i-y_i)^2$$

式中,f_i 为拟合数据,y_i 为测量数据,n 为测量点的数目。

LabVIEW 的【拟合】子选板提供了多种线性、非线性的曲线拟合,以及数值插值算法,如线性拟合(把实验数据拟合为 $y_i=a_0+a_1\times x_i$ 直线形式)、指数拟合(把数据拟合为 $y_i=a_0+\exp(a_1\times x_i)$ 指数曲线)、通用多项式拟合(把数据拟合为 $y_i=a_0+a_1\times x_i+a_2\times x_i^2+\cdots$ 多项式曲线)、非线性曲线拟合(把数据拟合为 $y_i=f(x_i,a_0,a_1,a_2,\cdots)$ 以及三次样条拟合等。

LabVIEW 2015 中,【拟合】子选板位于函数选板的【数学】子选板中,如图 6.67 所示。

6.6.2　曲线拟合举例

【例 6.23】线性拟合。

要求使用 Linear Fit.vi 对一组实验测得数据进行线性拟合,求出最佳拟合值并给出拟合直线,同时给出拟合直线的斜率和截距。

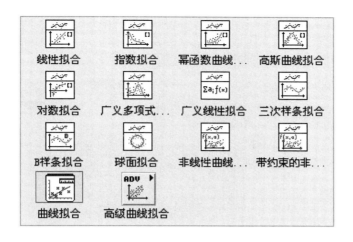

图 6.67 【拟合】子选板

Linear Fit.vi 的图标及端口如图 6.68 所示。

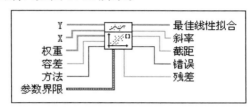

图 6.68　Linear Fit.vi 的图标及端口

(1) 输入参数

Y:是由因变值组成的数组。Y 的长度必须大于等于未知参数的元素个数。

X:是由自变量组成的数组。X 的元素数必须等于 Y 的元素数。

权重:是观测点(x_i,y_i)的权重数组。权重的元素数必须等于 Y 的元素数。若权重未连线,VI 将把权重的所有元素设置为 1。

容差:确定使用最小绝对残差或 Bisquare 方法时,何时停止斜率和截距的迭代调整。对于最小绝对残差方法,若两次连续的交互之间残差的相对差小于容差,该 VI 将返回结果残差。对于 Bisquare 方法,若两次连续的交互之间斜率和截距的相对差小于容差,该 VI 将返回斜率和截距。若容差小于等于 0,VI 将设置容差为 0.0001。

方法:指定拟合方法。有 3 种方法可选择:最小二乘(默认),最小绝对残差,Bisquare。

参数界限:包含斜率和截距的上、下限。若知道特定参数的值,可设置参数的上、下限为该值。

(2) 输出参数

最佳线性拟合:返回拟合模型的 Y 值。

斜率:返回拟合模型的斜率。

截距:返回拟合模型的截距。

残差:返回拟合模型的加权平均误差。若方法设为最小绝对残差法,则残差为加权平均绝对误差;否则残差为加权均方误差。

在实践中大量存在非线性关系,在小范围内非线性关系又可以近似为线性关系。现假设有 5 对实验数据,分别对应 x_i 和 y_i 数据序列,采用线性拟合算法公式为

$$y_i = a_0 + a_1 x_i$$

式中，a_0 为截距，a_1 为斜率。

线性拟合 VI 的前面板和程序框图如图 6.69 所示。

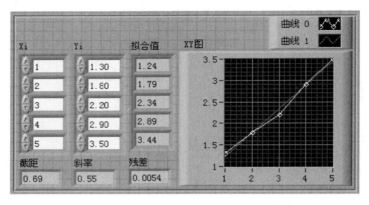

图 6.69 线性拟合 VI 的前面板和程序框图

在前面板上放置了两个一维数组控件，分别输入实验数据序列 x_i 和 y_i，线性拟合后的输出数据序列用一个一维数组显示。同时，采用 XY 图显示控件描绘 Y 和 X 序列的函数关系，斜率、截距和残差用数值显示控件显示。

VI 运行结果如图 6.69 中的前面板所示。从计算出的斜率和截距可以得到拟合直线方程为

$$y = 0.69 + 0.55x$$

【例 6.24】多项式拟合。

要求使用 General Polynomial Fit.vi 对热电偶测温系统测得的一组实验数据进行多项式拟合，计算出多项式拟合曲线的系数和对应于输入温度值的拟合值。

热电偶测温系统的实验数据如下：

输入温度（℃）：0，50，100，150，200，250，300，350，400，450，500，550，600，650，700，750，800。

热电势（mV）：0.000，2.021，4.423，6.736，8.938，10.950，12.205，14.392，15.391，18.412，20.642，22.772，25.501，28.021，29.128，31.212，33.275。

General Polynomial Fit.vi 的图标及端口如图 6.70 所示。

(1) 输入参数

系数约束：通过将某个阶数设置为系数，指定某些阶数上多项式系数的约束。若某些多项式系数的确切值已知，则可使用系数约束。

多项式阶数：指定用于拟合数据集合的多项式的阶数。多项式阶数必须大于等于 0。若多项式阶数小于 0，VI 将设置多项式系数为空数组并返回错误。在实际应用中，多项式阶数小于 10。若多项式阶数大于 25，VI 将设置多项式系数为零并返回警告。默认值为 2。

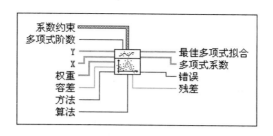

图 6.70　General Polynomial Fit.vi 的图标及端口

Y:是由因变值组成的数组。Y 中的采样点数必须大于等于多项式阶数。若采样点数小于等于多项式阶数,VI 可设置多项式系数为空数组并返回错误。

X:是由自变量组成的数组。X 中的采样点数必须大于等于多项式阶数。若采样点数小于等于多项式阶数,VI 可设置多项式系数为空数组并返回错误。X 的元素数必须等于 Y 的元素数。

权重:是观测点(x_i,y_i)的权重数组。权重的元素数必须等于 Y 的元素数。若权重未连线,VI 将把权重的所有元素设置为 1。若权重中的某个元素小于 0,该 VI 将使用元素的绝对值。

容差:可确定使用最小绝对残差方法时,何时停止多项式系数的迭代调整。对于最小绝对残差方法,若连续两次迭代之间残差的相对差小于容差,该 VI 将返回多项式系数。对于 Bisquare 方法,若两次连续的交互之间多项式系数的相对差小于容差,该 VI 将返回结果多项式系数。若容差小于等于 0,VI 将设置容差为 0.0001。

方法:指定拟合方法。有 3 种方法可选择:最小二乘(默认),最小绝对残差,Bisquare。

算法:指定 VI 用于计算最佳多项式拟合的算法。其他算法无效时,可使用不满秩 H 的 SVD 算法。有 7 种算法可选择:SVD(默认),Givens,Givens2,Householder,LU 分解,Cholesky,不满秩 H 的 SVD。

(2) 输出参数

最佳多项式拟合:返回与输入值有最佳匹配的多项式曲线的 y_i 值。

多项式系数:返回拟合模型的系数,按幂的升序排列。多项式系数中元素的总量为 $m+1$,m 是多项式的阶数。

残差:返回拟合模型的加权平均误差。若方法设为最小绝对残差法,则残差为加权平均绝对误差;否则残差为加权均方误差。

General Polynomial Fit.vi 可使数据拟合为通用形式由下列等式描述的多项式函数

$$y_i = \sum_{j=0}^{m} a_j x_i^j$$

式中,y_i 为最佳多项式拟合的输出序列,x_i 是输入序列,a 是多项式系数,m 为多项式阶数。

多项式拟合 VI 的前面板和程序框图如图 6.71 所示。

在前面板上放置了两个一维数组控件,分别输入温度值序列 x_i 和热电势值序列 y_i,多项式拟合后的输出数据序列用一个一维数组显示,采用 XY 图显示控件显示热电势和温度之间的关系曲线,拟合系数用数值输出控件显示。

VI 运行后的结果如图 6.71 中的前面板所示。多项式拟合关系为
$$y = 0.274496 + 0.04003x + 0.000002x^2$$

多项式拟合是最常用的拟合方式。一般情况下,在满足精度要求下尽可能使用最低阶数。

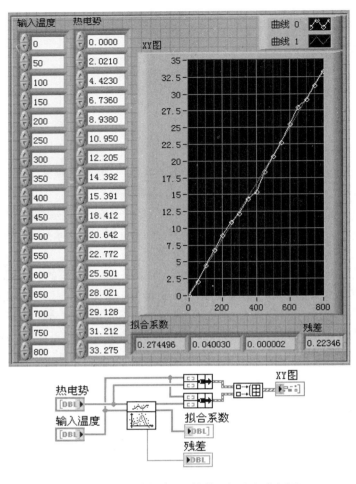

图 6.71 多项式拟合 VI 的前面板和程序框图

本 章 小 结

本章结合实例介绍了用 LabVIEW 构建数据采集系统的方法和技巧,在虚拟仪器系统中,数据采集是一项最基本也是最重要的工作,应用 LabVIEW 进行数据采集使得数据采集工作变得简便、轻松。

信号分析与处理在虚拟仪器设计中占有重要的地位。LabVIEW 为信号分析与处理提供了丰富的运算函数,用户可以非常方便地利用这些现成的函数进行信号产生、波形调理、波形测量、信号运算、数字滤波、频谱分析、曲线拟合等操作。LabVIEW 的运用,使得分析软件的开发变得更加简单,更加灵活。

思考题和习题 6

1. 简述数据采集系统的组成结构。
2. 信号调理电路在数据采集过程中有何作用?
3. 选择 A/D 采集卡时应注意哪些因素?
4. NI myDAQ 采集设备具有哪些功能单元?

5. DAQmx 函数怎样实现连续采集数据和采集有限数据?
6. 设计 VI,使用 DAQmx 函数进行单通道波形数据连续采集,并在前面板上显示采集数据波形。
7. 设计 VI,使用 DAQmx 函数实现 NI myDAQ 采集设备 I/O 端口外接的 8 路开关量控制。
8. 说明数字化频率的含义,它是如何确定的?
9. 在 LabVIEW 中有哪些信号产生的方法?
10. 设计 VI,用 3 种不同的方式产生正弦波信号。
11. 何谓时域分析? 何谓频域分析?
12. 设计 VI,产生两个叠加噪声的正弦信号,并实现两信号的互相关,判断两信号的相关性。
13. 设计 VI,产生 3 个频率不同的正弦波,并将 3 个信号叠加,再把叠加的信号进行傅里叶变换,显示变换前后的波形。
14. 设计 VI,计算一个正弦信号的周期均值和均方差。
15. 设计 VI,实现信号的频率测量。
16. 设计 VI,计算一个方波信号的功率谱。
17. 设计 VI,对一个混有高频噪声的正弦信号实现低通滤波。
18. 设有一压力测量系统的测量值如下:

输入压力值(MPa):0.0,0.5,1.0,1.5,2.0,2.5

输出电压值(mV):$-0.490, 20.316, 40.736, 61.425, 82.181, 103.123$

设计 VI,实现输入压力和输出电压之间的最佳线性拟合直线。

第7章 虚拟仪器通信技术

串行通信是工业现场仪器或设备常用的通信方式,网络通信则是构成仪器网络化的基础。本章在介绍串行通信、网络通信基本概念和接口协议的基础上,举例介绍串行通信和网络通信的 LabVIEW 实现方法,并对 LabVIEW 支持的 DataSocket 编程方法和应用进行讨论。具体包括串行通信、网络通信、共享变量、IrDA 无线数据通信。

7.1 串行通信

串行通信是在一条通信线路上一位一位地传送信息,其特点是所用传输线少,并且可以借助电话网进行信息传递,因此特别适合于远距离传输。目前,不少仪器和人机交换设备都采用串行方式与计算机进行通信。

7.1.1 串行通信的概念

1. 数据传送方式

在串行通信中,数据通常是在两个点(如终端设备与微型计算机)之间进行传送,按照数据流的方向可分成3种数据的传送方式:单工、半双工和全双工。

图 7.1 3 种数据的传送方式

(1) 单工

如图 7.1(a)所示,通信双方的一方只发送数据,而另一方只接收数据。在它们之间的传输线上,数据只向一个方向流动,即从发送方到接收方。

(2) 半双工

如图 7.1(b)所示,数据能从 A 传送到 B,也能从 B 传送到 A,但不能同时在两个方向上传送,每次只能有一方发送,另一方接收。通信双方可以轮流地进行发送和接收。

(3) 全双工

如图 7.1(c)所示,通信双方能够同时发送和接收。全双工方式相当于把两个方向相反的单工方式组合在一起,所以它需要两条传输线。

2. 传输速率与传输距离

在串行通信中,传输速率用波特率表示。波特率是指单位时间内传送二进制数据的位数,其单位是位/秒(bps)。它是衡量串行数据传输速度快慢的重要指标。规定的波特率有 50bps、75bps、110bps、150bps、300bps、600bps、1200bps、2400bps、4800bps、9600bps 和 19200bps 等。

传输距离是指发送端和接收端之间直接传送串行数据的最大距离(误码在允许的范围内),它与传输速率及传输介质的电气特性有关,传输距离往往随传输速率的增大而减小。

3. 串行通信方式

在串行通信中有两种基本的通信方式,即异步通信和同步通信。

在同步通信中,为了使发送和接收保持一致,串行数据在发送和接收两端使用的时钟应同步。通常,发送器和接收器的初始同步是使用一个同步字符来完成的,当一次串行数据的同步传输开始时,发送器送出的第一个字符应该是一个双方约定的同步字符,接收器在时钟周期内识别该同步字符后,即与发送器同步,开始接收后续的有效数据信息。

在异步通信中,只要求发送和接收两端的时钟频率在短期内保持同步。通信时发送器先送出一个起始位,后面跟着具有一定格式的串行数据和停止位。接收器首先识别起始位,以同步它的时钟,然后使用同步的时钟接收紧跟而来的数据位和停止位,停止位表示数据传送的结束。一旦一个字符传输完毕,线路空闲,无论下一个字符在何时出现,它们将再重新进行同步。

同步通信与异步通信相比较,优点是传输速度快。不足之处是同步通信的实用性取决于发送器和接收器保持同步的能力。在一次串行数据的传输过程中,接收器接收数据时,若由于某种原因(如噪声等)漏掉一位,则余下接收的数据都是不正确的。

异步通信相对同步通信而言,传输数据的速度较慢,但若在一次串行数据传输的过程中出现错误,仅影响一个字节数据。

目前,在微型计算机测量和控制系统中,串行数据的传输大多使用异步通信方式。

4. 串行通信协议

为了有效地进行串行通信,通信双方必须遵从统一的通信协议,即采用统一的数据传输格式、相同的传输速率、相同的纠错方式等。

异步通信协议规定每个数据以相同的位串格式传输,每个串行数据由起始位、数据位、奇偶校验位和停止位组成,串行数据的位串格式如图 7.2 所示,具体定义如下。

图 7.2 串行数据的位串格式

(1) 空闲状态

当通信线路上没有数据传输时,发送数据线应处于逻辑"1"状态,表示线路空闲。

(2) 起始位

当发送设备要发送一个字符数据时,先发出一个逻辑"0"信号,占一位,这个逻辑低电平就是起始位。起始位的作用是协调同步,接收设备检测到这个逻辑低电平后,就开始准备接收后续数据位信号。

(3) 数据位

数据位信号的位数可以是 5~8 位,一般为 7 位(ASCII 码)或 8 位。数据位从最低有效位开始逐位发送,依次发送到接收端的移位寄存器中,并转换为并行的数据字符。

(4) 奇偶校验位

奇偶校验位用于进行有限差错检测,占一位。通信双方需约定一致的奇偶校验方式。如果约定奇校验,那么组成数据和奇偶校验位的逻辑"1"的个数必须是奇数;如果约定偶校验,那么逻辑"1"的个数必须是偶数。通常实现奇偶校验功能的电路已集成在通信控制器芯片中。

(5) 停止位

停止位用于标志一个数据的传输完毕,一般是高电平,可以是 1 位、1.5 位或 2 位。当接收设备收到停止位之后,通信线路就恢复到逻辑"1"状态,直至下一个字符数据起始位到来。

在异步通信中,接收和发送双方必须保持相同的传输速率,这样才能保证线路上传输的所有位信号都有一致的信号持续时间。

总之,在异步串行通信中,通信双方必须保持相同的传输速率,并以每个字符数据的起始位来进行同步。同时,数据格式,即起始位、数据位、奇偶位和停止位的约定,在同一次传输过程中也要保持一致,这样才能保证成功地进行数据传输。

5. RS-232C 接口标准

RS-232C 是美国电子工业协会(EIA)在 1969 年公布的数据通信标准。RS 是推荐标准(Recommended Standard)的英文缩写,232C 是标准号。

RS-232C 标准最初是为远程通信连接数据终端设备(DTE)与数据通信设备(DCE)而制定的。采用 25 针连接器,规定 DTE 应该配插头(带插针),DCE 应该配插座(不带插针)。在 25 针连接器中,有 20 个引脚与串行通信使用的信号相对应。在微型计算机通信中最常用的是其中的 9 个通信信号,如表 7.1 所示。这 9 个通信信号分为两类:一类是基本数据传输信号,另一类是调制解调器(Modem)控制信号。

表 7.1 RS-232C 标准中常用通信信号的功能

分类	名称	功能
基本数据传输信号	TXD	发送数据信号,串行数据传输信号由该引脚发出送上通信线路,在不传输数据时该引脚为逻辑1
	RXD	接收数据信号,来自通信线路的串行数据信号由该引脚进入系统
	GND	地信号,是其他引脚的参考电位信号
调制解调器控制信号	DTR	数据终端就绪信号,用于通知 Modem 计算机已准备好
	RTS	请求发送信号,用于通知 Modem,计算机请求发送数据
	DSR	数据装置就绪信号,用于通知计算机,Modem 已准备好
	CTS	允许发送信号,用于通知计算机,Modem 可以接收传输数据
	DCD	数据载波检测信号,用于通知计算机,Modem 已与电话线路连接好
	RI	振铃指示信号,通知计算机有来自电话网的信号

RS-232C 标准使用±15V 电源,并采用负逻辑。逻辑"1"电平在−3~−15V 范围内,逻辑"0"电平在+3~+15V 范围内。传输速率在 0~20000bps 范围内,传输距离在 20m 以内。

目前计算机上常用的串口有 9 个引脚,这是从 RS-232C 标准简化而来的,这些引脚的定义如图 7.3 所示。

实际上,在短距离计算机与仪器设备之间的通信中,往往不使用 Modem 而直接连接两个设备。最简单的形式是只使用 3 根基本数据传输信号线。其中,TXD 与 RXD 交错相连,GND 与 GND 相连。串行通信的最简单连接形式如图 7.4 所示。

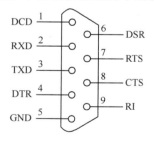

图 7.3 串行通信接口 9 芯连接器

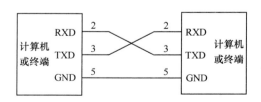

图 7.4 串行通信的最简单连接形式

7.1.2 串行通信节点

LabVIEW 2015 中,串行通信节点位于函数选板的【数据通信】→【协议】→【串口】子选板或【仪器 I/O】→【串口】子选板中,如图 7.5 所示。

图 7.5 【串口】子选板

【串口】子选板共包括 8 个节点,分别实现初始化串口、串口写、串口读、检测串口缓存、中断以及关闭串口等功能。这 8 个串口节点的功能如表 7.2 所示。

表 7.2 串口节点的功能

名 称	功 能
VISA 配置串口	将 VISA 资源名称指定的串口按特定设置初始化。该 VI 可以配置串口的波特率、数据位、停止位、奇偶校验位等参数
VISA 写入	将写入缓冲区的数据写入 VISA 资源名称指定的设备或接口中
VISA 读取	从 VISA 资源名称所指定的设备或接口中读取指定数量的字节,并将数据返回至读取缓冲区
VISA 关闭	关闭 VISA 资源名称指定的设备会话句柄或事件对象
VISA 串口字节数	返回指定串口的输入缓冲区的字节数
VISA 串口中断	发送指定端口上的中断
VISA 设置 I/O 缓冲区大小	设置 I/O 缓冲区大小。若需设置串口缓冲区大小,必须先运行 VISA 配置串口 VI
VISA 清空 I/O 缓冲区	清空指定的 I/O 缓冲区

"VISA 配置串口"节点用于初始化串口,在利用计算机控制串口仪器设备时,先要配置好串口,即先初始化串口,使计算机串口的各种参数设置与仪器设备的串口保持一致,这样才能够正确地进行串行通信。"VISA 配置串口"节点的图标及端口如图 7.6 所示。

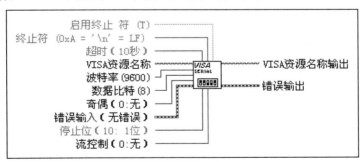

图 7.6 "VISA 配置串口"节点的图标及端口

"VISA 配置串口"节点的端口功能如表 7.3 所示。

表 7.3 "VISA 配置串口"节点的端口功能

端口名称	功 能 含 义
启用终止符	使串行设备做好识别终止符的准备。若值为 True(默认),VI_ATTR_ASRL_END_IN 属性设置为识别终止符;若值为 False,VI_ATTR_ASRL_END_IN 属性设置为 0(无)且串行设备不识别终止符

(续表)

端口名称	功能含义
终止符	通过调用终止读取操作。从串行设备读取终止符后读取操作终止。0xA 是换行符(\n)的十六进制表示。消息字符串的终止符由回车(\r)改为 0xD
超时	指定读/写操作的时间,以毫秒为单位。默认值为 10000
VISA 资源名称	指定要打开的资源。VISA 资源名称控件也可指定会话句柄和类
波特率	波特率是传输速率。默认值为 9600bps
数据比特	是输入数据的位数。数据位的值介于 5 和 8 之间,默认值为 8
奇偶	指定要传输或接收的每一帧使用的奇偶校验。该输入支持下列值: 0—no parity(默认) 1—odd parity 2—even parity 3—mark parity 4—space parity
错误输入	表明该节点运行前发生的错误条件。该输入提供标准错误输入
停止位	停止位指定用于表示帧结束的停止位的数量。该输入支持下列值: 10—1 位停止位(默认) 15—1.5 位停止位 20—2 位停止位
流控制	0 — 无(默认)。传输机制不使用流控制。假定该连接两边的缓冲区都足够容纳所有的传输数据
	1 — XON/XOFF。该传输机制用 XON 和 XOFF 字符进行流控制。该传输机制通过在接收缓冲区将满时发送 XOFF 控制输入流,并在接收到 XOFF 后通过中断传输控制输出流
	2 — RTS/CTS。该传输机制用 RTS 输出信号和 CTS 输入信号进行流控制。该传输机制通过在接收缓冲区将满时置 RTS 信号有效控制输入流,并在置 CTS 信号无效后通过中断传输进行输出流控制
	3 — XON/XOFF and RTS/CTS。该传输机制用 XON 和 XOFF 字符及 RTS 输出信号和 CTS 输入信号进行流控制。该传输机制通过在接收缓冲区将满时发送 XOFF 并置 RTS 信号无效控制输入流,并在接收到 XOFF 且置 CTS 无效后通过中断传输控制输出流
	4 — DTR/DSR。该机制用 DTR 输出信号和 DSR 输入信号进行流控制。该传输机制通过在接收缓冲区将满时置 DTR 信号有效控制输入流,并在置 DSR 信号无效后通过中断传输控制输出流
	5 — XON/XOFF and DTR/DSR。该传输机制用 XON 和 XOFF 字符及 DTR 输出信号和 DSR 输入信号进行流控制。该传输机制通过在接收缓冲区将满时发送 XOFF 并置 RTS 信号无效控制输入流,并在接收到 XOFF 且置 DSR 信号无效后通过中断传输控制输出流
VISA 资源名称输出	是由 VISA 函数返回的 VISA 资源名称的副本
错误输出	包含错误信息。该输出提供标准错误输出

7.1.3 串行通信应用举例

【例 7.1】双机串行通信。

要求使用两台计算机进行串行通信,一台计算机作为甲机,通过 RS-232C 串口向外发送数据;另一台计算机作为乙机,接收由甲机发送来的数据。两台计算机之间通过一根 RS-232C 电缆连接起来,电缆采用简单的 3 线连接形式,连接关系如图 7.4 所示。

双机串行通信的流程如图 7.7 所示。

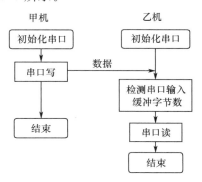

图 7.7 双机串行通信的流程图

甲机发送数据 VI 的前面板和程序框图如图 7.8 所示。

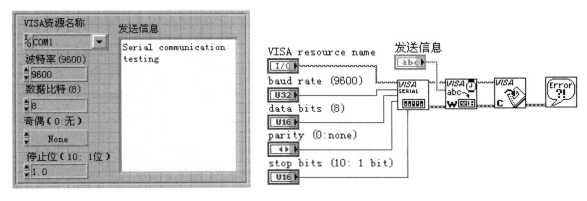

图 7.8 甲机发送数据 VI 的前面板和程序框图

在程序框图 7.8 中,通过"VISA 配置串口"节点配置通信参数,利用"VISA 写入"节点发送数据。需要注意的是,发送信息必须以字符串的形式写入。

乙机接收数据 VI 的前面板和程序框图如图 7.9 所示。

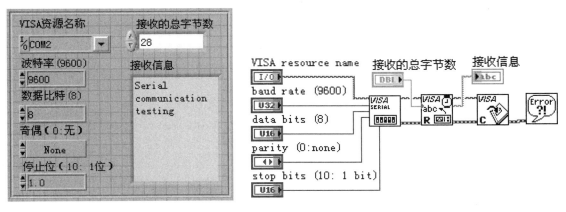

图 7.9 乙机接收数据 VI 的前面板和程序框图

乙机的通信参数配置应与甲机一致。程序框图中,利用"VISA 读取"节点读取缓存中的数据。

【例 7.2】对一台配置了 RS-232C 串口的仪器实现串行发送与接收操作。

串行通信 VI 的前面板和程序框图如图 7.10 所示。

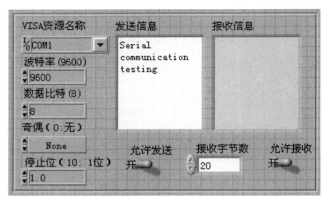

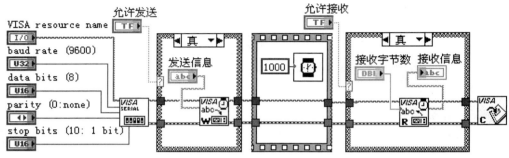

图 7.10　串行通信 VI 的前面板和程序框图

仪器串行发送与接收控制以及串行通信参数的设置由前面板上的输入控件设定。程序框图中,利用选择结构选择串行发送、串行接收,利用顺序结构设置串行发送到串行接收的时间间隔。

7.2　网 络 通 信

虚拟仪器技术与网络技术相结合,构成网络化虚拟测试系统是虚拟仪器发展的方向之一。LabVIEW 具有强大的网络通信功能,这种功能使得 LabVIEW 的使用者可以很容易地编写出具有强大网络通信能力的 LabVIEW 应用软件,以实现远程测控。

7.2.1　TCP 通信

1. TCP 协议简介

TCP 协议是 TCP/IP(Transmission Control Protocol/Internet Protocol)中的一个子协议。TCP/IP 的中文译名为传输控制协议/网际协议。在整个计算机网络通信中,使用最为广泛的通信协议便是 TCP/IP 协议。它是网络互连的标准协议,连入 Internet 的计算机进行信息交换和传输都需要采用该协议。

TCP/IP 是美国政府资助的高级研究计划署(ARPA)在 20 世纪 70 年代的研究成果,用来使全球的研究网络连在一起形成一个虚拟网络,也就是国际互联网。如今 TCP/IP 如此重要的原因在于,它允许独立的网络加入 Internet 或组织在一起形成私有的内部网(Intranet)。构成内部网的每个网络通过一种称为路由器或 IP 路由器的设备在物理上连接在一起。路由器是一台用来从一个网络到另一个网络传输数据包的计算机。在一个使用 TCP/IP 协议的内部网中,信息通过使用一种独立的称为 IP 包(IP packet)或 IP 数据报(IP-datagram)的数据单元传输。

TCP/IP 协议采用简单的 4 层模型,即应用层、传输层、互连层、网络层。

(1)网络层

网络层,也称网络接口层,是TCP/IP模型的底层。该层负责数据帧(即数据包)的发送和接收。帧是独立的网络信息的传送单元,网络接口层负责将帧放到网上,或从网上取下帧。

(2)互连层

互连协议将数据包封装成Internet数据报,并运行必要的路由算法。该层包含4个互连协议,即网际协议(IP)、地址解析协议(ARP)、网际控制消息协议(ICMP)和互连组管理协议(IGMP)。其中IP主要负责在主机和网络之间寻址和路由数据包。ARP(Address Resolution Protocol)用于获得同一物理网络中的硬件主机地址。ICMP(Internet Control Message Protocol)主要负责发送消息,并报告有关数据包的转送错误。IGMP(Internet Group Management Protocol)被IP主机用来向本地多路广播路由器报告主机组成员。

(3)传输层

提供应用程序间的通信,其功能包括格式化信息流、提供可靠传输。

(4)应用层

TCP/IP模型的顶层是应用层。应用程序通过此层访问网络。该层有许多标准的TCP/IP工具与服务,如FTP、Telnet、SNMP和DNS等。

在LabVIEW中可以利用TCP协议进行网络通信,并且,LabVIEW对TCP协议的编程进行了高度集成,用户通过简单编程就可以在LabVIEW中实现网络通信。

2. **TCP节点**

在LabVIEW 2015中,TCP节点位于函数选板的【数据通信】→【协议】→【TCP】子选板中,如图7.11所示。

图7.11 【TCP】子选板

【TCP】子选板共包括10个节点,这10个TCP节点的功能如表7.4所示。

表7.4 TCP节点的功能

名 称	功 能
TCP侦听	创建侦听器并等待位于指定端口的已接受TCP连接
打开TCP连接	打开由地址和远程端口或服务名称指定的TCP网络连接
读取TCP数据	从TCP网络连接读取字节并通过数据输出返回结果
写入TCP数据	使数据写入TCP网络连接
关闭TCP连接	关闭TCP网络连接
IP地址至字符串转换	使IP地址转换为字符串
字符串至IP地址转换	使字符串转换为IP地址或IP地址数组
解释机器别名	返回机器的网络地址,用于连网或在VI服务器函数中使用
创建TCP侦听器	为TCP网络连接创建侦听器
等待TCP侦听器	等待已接受的TCP网络连接

TCP 是基于连接的协议,这意味着各传输点必须在数据传输前创建连接。通过"打开 TCP 连接"节点可主动创建一个具有特定地址和端口的连接。若连接成功,该节点将返回唯一识别该连接的网络连接句柄。这个连接句柄可在此后的节点调用中引用该连接。连接创建完毕后,可通过"读取 TCP 数据"节点及"写入 TCP 数据"节点对远程 VI 进行数据读/写。通过"关闭 TCP 连接"节点关闭与远程程序的连接。

3. TCP 通信编程举例

【例 7.3】 利用 TCP 协议进行双机通信。

采用服务器/客户机模式进行双机通信,是在 LabVIEW 中进行网络通信的最基本的结构模式。本例要求由服务器产生正弦波,利用 TCP 协议,通过局域网将产生的正弦波送至客户机显示。双机通信的流程如图 7.12 所示。

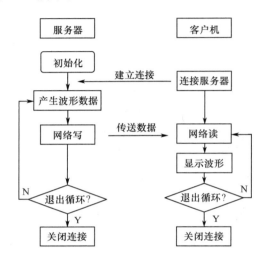

图 7.12 双机通信流程

服务器 VI 的前面板和程序框图如图 7.13 所示。

在服务器程序中,首先指定网络端口,并由"TCP 侦听"节点建立 TCP 听者,等待客户机的连接请求,这就是初始化过程。程序框图采用了两个"写入 TCP 数据"节点来发送数据:第一个发送正弦波形的长度,第二个发送正弦波形数据。这种发送方式有利于客户机接收数据。在发送程序的设计中,需要使用"强制类型转换"节点将发送数据转换为字符串型。

客户机 VI 的前面板和程序框图如图 7.14 所示。

与服务器程序框图相对应,客户机程序框图也采用了两个"读取 TCP 数据"节点读出由服务器送来的正弦波形数据。第一个节点读出正弦波形的长度,使用"强制类型转换"节点转换为整型数;然后第二个节点根据这个长度将正弦波形的数据全部读出,利用"强制类型转换"节点将数据转换为一维数组送波形图显示。这种方法是 TCP 通信中常用的方法,可以有效地发送、接收数据,并保证数据不丢失。

利用 TCP 节点进行网络通信时,需要在服务器端指定网络通信端口,客户机也要指定相同端口,才能与服务器之间进行正确的通信。

还有一点值得注意,在客户机程序框图中要指定服务器的"计算机名称"或"IP 地址"才能与服务器之间建立连接。若服务器和客户机程序都在同一台计算机上运行,输入的地址可以为空或为"Localhost"。在运行客户端程序前,必须先运行服务器端程序。

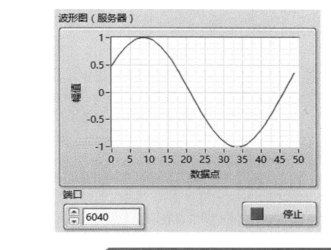

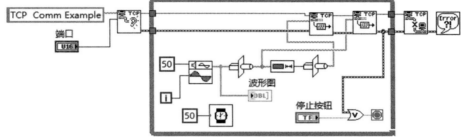

图 7.13　服务器 VI 的前面板和程序框图

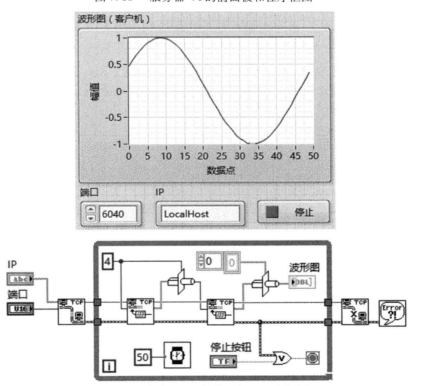

图 7.14　客户机 VI 的前面板和程序框图

7.2.2 UDP 通信

1. UDP 协议简介

UDP(User Datagram Protocol,用户数据报协议)是一个无连接模式协议,主要用来支持那些需要在计算机之间传输数据的网络应用。与 TCP 协议一样,UDP 协议直接位于 IP 协议的顶层,使用 IP 路由功能把数据报发送到目的地。每一个数据报的前 8 字节用来包含报头信息,剩余字节则用来包含具体的传输数据。UDP 报头由 4 个域组成,每个域各占用 2 字节,具体为:源端口号、目标端口号、数据报长度、检验值。

UDP 和 TCP 协议的主要区别是两者在如何实现信息的可靠传递方面不同。TCP 协议中包含了专门的传递机制,当数据接收方收到发送方传来的信息时,会自动向发送方发出确认消息;发送方只有在接收到该确认消息之后才能继续传送其他消息,否则将一直等待直到收到确认信息为止。

与 TCP 不同,UDP 协议并不提供数据传送的保证机制。如果在从发送方到接收方的传递过程中出现数据报的丢失,协议本身并不能作出任何检测或提示。因此,通常人们把 UDP 协议称为不可靠的传输协议。

但是在有些情况下,UDP 协议会非常有用,因为 UDP 具有 TCP 不及的传输速率优势。虽然 TCP 协议中植入了各种安全保障功能,但是在实际执行的过程中会占用大量的系统开销,这无疑使传输速率受到严重的影响。而 UDP 由于排除了信息可靠传递机制,将安全和排序等功能移交给上层应用来完成,极大地降低了执行时间,使传输速率得到了保证。

UDP 协议的主要特性如下。

① UDP 是一种无连接协议,在传输数据之前,源端和终端不建立连接,当它想传送时就简单地读取来自应用程序的数据,并尽可能快地把它传送到网络上。在发送端,UDP 传送数据的速率仅仅是受应用程序生成数据的速率、计算机的能力和传输带宽的限制;在接收端 UDP 把每个消息段放在队列中,应用程序每次从队列中读一个消息段。

② 由于传输数据不建立连接,因此也就不需要维护连接状态,包括收发状态等,因此一台服务机可同时向多个客户机传输相同的消息。

③ UDP 信息包的标题很短,只有 8 字节,相对于 TCP 的 20 字节信息包,额外开销很小。

④ 吞吐量不受拥挤控制算法的调节,只受应用程序生成数据的速率、传输带宽、源端和终端主机性能的限制。

2. UDP 节点

在 LabVIEW 2015 中,UDP 节点位于函数选板的【数据通信】→【协议】→【UDP】子选板中,如图 7.15 所示。

图 7.15 【UDP】子选板

【UDP】子选板共包括 5 个节点,这 5 个 UDP 节点的功能如表 7.5 所示。

"写入 UDP 数据"节点用于将数据发送到一个目的地址,"读取 UDP 数据"节点用于读取该数据。每个写操作需要一个目的地址和端口。每个读操作包含一个源地址和端口。UDP 会保留为发送命令而指定的数据报的字节数。理论上,数据报可以任意大小。然而,鉴于 UDP 可靠性不如 TCP,通常不会通过 UDP 发送大型数据报。

表 7.5 UDP 节点的功能

名　　称	功　　能
打开 UDP	打开端口或服务名称的 UDP 套接字
打开 UDP 多点传送	打开端口上的 UDP 多点传送套接字
读取 UDP 数据	从 UDP 套接字读取数据报并通过数据输出返回结果
写入 UDP 数据	使数据写入远程 UDP 套接字
关闭 UDP	关闭 UDP 套接字

当端口上所有的通信完毕,可使用"关闭 UDP"节点释放系统资源。

如果需在 LabVIEW 中进行多点传送,可用"打开 UDP 多点传送"节点打开能够进行读/写和 UDP 数据读/写的连接,要指定写数据的停留时间,读数据的多点传送地址和读/写数据的多点传送端口号。

3. UDP 通信编程举例

【例 7.4】利用 UDP 协议进行双机通信。

本例要求由服务器产生正弦信号,通过局域网送至客户机进行显示。

服务器 VI 的前面板和程序框图如图 7.16 所示。

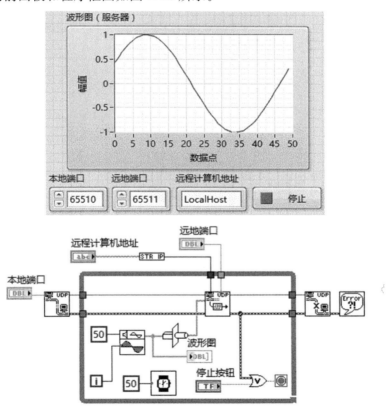

图 7.16　服务器 VI 的前面板和程序框图

在服务器程序中,首先要指定本地端口及接收数据的远程计算机端口和地址,如果要发送到本机,远程计算机地址可为"Localhost"或为空。产生的正弦信号由"写入 UDP 数据"节点发送。

客户机 VI 的前面板和程序框图如图 7.17 所示。

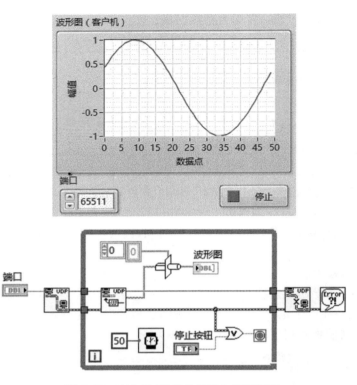

图 7.17 客户机 VI 的前面板和程序框图

与服务器程序相对应,客户机采用"读取 UDP 数据"节点读出由服务器传来的正弦信号并显示在波形图上。

需要注意的是,客户机要指定本地端口,这个端口必须与服务器前面板中设置的目标远程端口一致(本例为 65511)。另外,UDP 中使用的地址是一个 32 位无符号整数,需要用【TCP】子选板中的"字符串至 IP 地址转换"、"IP 地址至字符串转换"节点进行转换。

7.2.3 DataSocket 通信

测控数据在网络上的发布和共享是仪器网络化的关键技术之一。虽然现存的 TCP/IP 和 DDE(动态数据交换)等多种技术可以实现应用程序间的数据共享,但大多数使用起来并不方便,开发效率不高,甚至不能满足数据实时传输的需求。DataSocket 技术专为测量数据的实时传送而设计,是虚拟仪器设计过程中面向网络测控技术扩展,能简化系统开发过程,满足正确传输、实时通信和网络安全的设计要求,特别适合于远程数据采集、监控和数据共享等应用程序的开发。

1. DataSocket 的基本概念

DataSocket 是 NI 公司推出的基于 TCP/IP 协议的新技术,DataSocket 面向测量和网上实时高速数据交换,可用于一台计算机内或者网络中多个应用程序之间的数据交换。它极大地简化了应用程序之间以及计算机之间进行数据转输的过程,使用 DataSocket 技术传输数据对于用户来说极为方便。无论是通过编程的方法还是前面板对象链接的方法使用 DataSocket 传输数据,都可以在程序运行后自动查找计算机中的网络硬件,局域网上的计算机会通过网卡,进行过 Internet 设置的计算机会通过调制解调器连接到网络服务器上。

DataSocket 技术专门为满足测试与自动化的需求而设计,它不必像 TCP/IP 编程那样把数据转换为非结构化的字节流,而是以自己特有的编码格式传输各种类型的数据,包括字符串、数字、布尔量及波形等,还可以在现场数据和用户自定义属性之间建立联系一起传输。DataSocket为共享与发布现场测试数据提供了方便易用的高性能编程接口。

DataSocket 由 DataSocket API 和 DataSocket Server 两部分组成。DataSocket API 是一个与协议、编程语言、操作系统无关的应用程序接口,能够把测量数据转化为适合在网络上传输的数据流。DataSocket Server 是一个独立部分,可以把现场数据高速传给远端客户。用 DataSocket Server 发布数据需要 3 个部分:发布者(Publisher)、服务器(DataSocket Server)、接收者(Subscriber),三者关系如图 7.18 所示。发布者通过 DataSocket API 把数据写入 DataSocket Server,接收者通过 DataSocket API 从 DataSocket Server 读出数据。发布者和接收者之间具有时效性,接收者只能读到发布者运行后发来的数据,此数据可以被多次读到。DataSocket Server Manager 定义了最大连接数、最大数据对象个数,规定了数据访问的权限,即哪些计算机可以作为发布者,哪些计算机可以作为接收者。这 3 部分可以存在于一台装置中,但多数是分布在不同的装置中,这样有利于改善系统性能,提高安全度。

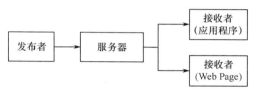

图 7.18　发布者、服务器和接收者之间的关系

DataSocket 用类似于 Web 中的统一资源定位器(URL)定位数据源,URL 的不同前缀表示了不同的数据类型:file 为本地文件,http 为超文本传输协议,ftp 为文件传输协议,opc 表示访问的资源是 OPC 服务器,dstp(DataSocket Transfer Protocol)则说明数据来自 DataSocket 服务器的实时数据。

(1) DataSocket Server Manager

安装 LabVIEW 2015 后,会生成 DataSocket 子目录。单击 Windows 操作系统主窗口的【开始】按钮,在弹出的快捷菜单中选择【程序】→【National Instruments】→【DataSocket】→【DataSocket Server Manager】,出现如图 7.19 所示的窗口。

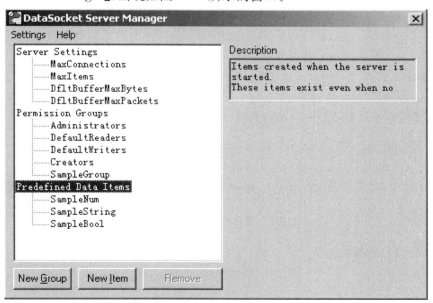

图 7.19　【DataSocket Server Manager】窗口

DataSocket Server Manager 是一个独立运行的小程序,它的主要功能是设置 DataSocket

Server可连接的客户程序的最大数目和可创建的数据项的最大数目,创建用户组和用户,设置用户创建数据项(Data Item)和读/写数据项的权限。数据项实际上DataSocket Server中的数据文件,未经授权的用户不能在DataSocket Server上创建或读/写数据项。DataSocket Server Manager的主要配置参数如下。

① Server Settings(服务器设置):用于设置与服务器性能有关的参数。参数MaxConnections是指DataSocket Server最多可以连接的客户端数,其默认值为50;参数MaxItems用于设置服务器最大允许的数据项目的数量。

② Permission Groups(许可组设置):设置与安全有关的参数。Groups(组)是指用一个组名来代表一组IP地址的集合,这对于以组为单位进行设置比较方便。DataSocket Server共有4个内建组:Administrators,DefaultReaders,DefaultWriters和Creators,这4个内建组分别表示了管理、读、写以及创建数据项目的默认主机设置。

③ Predefined Data Items(预定义数据项设置):定义了一些用户可以直接使用的数据项目,并且可以设置每个数据项目的数据类型、默认值及访问权限等属性。默认的数据项目共有3个,即SampleNum,SampleString和SampleBool。

(2) DataSocket Server

单击Windows操作系统主窗口的【开始】按钮,在弹出的快捷菜单中选择【程序】→【National Instruments】→【DataSocket】→【DataSocket Server】,出现如图7.20所示的窗口。

DataSocket Server也是一个独立运行的小程序,它能为用户解决大部分网络通信方面的问题。它负责监管DataSocket Server Manager中所设定的各种权限和客户程序之间的数据交换。DataSocket

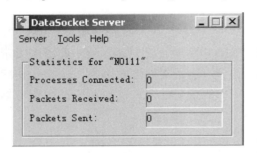

图7.20 【DataSocket Server】窗口

Server与测控应用程序可安装在同一台计算机上。

DataSocket Server的主要参数如下:

① Processes connected:显示与DataSocket Server连接的客户端实际数目;

② Packets Received/Sent:显示传输过程中接收/发送的数据包的数目。

2. DataSocket节点

在LabVIEW 2015中,利用DataSocket节点可进行DataSocket通信。DataSocket节点位于函数选板的【数据通信】→【DataSocket】子选板中,如图7.21所示。

图7.21 【DataSocket】子选板

【DataSocket】子选板共包括5个节点,这5个DataSocket节点的功能如表7.6所示。

表7.6 DataSocket节点的功能

名称	功能
读取DataSocket	使客户端缓冲区(与连接输入中指定的连接相关)的下一个可用数据移出队列并返回数据
写入DataSocket	使数据写入至连接输入中指定的连接

(续表)

名称	功能
DataSocket 选择 URL	显示对话框,使用户选择数据源并返回数据的 URL
打开 DataSocket	打开在 URL 中指定的数据连接
关闭 DataSocket	关闭在连接 ID 中指定的数据连接

LabVIEW 将 DataSocket 函数库的功能高度集成到了 DataSocket 节点中,与 TCP/IP 节点相比,DataSocket 节点使用方法更为简单和易于理解。DataSocket 节点分为 DataSocket 通信节点和 DataSocket 变量转换节点两大类,DataSocket 通信节点用于完成 DataSocket 通信,DataSocket 变量转换节点用于完成 DataSocket 节点所使用的 Variant 变量和其他所有类型的变量之间的转换。

与 TCP/IP 通信一样,利用 DataSocket 进行通信时也需要首先指定统一资源定位器 URL (Uniform Resource Locator),来说明使用的通信协议和数据资源的位置。DataSocket 可用的 URL 共有下列 5 种:dstp,ftp,opc,file 和 http 传输协议。

① dstp(DataSocket Transfer Protocol):DataSocket 的专门通信协议,可以传输各种类型的数据。当使用这个协议时,VI 与 DataSocket Server 连接,用户必须为数据提供一个附加到 URL 的标识(Tag),DataSocket 连接利用 Tag 在 DataSocket Server 为一个特殊的数据项目指定地址。目前,应用虚拟仪器技术组建的测量网络大多采用该协议。使用形式为 dstp://202.119.80.170/wave。

② ftp(File Transfer Protocol):文件传输协议。使用形式为 ftp://ftp.ni.com/dataSocket/sine.wave。其中,ni.com 为服务器地址,sine.wave 为文件名。

③ opc(OLE for Process Control):操作计划和控制。特别为实时产生的数据而设计。要使用该协议,必须首先运行一个 OPC Server,使用形式为 OPC:\National Instruments.OPCTest\item1。

④ file(Local File Server):本地文件服务器。用于提供一个到包含数据的本地或网络文件的连接。使用形式为 file:C:\mydata\sine.wav(文件位于本机 c:\mydata 目录,文件名为 sine.wav)。

⑤ http(Hypertext Transfer Protocol):超文本传输协议,用于从 WWW 服务器传输超文本到本地浏览器的传输协议,使用形式为:http://www.microsoft.com。

3. DataSocket 应用举例

使用 DataSocket 技术进行通信时,在服务器端和客户端的计算机上必须都运行 DataSocket Server。

【例 7.5】DataSocket 使用实例。对一内河水情进行远程监控,将现场监控工作站采集到的内河水位、水流量、闸门开启高度等参数通过通信网络发送到控制中心,以实现对内河水情的实时监控。

在本例中,内河水情数据用随机数产生,以代替真实的采集数据。为了方便,把水位、水流量和闸门开启高度合并成一个数组传输。程序设计中,由"打开 DataSocket"节点打开在 URL 中指定的数据连接,URL 指定为 dstp://localhost/water(设在本机试验),指定数据连接的模式为"Write"。要传输的数据由"写入 DataSocket"节点写入连接的数据。发布端 VI 的前面板和程序框图如图 7.22 所示,其中的算术运算是为了模拟实际的数据处理。

对于远程接收端,同样用"打开 DataSocket"节点打开在 URL 中指定的数据连接,URL 指定

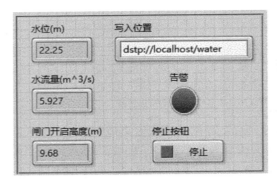

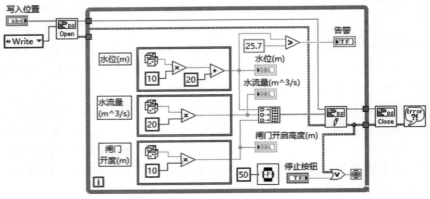

图 7.22 发布端 VI 的前面板和程序框图

为 dstp://localhost/water（设在本机实验），指定数据连接的模式为"Read"。由"读取 DataSocke"节点接收数据。这里要注意的是,要确定"读取 DataSocket"节点类型端口的数据类型,如果不输入数据类型的话,则数据类型为 Variant,这样得到的数据还需要用 Varant 转换函数转换成 LabVIEW 可以处理的数据类型。由于发布的数据是包含 3 个元素的一维数组,因此要设置数据类型为一维数组。然后把输出连接在"索引数组"函数上,分别取出各个元素。用不同的显示控件显示接收数据,并且当水位超过 25.7m 的警戒线时,发出警告提示（警告灯变绿）。接收端 VI 的程序框图如图 7.23 所示。

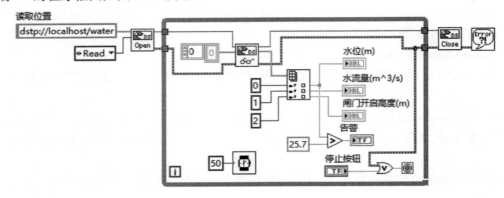

图 7.23 接收端 VI 的程序框图

需要注意的是,应先运行发布端 VI,再运行接收端 VI。接收端 VI 的运行结果如图 7.24 所示。

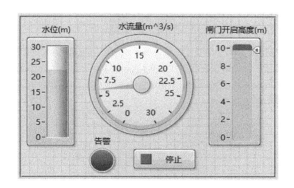

图 7.24 接收端 VI 的运行结果

7.3 共 享 变 量

LabVIEW 为创建分布式应用提供了多种多样的技术接口。其中引入的共享变量为简化编程应用向前迈出了重大一步。

共享变量有 3 种类型：单进程、网络发布、I/O 共享变量。使用共享变量，可以在同一个程序框图的不同循环之间或者网络上的不同 VI 之间共享数据。与 LabVIEW 中其他现有的数据共享的方法如 UDP/TCP 等不同，通常在编辑时使用属性对话框来配置共享变量，而不需要在应用中包括配置代码。

共享变量节点位于函数选板的【数据通信】→【共享变量】子选板中，如图 7.25 所示。

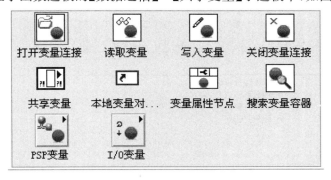

图 7.25 【共享变量】子选板

【共享变量】子选板共包括 8 个节点，这 8 个节点的功能如表 7.7 所示。

表 7.7 共享变量节点的功能

名 称	功 能
打开变量连接	打开共享变量连接
读取变量	读取网络发布共享变量、I/O 变量或 I/O 变量容器。对于 I/O 变量和 I/O 变量容器，该函数进行扫描读取操作
写入变量	写入网络发布共享变量、I/O 变量或 I/O 变量容器。对于 I/O 变量和 I/O 变量容器，该函数进行扫描写入操作
关闭变量连接	关闭共享变量连接

(续表)

名　称	功　能
共享变量	表示程序框图上的共享变量。若需绑定程序框图中的共享变量节点和处于活动状态的项目中的共享变量,可在程序框图中放置共享变量节点,双击或右键单击该共享变量节点,在快捷菜单中选择选择变量?浏览,显示选择变量对话框。也可拖放项目浏览器窗口中的共享变量至相同项目中VI的程序框图,创建共享变量节点
本地变量对象引用	通过该常量提供下列项的引用
变量属性节点	获取(读取)和/或设置(写入)引用的属性。该节点的操作与属性节点的操作相同。但是,该节点已配置使用变量引用
搜索变量容器	搜索变量容器,返回对满足搜索条件的变量对象的引用。使用该函数,可通过编程查找变量,搜索条件为可选。若存在未连线的搜索条件输入接线端,函数不按照条件进行搜索

7.3.1　创建项目文件

创建共享变量是在项目中进行的,只有在项目的某个计算机设备中创建了共享变量,才可以使用它。因此创建共享变量之前,首先要创建一个项目。在LabVIEW 2015中创建项目的方法是:在LabVIEW的启动界面上选择【创建项目】,即可弹出项目浏览器窗口,在项目浏览器窗口中,单击【文件】→【另存为】,并选择项目保存路径和名称后,单击【确定】按钮,即可创建一个新项目。LabVIEW项目文件的扩展名为.lvproj。项目命名为项目1后的项目浏览器窗口如图7.26所示。

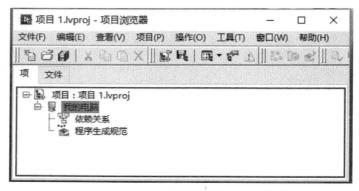

图7.26　项目浏览器窗口

7.3.2　创建共享变量

创建共享变量的步骤如下。

(1) 打开一个项目,弹出项目浏览器窗口,如图7.27所示。

(2) 在项目浏览器窗口中,用鼠标右键单击项目树中的【我的电脑】,在弹出的快捷对话框中选择【新建】→【变量】,将弹出【共享变量属性】对话框,如图7.28所示。在对话框中,对共享变量可进行配置,如命名变量名称、选择变量类型(类型可为单进程、网络发布、I/O共享变量),配置完成后,单击【确定】按钮完成共享变量的创建。

共享变量创建完成后,LabVIEW自动在项目浏览器中创建一个变量库,并将共享变量包含在其中,如图7.29所示。在图中可以看到,名称为"Test_var.lvlib"的项目库中包含一个名称为Variable1的共享变量。

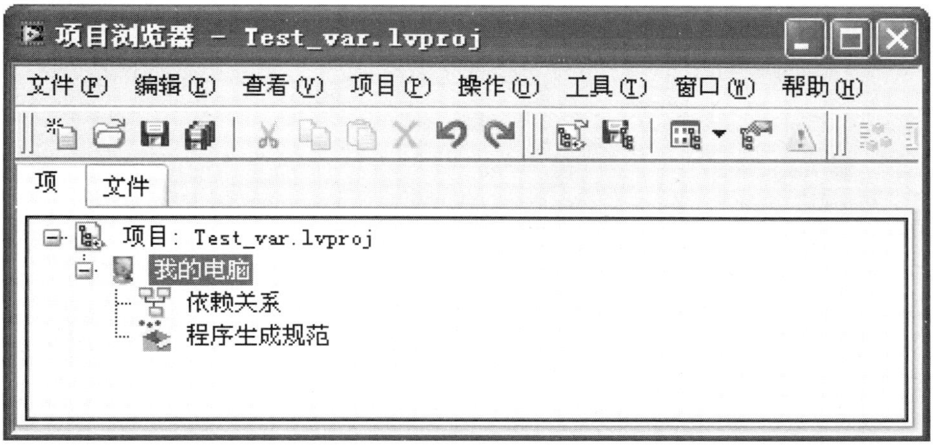

图 7.27 项目浏览器窗口

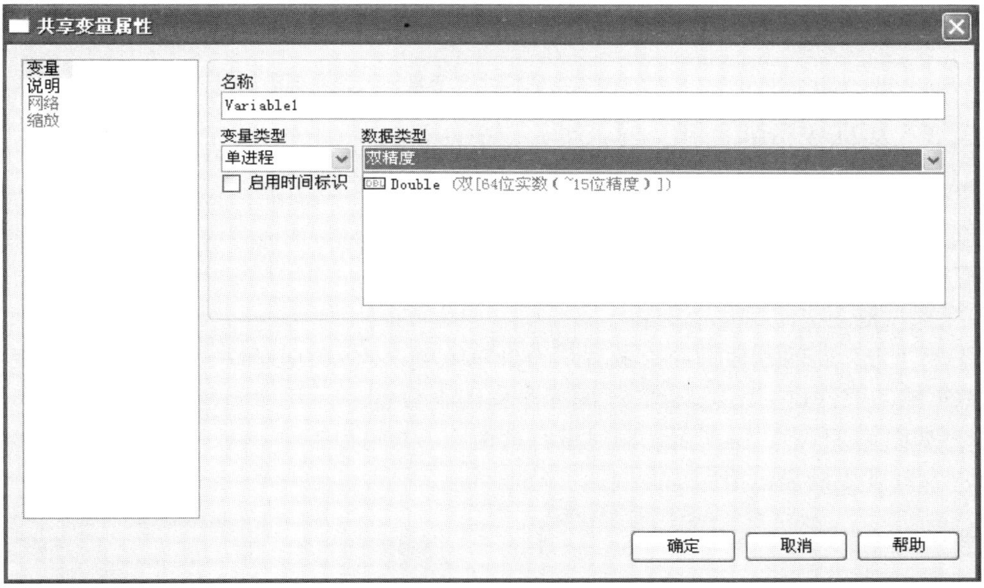

图 7.28 【共享变量属性】对话框

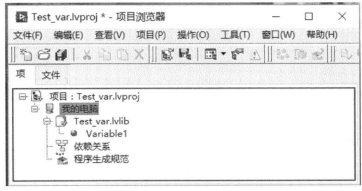

图 7.29 项目中的共享变量

创建了共享变量后就可以使用共享变量了，向 VI 的程序框图中放置共享变量有两种方法：一是从项目浏览器中将共享变量拖入程序框图；二是在程序框图中放置一个共享变量函数，然后在建好的变量列表中选择即可。从项目浏览器中将共享变量拖入程序框图的过程如图 7.30 所示。

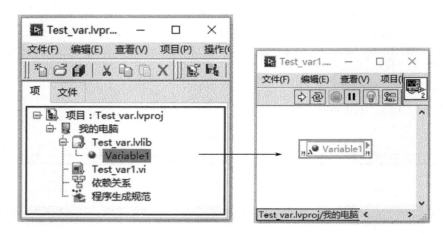

图 7.30　从项目浏览器中将共享变量拖入程序框图的过程

7.3.3　共享变量的使用

有两种使用共享变量的方法：第 1 种方法是在程序框图中使用共享变量，共享变量节点是一个程序框图对象；第 2 种方法是在前面板上使用共享变量的值，即通过前面板数据绑定来读取或写入前面板对象中的实时数据。

(1)在程序框图中使用共享变量

在 Test_var1.vi 的程序框图上放置一个共享变量节点，数据端口方向为写入，前面板上放置一个数据输入控件；在 Test_var2.vi 的程序框图上放置一个共享变量节点，数据端口方向为读出，分别如图 7.31(a)、(b)所示。同时运行这两个 VI，可以看到，Test_var1.vi 上的输入值改变，Test_var2.vi 上的显示值同步改变。

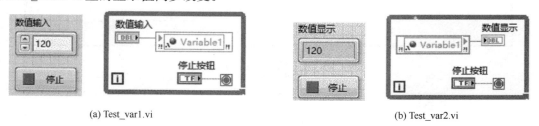

(a) Test_var1.vi　　　　　　　　　　　　　(b) Test_var2.vi

图 7.31　在程序框图中使用共享变量传递数据

(2)前面板数据绑定

前面板数据绑定的方法如下。

① 在打开的项目中新建一个 Test_var3.vi，在其前面板上放置一个控件，如旋钮控件。

② 从项目浏览器窗口拖曳共享变量 Variable2 到 VI 的前面板。

③ 用鼠标右键单击旋钮控件，在弹出的快捷菜单中选择【属性】，将弹出【旋钮控件的属性设置】对话框。在属性设置对话框中选择【数据绑定】选项，将弹出数据绑定设置对话框，如图 7.32 所示。

图 7.32　数据绑定设置对话框

在数据绑定设置对话框中,将"数据绑定选择"选择为"共享变量引擎(NI-PSP)","访问类型"选择为"读/写",单击【浏览】按钮选择共享变量的路径。设置完成后,单击【确定】按钮,就完成了旋钮控件与共享变量 Variable2 的数据绑定。

数据绑定后,改变旋钮控件的值就改变了与其绑定的共享变量的值。在 VI 运行时,如果成功连接到共享变量,则在 VI 前面板对象旁边会出现一个指示,如图 7.33 所示。

图 7.33　旋钮控件绑定共享变量

7.3.4　共享变量用于网络通信

通过共享变量,用户无须编程就可以在不同计算机之间方便地实现数据的共享。用户无须了解任何的底层复杂的网络通信,就能轻松地实现数据交换。网络应用的处理完全由网络发布的变量完成。

1. NI-PSP 数据传输协议

NI-PSP(NI 发布-订阅协议)是用于传输网络共享变量的优化网络协议。利用共享变量引擎通过网络发布的共享变量可在 VI、远程计算机和硬件之间传递数据。共享变量引擎用 NI-PSP 数据传输协议来写入实时数据,同时也允许读取实时数据。NI-PSP 是 NI 的专有技术,用于为各类应用程序提供快速可靠的数据传输,在安装 LabVIEW 时,NI-PSP 作为一项服务被安装在计算机上。

PSP 协议的 URL:浏览网络上的 NI-PSP 数据项时,不属于当前活动项目的共享变量会作为数据项出现。其他项目的共享变量的网络路径由计算机名、共享变量所在的项目库名,以及共享变量名组成(\\computer\library\variable)。例如,网络路径\\NO111\test_var\Variable1 指向一个名为 Variable1,属于项目库 test_var,位于计算机 NO111 的共享变量。

2. 共享变量部署

如果一个变量需供其他项目或远程计算机使用,那么必须为这个变量部署一个共享变量。LabVIEW 在共享变量运行时部署共享变量。

通过运行共享变量所在的 VI 可以部署这个共享变量。用鼠标右键单击共享变量所属的项目库，从弹出的快捷菜单中选择"部署"，就可以部署这个共享变量。

用鼠标右键单击共享变量所属的项目库，从弹出的快捷菜单中选择"取消部署"，就可以禁用一个共享变量，共享变量所在的 VI 运行时，不对该共享变量进行部署。

当一个包含共享变量的 VI 运行时，共享变量引擎将部署这个共享变量所在的项目库中所有的共享变量（包括当前 VI 之外的共享变量），以供当前 VI 的变量使用。在部署的过程中，LabVIEW 会报告共享变量引擎的所有冲突，例如将一个不在活动项目中的共享变量发布到共享变量引擎时，就会引起冲突。

停止运行含有共享变量的 VI 并不会取消该共享变量的部署。要取消部署共享变量，用鼠标右键单击共享变量所属的项目库，从弹出的快捷菜单中选择"取消部署"。

在网络应用时，共享变量的使用方式有这样几种：客户端的共享变量与服务器端共享变量绑定；在客户端使用 DataSocket API 对服务器端的共享变量进行读写；将客户端的控件与服务器端定义的共享变量绑定；在客户端使用共享变量的引用句柄使用共享变量 API 对共享变量进行读写。

3. 共享变量网络应用举例

【例 7.6】利用共享变量绑定实现通信。

本例通过 C/S(客户机/服务器)通信模式实现数据传输。

由于共享变量只能存在于项目中，本例建立的项目如图 7.34 所示。

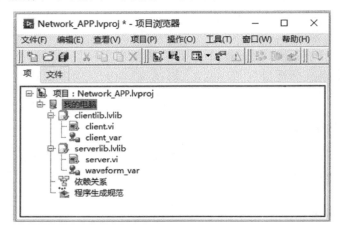

图 7.34 建立的项目

项目创建的过程是，在服务器端创建一个名为 waveform_var 的共享变量，在客户端创建一个名为 client_var 的共享变量，两个变量的数据类型和变量类型一致，都为一维数组双精度和网络发布类型。在服务器端，利用【信号生成】子选板中的"Sine Pattern.vi"函数产生正弦波形，送波形图显示的同时并写入共享变量 waveform_var。server.vi 的前面板和程序框图如图 7.35 所示。

在客户端，需要将创建的共享变量 client_var 的"绑定至"选项，设置为服务器中的共享变量 waveform_var。方法是：在项目浏览器窗口中，用鼠标右键单击共享变量 client_var，在弹出的快捷对话框中，单击【属性】，将弹出共享变量的属性对话框，在【绑定至】选项中，单击【浏览】，在弹出的【浏览变量】对话框中，选择 serverlib→waveform_var，单击【确定】按钮，即可实现客户端的共享变量与服务器端共享变量的绑定。【浏览变量】对话框如图 7.36 所示。

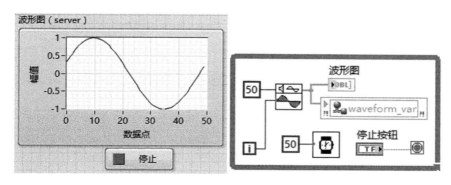

图 7.35　server.vi 的前面板和程序框图

图 7.36　【浏览变量】对话框

将绑定后的共享变量 client_var 放置到客户端程序框图中,选择数据端口方向为读出,并连接至波形图,建立的 client.vi 的前面板和程序框图如图 7.37 所示。

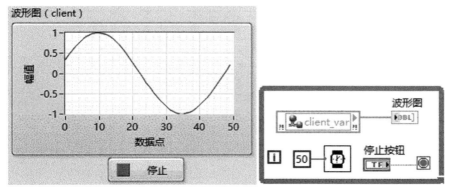

图 7.37　client.vi 的前面板和程序框图

运行 server.vi 后运行 client.vi,可以在客户端观察到服务器端产生的正弦波形。

7.4　IrDA 无线数字通信

无线通信技术是通信领域的重要技术。LabVIEW 2015 除了支持 TCP/IP、DataSocket 等利用有线网络来传输数据之外,还支持无线技术中的 IrDA 技术,即红外数据传输。使用 IrDA 技术,两台具有红外接口的计算机也可以实现数据交换。

7.4.1 IrDA 概述

IrDA 是红外数据协会的英文缩写(Infrared Data Association)。IrDA 标准包括 3 个基本的规范和协议:红外物理层连接规范 (Infrared Physical Layer Link Specification,IrPHY),红外连接访问协议(Infrared Link Access Protocol,IrLAP)和红外连接管理协议（Infrared Link Management Protocol,IrLMP)。IrPHY 规范制定了红外通信硬件设计上的目标和要求;IrLAP 和 IrLMP 为两个软件层,负责对连接进行设置、管理和维护。在 IrLAP 和 IrLMP 基础上,针对一些特定的红外通信应用领域,IrDA 还陆续发布了一些更高级别的红外协议,如 TinyTP,IrOBEX,IrCOMM,IrLAN,IrTran-P 等。

红外无线通信技术提供了一种低成本、短距离、高速率的无线通信方式,采用红外线作为通信载体,红外波长一般在 850～900nm,红外传输距离在几厘米到几十米,发射角度通常在 0°～15°,传输速率为 2.4kbps～16Mbps。

7.4.2 IrDA 节点

在 LabVIEW 2015 中,IrDA 节点位于函数选板的【数据通信】→【协议】→【IrDA】子选板,如图 7.38 所示。

图 7.38 【IrDA】子选板

【IrDA】子选板共包括 7 个节点,这 7 个 IrDA 节点的功能如表 7.8 所示。

表 7.8 IrDA 节点的功能

名　　称	功　　能
搜索红外线	搜索可检测无线区域内支持红外线的设备,返回搜索到设备的 ID、名称及个数
打开红外线连接	打开支持红外线设备的红外线连接
读取红外线数据	从连接 ID 所指定的红外线连接中读取由读取字节中指定数量的字节
写入红外线数据	将字符串数据发送到连接 ID 指定的红外线连接
关闭红外线连接	关闭与连接 ID 指定的红外线设备的打开连接
创建红外线侦听器	通过服务名称为无线网络上的红外线连接创建侦听器并返回侦听器 ID
等待红外线侦听器	等待指定的红外线侦听器接收红外线网络连接

IrDA 通信方式和 TCP/IP 网络通信类似,不同的是,由于无线红外传输的设备是动态可移动的,可能会经常离开通信网络,因此使用红外接口的 IrDA 技术没有固定的网络地址,而是由网络随机地为探测到的设备分配一个唯一的 32 位 ID。探测过程由等待红外线侦听器节点完成。当等待红外线侦听器节点探测到新设备后给其分配 ID,双方根据互相的 ID,利用写入红外线数据节点和读取红外线数据节点发送和接收数据。通过关闭红外线连接节点关闭连接。

7.4.3 IrDA 通信编程举例

【例 7.7】利用 IrDA 技术进行双机通信。

假设两台计算都具有红外通信接口,一台作为服务发起方,将产生的正弦波通过红外线接口无线发送,另一台作为服务接收方,通过红外接口接收数据。

服务发起方的程序框图如图 7.39 所示。

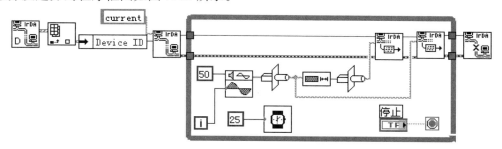

图 7.39　服务发起方的程序框图

程序设计中,首先利用"搜索红外线"节点发现新的 IrDA 接口设备,其返回值利用"索引数组"函数取出其中的 ID,然后由"按名称解除捆绑"函数转换。"打开红外线连接"节点按输入的服务名称和搜索到的远程设备 ID 建立连接。正弦波由 Sine Pattern.vi 产生,利用"强制类型转换"节点将正弦波数据序列转换字符串型。程序框图中,使用了两个"写入红外线数据"节点,一个用来发送数据长度,另一个用来发送数据。

服务接收方的程序框图如图 7.40 所示。

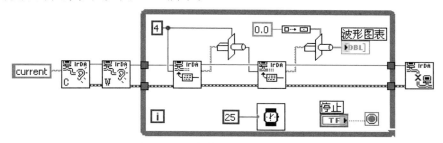

图 7.40　服务接收方的程序框图

在服务接收方的程序设计中,首先为"创建红外线侦听器"节点的服务名称端口指定服务名称,然后利用"等待红外线侦听器"节点探测进入此无线网络的设备。探测到后输出一个侦听器 ID,这样就建立起连接。两个"读取红外线数据"节点按照侦听器 ID 读取数据。第一个"读取红外线数据"节点读接收数据长度,第二个"读取红外线数据"节点读取接收到的数据。

本 章 小 结

本章介绍了数据通信的几种方法,包括串行通信、TCP/UDP 网络通信、NI 的 DataSocket 通信、共享变量、IrDA 无线数据通信,并给出了各种通信的应用 VI。

网络技术与虚拟仪器相结合,构成网络化虚拟仪器系统,是虚拟仪器发展的方向之一。LabVIEW 具有强大的网络通信能力,掌握了 LabVIEW 数据通信的设计方法,就可以使用 LabVIEW 编写出具有强大网络通信能力的应用软件,实现远程虚拟仪器。

思考题和习题 7

1. 何谓同步通信和异步通信? 试将这两种通信方式做比较。
2. 试述 RS-232C 串行通信标准的数据传送格式和电气特性。
3. RS-232C 标准接口信号有哪几类? 说明常用的几根信号线的作用。

4. TCP 的通信协议是什么？
5. UDP 通信有何特点？
6. 试比较 TCP 协议和 UDP 协议的区别。
7. 简述 DataSocket 通信技术。
8. 共享变量有何用途？共享变量有哪几种类型？
9. 什么是 IrDA 无线数据通信？
10. 设计 VI,对一串行设备进行读/写操作。
11. 设计 VI,实现基于 TCP 协议的双机通信。发送端发出字符串,接收端接收字符串并进行显示。
12. 设计 VI,实现基于 UDP 协议的双机通信。发送端发送一组随机数,接收端接收随机数并在波形图表上进行显示。
13. 设计 VI,使用 DataSocket 技术进行通信。在服务器端利用 Sine Waveform.vi 产生一个正弦函数,利用 DataSocket 技术发布数据。客户端利用 DataSocket 技术读取数据并显示。
14. 设计 VI,利用共享变量将服务器端产生的三角波传送到客户端显示。

第8章 虚拟仪器设计实例

虚拟仪器以计算机为核心,利用软件完成数据的采集、控制、数据分析和处理,以及测试结果的显示等功能,真正实现了"软件即仪器"的概念。因而虚拟仪器在设计上就更加灵活多样。本章将从软、硬件相结合的特点出发,讨论虚拟仪器设计的基本原则和步骤,并列举几种虚拟仪器的设计实例。具体包括虚拟仪器的设计原则、虚拟仪器的设计步骤、虚拟仪器软面板设计技术、虚拟仪器设计实例。

8.1 虚拟仪器的设计原则

面对任意一个仪器设计任务,首先应该考虑的是仪器设计的总体原则,而不是其中一个环节的具体实现。下面从硬件设计和软件设计两方面介绍虚拟仪器设计应遵循的基本原则。

8.1.1 总体设计原则

(1) 制定设计任务书

确定系统所要完成的任务和应具备的功能,提出相应的技术指标,并在任务书里详细说明。一份好的设计任务书通常要对系统功能进行任务分析,把较为复杂的任务分解为一些简单的任务模块,并画出各个模块之间的关系图。

(2) 系统结构的合理选择

系统结构合理与否,对系统的可靠性、性价比、开发周期等有直接的影响。首先是硬件、软件功能的合理分配。原则上要尽可能"以软代硬",只要软件能做到的就不要使用硬件,但也要考虑开发周期,如果市场上已经有了专用的硬件,此时为了节省人力、缩短开发周期没有必要自己开发软件,可以使用已有的硬件。

(3) 模块化设计

不管是硬件设计还是软件设计,都提倡模块化设计,这样可以使系统分成较小的模块,便于团队合作,缩短系统的开发时间,提高团队的竞争力。在模块化设计时尽量把每个模块的功能、接口详细定义好。

8.1.2 硬件设计的基本原则

(1) 经济合理

系统硬件设计中,一定要注意在满足性能指标的前提下,尽可能地降低价格,以便得到高的性能价格比,这是硬件设计中优先考虑的一个主要因素,也是一个产品争取市场的主要因素之一。计算机和外设是硬件投资中的一个主要部分,应在满足速度、存储容量、兼容性、可靠性的基础之上,合理的选用计算机和外设,而不是片面追求高档计算机及外设。

(2) 安全可靠

选购设备要考虑环境的温度、湿度、压力、振动、粉尘等要求,以保证在规定的工作环境下系统性能稳定、工作可靠。要有超量程和过载保护,保证输入/输出通道正常工作;要注意对交流市电以及电火花的隔离;要保证连接件的接触可靠。

确保系统安全可靠地工作是硬件设计中应遵循的一个根本原则。

(3) 有足够的抗干扰能力

有完善的抗干扰措施,是保证系统精度、工作正常和不产生错误的必要条件。例如,强电与弱电之间的隔离措施、对电磁抗干扰的屏蔽、正确接地、高输入阻抗下的防止漏电等。

8.1.3 软件设计的基本原则

(1) 结构合理

程序应该采用模块化设计。这不仅有利于程序的进一步扩充,而且也有利于程序的修改和维护。在程序编写时,要尽量利用子程序,使得程序的层次分明,易于阅读和理解,同时还可以简化程序,减少程序对于内存的占用量。当程序中有经常需要加以修改或变化的参数时,应该设计成独立的参数传递程序,避免程序的频繁修改。

(2) 操作性能好

操作性能好是指使用方便。这对虚拟仪器系统来说是很重要的。在开发程序时,应该考虑如何降低对操作人员专业知识的要求。因此,在设计程序中,应该采用各种图标或菜单实现人机对话,以提高工作效率和程序的易操作性。

(3) 具有一定的保护措施

系统应设计一定的检测程序,例如状态检测和诊断程序,以便系统发生故障时,便于查找故障部位。对于重要的参数要定时存储,以防因掉电而丢失数据。

(4) 提高程序的执行速度

由于计算机执行不同的操作所需的时间可能不同,特别对那些实时性要求高的操作,更应注意提高程序的执行速度。在程序设计中应进行程序的优化工作。

(5) 给出必要的程序说明

从软件工程的角度来看,一个好的程序不但要能够正常运行,实现预定的功能,而且应该满足简单、易读、易调试,因此,在编写程序时,给出必要的程序说明很重要。

8.2 虚拟仪器的设计步骤

虚拟仪器的设计,虽然随对象、设备种类等不同而有所差异,但系统设计的基本内容和主要步骤大体相同。虚拟仪器设计步骤和过程如下。

1. 需求分析和技术方案的制订

组建虚拟仪器系统时,首先应针对测试任务进行详细的需求分析,明确测试项目、测试目标、应用环境、经费预算、系统的未来扩展等方面的问题,并在需求分析的基础上提出技术方案。

2. 确定虚拟仪器的类型

由于虚拟仪器的种类较多,不同类型虚拟仪器的硬件结构相差较大,因而在设计时必须首先确定虚拟仪器的类型。虚拟仪器的类型的确定主要考虑以下几方面。

(1) 被测对象的要求及使用领域

用户设计的虚拟仪器首先要能满足应用要求,能更好地完成测试任务,例如,在航空航天领域,对仪器的可靠性、快速性、稳定性等要求较高,一般需要选用 PXI、VXI 总线型的虚拟仪器;而对普通的测试系统,采用 PC-DAQ 型的虚拟仪器即可满足要求。

(2) 系统成本

不同类型的虚拟仪器的构建成本是不同的,在满足应用要求的情况下,应结合系统成本来确定仪器类型。

(3) 开发资源的丰富性

为了加快虚拟仪器的研发,在满足测试应用要求和应用成本要求的情况下,应选择有较多软、硬件资源支持的仪器类型。

(4) 系统的扩展和升级

由于测试任务的变化或测试要求的提高,经常要对虚拟仪器进行功能扩展和升级,因此,在确定仪器类型时,必须要考虑这方面的问题。

(5) 系统资源的再用性

由于虚拟仪器可根据用户要求进行定制,因而同样的硬件经不同的组合,再配合相应的应用软件,便可实现不同的功能,因此要考虑系统资源的再用性。

3. 选择合适的虚拟仪器软件开发平台

当虚拟仪器的硬件确定后,就要进行硬件的集成和软件开发。在具体选择软件开发平台时,要考虑开发人员对开发平台的熟悉程度、开发成本等。可选择图形化编程语言 LabVIEW 或文本编程语言 VC、VB 等。

4. 开发虚拟仪器应用软件

根据虚拟仪器要实现的功能确定应用软件的开发方案。应用软件不仅要实现期望的仪器功能,还要设计出生动、直观、形象的仪器"软面板",因此软件开发人员必须与用户沟通,以确定用户能接受和熟悉的数据显示和控制操作方式。

5. 系统调试

在硬件和软件分别调试通过以后,就要进行系统联调。系统联调通常分两步进行。首先在实验室里,对已知的标准量进行采集和比较,以验证系统设计是否正确和合理。如果实验室试验通过,则到现场进行实际数据采集实验。在现场试验中,测试各项性能指标,必要时,还要修改和完善程序,直至系统能正常投入运行时为止。总之,虚拟仪器的设计过程是一个不断完善的过程,设计一个实际系统往往很难一次就设计完善,常常需要经过多次修改补充,才能得到一个性能良好的虚拟仪器系统。

6. 编写系统开发文档

编写完善的系统同开发文档和技术报告、使用手册等。这些对日后进行系统维护和升级,以及指导用户了解仪器的性能和使用方法等均具有重要意义。

8.3 虚拟仪器软面板设计技术

虚拟仪器没有常规仪器的控制面板,而是利用计算机强大的图形环境,在计算机屏幕上建立图形化的软面板来代替常规的仪器控制面板。软面板上具有与实际仪器相似的旋钮、开关指示灯及其他控件。用户通过鼠标或键盘操作软面板,检测仪器的通信和操作。在系统集成后,对被测对象进行数据采样、分析、存储和显示。虚拟仪器软面板的设计质量直接影响着虚拟仪器的实用性能和竞争力。

8.3.1 虚拟仪器软面板的设计思想

虚拟仪器的软面板是用户与仪器之间交流信息的纽带。首先用户的感官从面板的显示元件感知仪器的工作状态信息,然后用户对其进行解释、分析、评价和判断,确认仪器所处的状态,并将该状态与用户主观目标相比较,决定下一步的操作过程,最后通过面板上的操作元件完成操作。为了提高虚拟仪器的使用性能,构造逼真的虚拟仪器环境,就必须从用户使用角度出发,充分考虑用户对信号感知、分析、评价、决策和操作等各个环节生理和心理需求,采用面向对象的设计思想来设计虚拟仪器面板。

软面板设计的总体思想如下:
① 根据测试要求确定仪器功能;
② 按照 VPP 规范设计软面板,使面板具有标准化、开放性和可移植性;
③ 采用面向对象的设计方法来设计软面板。

8.3.2 虚拟仪器软面板的设计原则

软面板窗体的构图或布局不仅影响它的美感,而且也极大地影响其可用性。构图包括控件位置、元素的一致性、动感、空白空间的使用及设计的简单性等因素。

(1) 直接操作的原则

采用"所见即所得"的可视化技术建立人机界面是被广泛采用的虚拟仪器软面板设计原则。

针对测试和过程控制领域,仪器的软面板上常有较多的控制和显示控件,如表头、图表、旋钮、按键等。设计时,这些控件应可以直接用鼠标及键盘进行操作,使显示元件与操作元件合二为一。

(2) 重要性原则

重要的或者频繁访问的元素应放在显著的位置上,而不太重要的元素就应降级到不太显著的位置上。

在大多数软件面板设计中,不是所有的控件都一样重要。仔细地设计是很有必要的,以确保越是重要的元素越要很快地显现给用户。在大多数语言中,我们习惯于在一页之中从左到右、自上到下地阅读。对于计算机屏幕也如此,大多数用户的眼睛会首先注视屏幕的左上部位,所以最重要的元素或控件应放在屏幕的左上部位。

(3) 相关性原则

尽量把信息按功能或关系进行逻辑地分组。因为他们的功能彼此相关,所以定位数据库的按钮应当被形象地分成一组,而不是分散在窗体的各处。在许多情况下,可以使用框架控件来帮助加强控件之间的联系。

(4) 控件的一致性原则

为了保持视觉上的一致性,在开始开发应用程序之前应先创建设计策略和类型约定。例如,控件的类型、控件的尺寸、分组的标准,以及字体的选取等设计元素都应该在事先确定。

在用户界面设计中,一致性是一种优点。一致的外观与感觉可以在应用程序中创造一种和谐,使任何东西看上去都那么协调。如果界面缺乏一致性,则很可能引起混淆,并使软面板的窗体看起来非常混乱,没有条理,价值降低,甚至可能引起对应用程序可靠性的怀疑。

不同的软面板及其子面板之间保持一致性对其可用性也有非常重要的作用。如果在一个窗体上使用了灰色背景及三维效果,而在另一个窗体上使用白色背景,则这两个窗体就显得毫不相干。

在选取字体时,设计的一致性非常重要。大多数情况下,不应在软面板上使用两种以上字体。

(5) 窗体与其功能匹配的原则

动感是对象功能的可见线索。

用户界面经常使用动感。例如,用在命令按钮上的三维立体效果使得它们看上去像是被按下去的。如果设计平面边框的命令按钮的话,就会失去这种动感,因而不能清楚地告诉用户它是一个命令按钮。

（6）适当使用空白空间的原则

在用户界面中使用空白空间有助于突出元素和改善可用性。

一个窗体上有太多的控件会导致界面杂乱无章，使得寻找一个字段或者控件非常困难。在设计中，需要插入空白空间来突出设计元素。各控件之间一致的间隔，以及垂直与水平方向元素的对齐也可以使设计更可用。就像杂志中的文本那样，安排得行列整齐、行距一致，整齐的界面也会使其人容易阅读。

（7）保持软面板简明的原则

软面板上的功能应简洁明了，易于理解。功能复杂的虚拟仪器可采用分面板形式，将功能分配到各子面板上。

简化与否，最好的检验方法就是在应用中观察应用程序。如果有代表性的用户没有联机帮助就不能立即完成想要完成的任务，那么就需要重新考虑设计。

（8）控制颜色种类及选择中性化的原则

一般说来，最好采用一些柔和的、中性化的颜色（如灰色）。应尽量限制应用程序所用颜色的种类（以少于 3 种为宜），而且色调也应保持一致。

在界面上使用颜色可以增加视觉上的感染力，但是滥用的现象也时有发生。许多显示器能够显示很多种颜色，这很容易使人要全部使用它们。如果在开始设计时没有仔细地考虑，颜色也会像其他基本设计原则一样，出现许多问题。每个人对颜色的喜爱有很大的不同，用户的品味也各不相同。颜色能够引发强烈的情感，如果正在设计针对全球用户的虚拟仪器，那么某些颜色可能有文化上的重大意义。

使用颜色时，另一个需要考虑的问题就是色盲。有一些人不能分辨不同的基色（如红色与绿色）组合之间的差别。对于有这种情况的人，绿色背景上的红色文本就会看不见。

（9）控件的形象选择与注释的原则

控件的细心设计是必不可少的。不用文本，控件的图像就应该可以形象地传达信息。但不同的人常常对图像的理解也不一样，因此，在虚拟仪器软面板设计时，一般应在控件上或控件周围标明文字提示，减少甚至避免误操作的可能性。

（10）可用性设计原则

任何应用程序的可用性基本上由用户决定。软面板设计是需多次反复的过程；采用面向对象的设计思想，用户参与设计过程越早，花的力气越少，创建的界面越好、越可用。

设计用户界面时，开始时最好是先看看 Microsoft 或其他公司的一些卖得很好的应用程序的窗体。毕竟，软面板很差的虚拟仪器不会卖得很好。也可以凭借自己使用软件的经验，想一想曾经使用过的一些应用程序，哪些可作为参考，哪些不可以，以及如何修改它。但要记住个人的喜好不等于用户的喜好，必须把自己的意见与用户的意见一致起来。

还要注意到大多数成功的应用程序的窗体都提供选择来适应不同的用户的偏爱。例如，Microsoft Windows"资源管理器"允许用户通过菜单、键盘命令或者拖放来复制文件。在软面板上提供选项会扩大虚拟仪器的吸引力，至少应该使软面板上所有的功能都能被鼠标和键盘访问。

（11）功能的可发现性原则

软面板上各种功能设计的关键是可发现性。如果用户不能发现如何使用某个功能（或者甚至不知道有此功能存在），则此功能很少有人去使用。为了测试功能的可发现性，不解释如何做就要求用户完成一个任务。如果他们不能完成这个任务，或者尝试了好多次，则此功能的可发现性还需要改进。

(12) 操作的容错性设计原则

在设计用户界面时,考虑可能出现的错误,并判断哪一个需要用户交互作用,哪一个可以按事先安排的方案解决。

在理想世界里,软件与硬件都会无故障地一直工作下去,用户也从不出错。而现实中错误总是难免的。当事情出毛病时决定应用程序如何响应,是用户界面设计的一部分。常用的响应是显示一个对话框,要求用户输入应用程序该如何处理这个问题。不太常用(但更好)的响应是简单地解决问题而不打扰用户。毕竟,用户主要关心的是完成任务,而不是技术细节。

(13) "帮助"及文档中的回答问题原则

在设计"帮助"系统时,记住它的主要目的是回答问题。

联机帮助是任何应用程序的重要部分,它通常是用户有问题时最先查看的地方。甚至简单的应用程序也应该提供"帮助"。不提供它就好像是假定用户从来不会有问题。

创建主题名称与索引条目时尽量用用户的术语,例如,"如何使用多档开关?"比"某控件的功能"、"操作功能的描述"菜单更容易找到主题。不要忘记上下文的相关性。

基本概念的文档,不管是打印的或由压缩盘提供的,除了最简单的以外,对所有的虚拟仪器都是有帮助的。它可以提供那些用简短的"帮助"主题难以传达的信息。至少,应该在 ReadMe 文件窗体中提供用户在需要时可以打印的文档。

虚拟仪器软面板的设计要以"为操作人员提供一个虚拟的仪器操作环境"为标准,友善的面板是虚拟仪器设计成功的重要标志之一。在虚拟仪器设计中,采用面向对象设计方法,参考上述设计原则,有助于建立适用的、友善的图形化用户接口。

8.4 虚拟仪器设计实例

前面各章讨论了构成虚拟仪器所需的基本知识,下面就将这些知识结合起来进行运用,选取几个测量仪器与工程实际的例子,说明怎样利用 LabVIEW 完成测试任务,实现虚拟仪器的开发设计。

8.4.1 虚拟数字电压表

电压、电流和功率是表征电信号能量大小的 3 个基本参数,其中以电压最为常用。通过电压测量,利用基本公式可以导出其他的参数。因此,电压测量是其他许多电参数测量,也包括非电参数测量的基础。

测量电压相当普及的一种测量仪表就是电压表。电压表分为模拟式电压表和数字式电压表。由于数字电压表具有精度高、量程宽、显示位数多、分辨率高、易于实现测量自动化等优点,在电压测量中占据了越来越重要的地位。

1. 数字电压表的主要技术指标

表征数字电压表工作特性的技术指标很多,最主要的有以下几项。

测量范围:指电压表所能达到的被测量的范围。

分辨率:指电压表能够显示的被测电压的最小变化值,即显示器末尾跳动一个数字所需的电压值。

满度值:各量程有效测量范围上限值的绝对值。

测量速率:指每秒对被测电压的测量次数,或一次测量全过程所需的时间。

输入特性:包括输入阻抗和零电流两个指标。输入阻抗一般指在工作状态下从输入端看进去的输入电路的等效电阻,实际是用输入电压的变化量和相应的输入电流的变化量之比来表示的;零电流是由仪器内部引起的在输入电路中流出的电流,与输入信号无关,取决于仪器的电路。

抗干扰能力:要求仪器对干扰信号有一定的抵制能力,根据干扰信号加入方式的不同,分串模和共模两类。

固有误差和工作误差:固有测量误差主要是读数误差和满度误差,通常用测量的绝对误差表示;工作误差指在额定条件下的误差,通常也以绝对值形式给出。

2. 虚拟数字电压表的组成原理

虚拟数字电压表是基于计算机和标准总线技术的模块化系统,通常由采集与控制模块以及软件组成,由软件编程来实现仪器的功能。在虚拟仪器中,计算机显示器是唯一的交互界面,物理的开关、按键、旋钮及数码管等显示器件均由与实物外观相似的图形控件来代替,操作人员只要通过鼠标或键盘操作虚拟仪器面板上的旋钮、开关、按键等设置各种参数,就能根据自己的需要定义仪器的功能。

基于数据采集卡的虚拟数字电压表组成原理如图 8.1 所示。数据采集卡完成模拟信号到数字信号的转换,电压表的技术指标如准确度、分辨率等主要取决于这部分的工作性能。软件采用图形化编程环境 LabVIEW 开发,主要实现数据采集、数据处理和结果显示等功能。

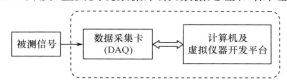

图 8.1　虚拟数字电压表的组成原理

数据采集卡可选用 NI 公司推出的 USB 接口类型的数据采集卡 NI USB-6009,其结构如图 8.2 所示。

NI USB-6009 数据采集卡的主要技术指标如下:

- 8 个模拟输入通道,14 位分辨率,最大采样率 48kS/s,输入量程:差分±20V、±10V、±5V、±4V、±2.5V、±2V、±1.25V、±1V,单端±10V。
- 2 路模拟输出通道,12 位输出分辨率,最大更新速率 150Hz,软件定时,输出量程 0~+5V。
- 12 根数字 I/O 线,各通道可通过编程配置为输入或输出,兼容 TTL、VTTL、CMOS。
- 1 个事件计数器,分辨率 32 位,计数器测量为边沿计数(下降沿),计数方向为向上计数,最大输入频率 5MHz。
- 向外供电电压,+5V(最大 200mA),+2.5V(最大 1mA)。

NI USB-6009 数据采集卡的信号端子分配如图 8.3 所示。模拟输入端子为 AI0~AI7,模拟输出端子为 AO0,AO1。数字 I/O 端子为 P0.0~P0.7,P1.0~P1.3,定时/计数器端子为 PFI0。

3. 虚拟数字电压表的软件设计

利用 LabVIEW 图形化语言设计虚拟数字电压表的软件主要分为两个部分:前面板和程序框图。

(1) 前面板设计

前面板用于设置输入数值和观察输出量,模拟真实电压表的前面板。由于虚拟面板直接面向用户,是虚拟电压表控制软件的核心。设计这部分时,主要考虑界面美观、操作简洁,用户能通过面板上的各种按钮、开关等控件来控制虚拟电压表进行测量工作。

图 8.2　NI USB-6009 数据采集卡

GND	1　17	P0.0
AI0/AI0+	2　18	P0.1
AI4/AI0−	3　19	P0.2
GND	4　20	P0.3
AI1/AI1+	5　21	P0.4
AI5/AI1−	6　22	P0.5
GND	7　23	P0.6
AI2/AI2+	8　24	P0.7
AI6/AI2−	9　25	P1.0
GND	10　26	P1.1
AI3/AI3+	11　27	P1.2
AI7/AI3−	12　28	P1.3
GND	13　29	PFI0
AO0	14　30	+2.5V
AO1	15　31	+5V
GND	16　32	GND

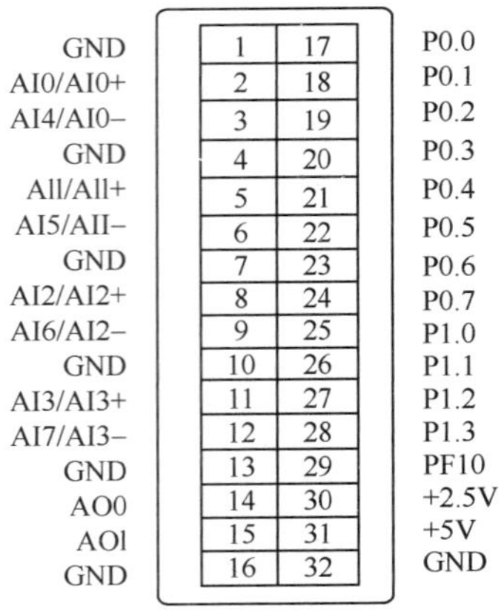

图 8.3　USB-6009 数据采集卡的信号端子分配

根据传统电压表面板控件的功能，利用 LabVIEW 中的控制选板，分别在虚拟电压表的前面板上，放入模拟实际电压表控件的数据输入控件、显示器、开关。显示器用于显示测量结果；数据输入控件主要用于输入采样频率、采样点数、数据采集卡的模拟输入通道、交流/直流电压测量选择等；开关用于启动/停止测量。虚拟数字电压表的前面板如图 8.4 所示。

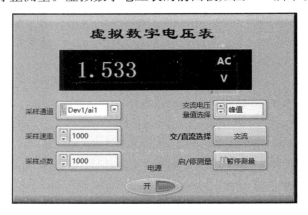

图 8.4　虚拟数字电压表的前面板

根据数字电压表的测量原理，虚拟数字电压表能完成直流电压表和交流电压的测量功能。前面板上具有电源开关控制，交流/直流测量方式选择，采集通道选择，交流电压的峰值、有效值和平均值 3 种测量方式的选择以及采样频率和采样点数选择等功能。

（2）程序框图设计

虚拟数字电压表的主要功能模块程序设计方法如下。

① 数据采集

使用 NI 公司的 USB-6009 数据采集卡的数据采集程序框图如图 8.5 所示。

程序设计中，通过 DAQmx Create Virtual Channel.vi 配置采集通道、输入接线端模式、最小值与最大值范围。图 8.5 中，输入接线端模式配置为参考单端模式，当选择单极性时，最小值与最大值范围为 0～10V，选择双极性时，最小值与最大值范围为 −5～5V。

② 计算峰值

交流电压的峰值，是指交流电压 $u(t)$ 在一个周期内（或一段观察时间内）所达到的最大值，用 U_p 表示。

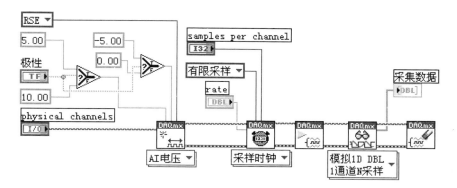

图 8.5 数据采集程序框图

计算峰值的程序框图如图 8.6 所示。

图 8.6 计算峰值的程序框图

峰值计算主要利用了"数组最大值与最小值.vi",该函数返回输入序列中的最大值和最小值。

③ 计算平均值

平均值一般用 $\overline{U}$ 表示,$\overline{U}$ 在数学上定义为

$$\overline{U} = \frac{1}{T}\int_0^T u(t)\,\mathrm{d}t$$

式中,T 为被测信号的周期,$u(t)$ 为被测信号的时间函数。

在交流电压的测量中,由于电表的指示值是与直流电压成正比的,因此,测量交流电压时,总是先把交流电压变换成对应的直流电压。检波器是将交流电压整流成直流电压的典型电路,所以,交流电压的平均值是指经过检波后的平均值。

计算平均值的程序框图如图 8.7 所示。

平均值计算主要利用了"Mean.vi",该函数可计算输入序列 X 的均值,其图标及端口如图 8.8 所示。

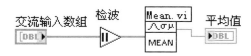

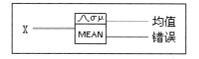

图 8.7 计算平均值的程序框图　　　　图 8.8 Mean.vi 的图标及端口

X 是输入序列,均值是输入序列 X 中各值的平均。该函数使用下列等式计算均值

$$\mu = \frac{1}{n}\sum_{j=0}^{n-1} x_j$$

式中,μ 为均值,n 是 X 中的元素数。

④ 计算有效值

交流电压的有效值是指均方根值,有效值比峰值和平均值用得普遍,它的数学表达式为

$$U = \sqrt{\frac{1}{T}\int_0^T u^2(t)x\mathrm{d}t}$$

计算有效值的程序框图如图 8.9 所示。

有效值的计算主要利用了"Std Deviation and Variance.vi",该函数可计算输入序列 X 的均值、标准偏差和方差,其图标及端口如图 8.10 所示。

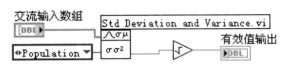
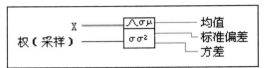

图 8.9 计算有效值的程序框图　　　图 8.10 Std Deviation and Variance.vi 的图标及端口

X 是输入序列,权确定计算总体或采样标准偏差和方差,有 Sample(默认)和 Population 两种选择。均值是输入序列 X 中各值的平均,标准偏差是由输入序列 X 计算的标准偏差,方差是由输入序列 X 的值计算的方差。该节点通过下列等式计算输出值

$$\mu = \sum_{j=0}^{n-1} \frac{x_j}{n}$$

式中,μ 为均值,n 是 X 中的元素数。

标准偏差$=\sigma$,则

$$\sigma^2 = \sum_{j=0}^{n-1} \frac{(x_j - \mu)^2}{w}$$

权为 Population,w 等于 n;权为 Sample 时,w 等于 $(n-1)$。

虚拟数字电压表的总体程序框图如图 8.11 所示。

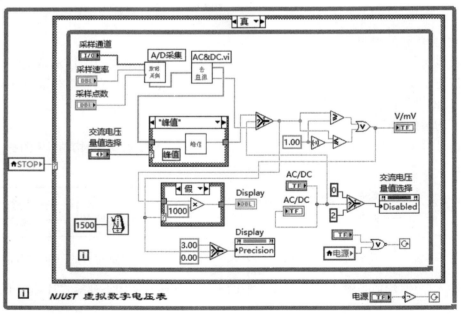

图 8.11 虚拟数字电压表的总体程序框图

在总体程序框图的设计中,对电压表的显示方式也做了控制,当测量电压的绝对值大于 1V 时,采用"V"为单位,否则,将测量值乘以 1000,采用"mV"为单位。另外,视选择的直流测量方式或交流测量方式,对应显示"DC"或"AC"。

虚拟数字电压表能够实现经典数字电压表的测量功能,同时可视化的前面板,人机交互性强,界面友好,且功能扩展方便。通过增加部分软件,就可以实现滤波器、信号源等功能,技术更新与维护方便。

8.4.2 虚拟示波器

进行电子测量时,我们通常希望直观地看到电信号随时间变化的图形,如直接观察并测量信号的幅度、频率、周期等基本参量。示波测试技术实现了人们的愿望,它不但可将电信号作为时间的函数显示在屏幕上,更广泛的,只要能把两个有关系的变量转化为电参数,分别加至示波器的X、Y通道,就可以在屏幕上显示这两个变量之间的关系。而且,示波器还可以直接观察一个脉冲信号的前后沿、脉宽、上冲、下冲等参数,这是其他仪器很难做到的。同时,示波测试还是多种电量和非电量测试中的基本技术,如在医学、生物学、地质学中,用示波器显示某些变化的过程,观察被测对象的某些特性。

示波器是时域分析中最典型的仪器,也是当前电子测量领域中品种最多、数量最大、最常用的一种仪器。因此,当传统仪器向虚拟仪器推进时,基于虚拟仪器的示波测试技术也是发展最快的,很多研究人员研究出很多功能完善的虚拟示波器。

1. 示波器的分类

示波器是以短暂扫迹的形式显示一个量的瞬时值的仪器,也是一种测量、观察、记录的仪器。可以直观表示两个、三个及多个变量之间的瞬态或稳态函数关系、逻辑关系,以及实现对它某些物理量的变换或存储。传统示波器大致可以分为模拟示波器和数字示波器两大类。

(1) 模拟示波器

模拟示波器长期以来一直是波形测量的主要工具,它能把抽象的各种电信号比较直观地显示在屏幕上,以便对信号进行定性的分析。这种示波器通常由垂直偏转系统(主要包括垂直放大)、水平偏转系统(主要包括扫描和水平放大)和显示电路组成。模拟示波器只能用来观察和分析重复的周期信号,对于慢速信号、单次或偶尔出现的高频信号,是难以观察和分析的,模拟带宽的突出优点是可以做到很高。

(2) 数字示波器

随着数字技术的飞速发展,数字示波器的综合技术指标和性能已赶上并超过模拟示波器,价格也不断在降低,成为现代示波器的主流。数字示波器是将被测连续模拟信号用A/D转换器变换成离散数字信号,存储于存储器中。最后可将模拟波形显示在示波管上或直接显示在LCD上。数字存储示波器既适用于重复信号的检测,也适用于单次瞬态信号的测量。数字存储的方法不仅克服了模拟示波器的所有缺点,并且还带来了很多突出特点和功能,比如,可以显示大量的预触发信息,可通过使用或不使用光标的方法进行全自动的测量,可以长期储存波形,可以在打印机或绘图仪上制作硬拷贝以供编制文件之用,可以按照通过或不通过的原则进行判断,波形信息可用数学进行处理等。

2. 示波器的主要技术指标

(1) 频带宽度

频带宽度标志示波器的最高响应能力,用频率和上升时间表示,两者的换算关系为

$$上升时间 = 0.35/频带宽度$$

(2) 垂直灵敏度

示波器可以分辨的最小信号幅度和输入信号的动态范围,一般用 V/cm,V/div,mV/cm,mV/div 表示。

(3) 输入阻抗

一般用 Ω(MΩ)∥pF 表示,是指在示波器输入端规定的直流电阻和并联电容值,它标志对被测信号的负载的轻重。

(4) 扫描速度

扫描速度也称为扫描时间因素,是指光点水平移动的速度,一般用 cm/s,div/s 表示,它说明了示波器能观察的时间和频率范围。

(5) 同步(或触发)电压

它是指波形稳定的最小输入电压。

3. 虚拟示波器的硬件构成

虚拟示波器整体构成分为硬件和软件两大部分。硬件部分其实质是一块数据采集卡;软件部分包括驱动程序和实现虚拟示波器功能的用户软件。硬件和软件相互结合,构成一个整体,其结构框图如图 8.12 所示。

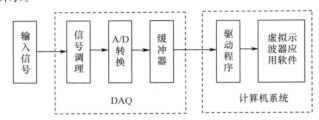

图 8.12 虚拟示波器的结构框图

虚拟示波器对输入的信号根据需要进行信号调理,如对输入的信号进行放大或衰减,同时在调理电路中还带有保护电路。调理电路的输出信号通过 A/D 转换器进行采样、缓存,通过总线接口送至计算机的内存中。在计算机中,驱动程序为虚拟示波器用户软件提供对数据采集卡进行读、写、控制等操作的驱动函数,用户软件通过调用相应的驱动函数来对数据采集卡进行操作,采集数据,并对数据进行分析、处理、显示等操作,实现示波器的操作功能。

数据采集卡可选用 NI 公司的产品,如 NI 的 M 系列数据采集卡 PC-6251。该数据采集卡支持单极性和双极性模拟信号输入,采样速率达 1.25MS/s,信号输入范围±10V,提供 16 路单端/8 路差动模拟输入通道(详细技术指标参见 6.1 节)。

4. 虚拟示波器软件设计

虚拟示波器由软件控制信号的采集、处理和显示,主要包括数据采集、触发控制、通道控制、时基控制、波形显示、参数测量等模块,其软件功能框图如图 8.13 所示。

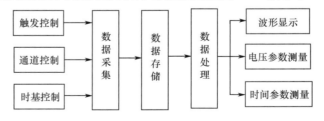

图 8.13 虚拟示波器的软件功能框图

(1) 数据采集模块

数据采集模块是最为关键的一个程序模块,这个模块中应用程序通过采集卡的驱动程序和硬件进行通信,完成测量信号的数据采集。数据采集程序框图如图 8.14 所示。

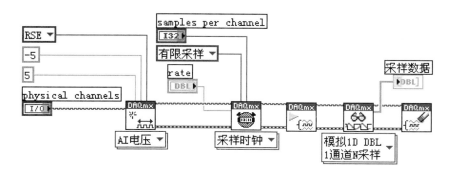

图 8.14　数据采集程序框图

调用数据采集模块程序时,需要对采样的物理通道、采样速率和采样点数等参数进行设置。

(2) 触发控制模块

传统示波器触发电路的作用是为扫描信号发生器提供符合要求的触发脉冲。触发电路包括触发源选择、触发耦合方式选择、触发方式选择、触发极性选择、触发电平选择和触发放大整形等电路。在虚拟示波器的设计中,触发控制模块主要对内、外触发源进行选择,对触发电平、触发的极性进行选择。

虚拟示波器触发控制模块的输入端有波形数据输入(通道 A、通道 B)、触发极性输入(上升沿、下降沿)、触发电平输入、触发源输入(内部触发、外部触发)。程序运行后,首先检查用户选择的触发源,当触发源选择内部触发时,直接将输入的波形数据输出;当触发源选择外部触发时,执行子程序 Slope.vi。

内部触发的程序框图如图 8.15 所示。

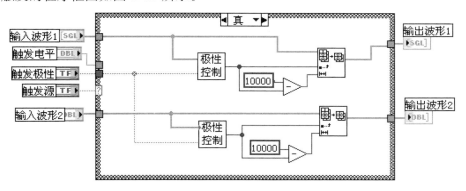

图 8.15　内部触发的程序框图

程序设计中,主要利用"数组子集"函数索引出满足触发极性的数据序列输出,极性控制子 VI 根据选择的正、负触发极性,输出满足条件的元素的索引值。极性控制子 VI 的程序框图如图 8.16 所示。

外部触发程序框图如图 8.17 所示。

虚拟示波器中的触发同步与传统示波器的触发同步有某些相同,也有不同的地方。基本方法是:从输入的双通道数据中选取一个通道的数据,并把这组数据与设定的某个作为触发电平的值进行比较,满足触发条件时,启动触发,并输出数组中对应元素的索引值。程序框设计中用到了"数组子集"函数,该函数返回数组中从索引开始的指定长度的部分数组元素。其中 Slope 子 VI 的程序框图如图 8.18 所示。

Slope 子 VI 只有一个波形数组索引输出,该子程序根据触发电平的大小和触发极性进行触

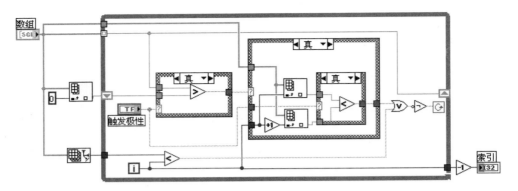

图 8.16 极性控制子 VI 的程序框图

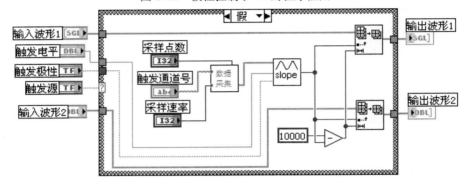

图 8.17 外部触发程序框图

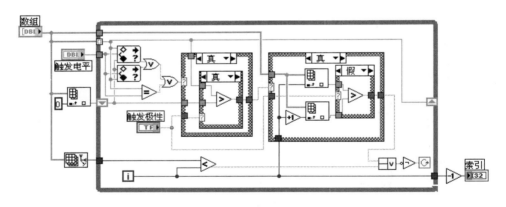

图 8.18 Slope 子 VI 的程序框图

发。首先判断用户设置的触发电平大小是否在波峰和波谷范围内,在此范围内则进行触发,其原理如图 8.19 所示。对输入电压信号的第 i 点和 $i+1$ 点的值进行比较,正极性触发时,若第 i 点的值等于或小于触发电平,同时第 $i+1$ 点的值大于触发电平,则第 i 点为触发点,将此值送入触发控制子程序后的"数组子集.vi"函数的"索引"端口,每次采集数据后,都从触发点开始提取子数组,实现波形的同步显示。负极性触发时与之相反。

(3) 波形显示模块

波形显示控制模块负责显示波形,并且可以通过名为垂直灵敏度和时基的旋转按钮分别来动态控制 Y 轴量程和 X 轴量程大小,同时根据通道的选择(A,B,A&B)相应显示对应的波形。设计方法主要是通过波形控件的属性节点来实现的。

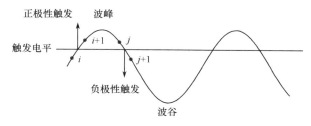

图 8.19　正、负极性触发的原理

垂直灵敏度的控制采用条件结构,包含 11 个分支,分别对应前面板旋转按钮的 11 个挡位(2.5V/div,2V/div,1.5V/div,1V/div,0.5V/div,0.25V/div,0.1V/div,50mV/div,25mV/div,10mV/div,5mV/div)。当置于不同挡时,可改变波形垂直方向的灵敏度。垂直灵敏度控制的旋转按钮和程序框图如图 8.20 所示。

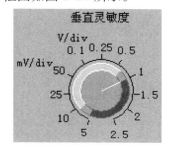 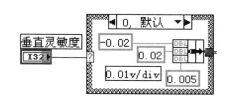

图 8.20　垂直灵敏度控制的旋转按钮和程序框图

同样,时基的控制也是采用条件结构,包含 12 个分支,分别对应前面板旋转按钮的 12 个挡位(50ms/div,25ms/div,10ms/div,5ms/div,2.5ms/div,1ms/div,500μs/div,250μs/div,100μs/div,50μs/div,25μs/div,10μs/div)。当置于不同挡时,可改变波形的扫描速率。时基控制的旋转按钮和程序框图如图 8.21 所示。

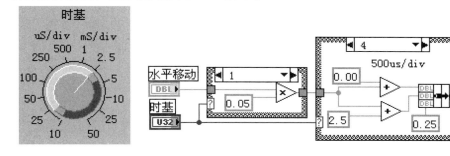

图 8.21　时基控制的旋转按钮和程序框图

虚拟示波器的波形显示模式有两种:A,B,A&B 模式和 XY 模式。两种显示模式的选择程序框图如图 8.22 所示。

波形数据是 LabVIEW 的一种数据类型,以簇的形式给出,包括起始时间 t_0,采样时间 dt 和一个由采样数据构成的数组。当选择 A,B,A&B 模式时,通过通道选择滑动杆,可以任意显示某一通道或两通道输入信号的波形;选择 XY 模式时,当两通道都处在选通状态时,使用此模式来显示李莎育图形。

(4) 参数测量模块

参数测量模块主要是完成虚拟示波器输入信号的峰峰值和频率的测量。

输入信号的峰-峰值测量主要利用了【数组】子选板中的"数组最大值与最小值"函数。该函数可求出输入数组中的最大值和最小值,再将最大值减去最小值即可得到峰-峰值。峰-峰值测量的程序框图如图 8.23 所示。

图 8.22 显示模式的选择程序框图　　　图 8.23 峰-峰值测量的程序框图

输入信号的频率测量程序框图如图 8.24 所示。

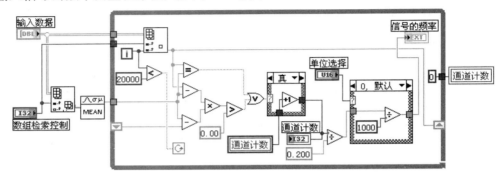

图 8.24 频率测量程序框图

频率测量的方法是:利用【概率与统计】子选板中"均值"函数计算出输入序列的均值,利用【数组】子选板中的"索引数组"函数索引出输入序列中的元素与均值比较,当输入序列中的元素值大于等于均值就进行通道计数,即求出输入波形正半周的频率值。然后,再将正半周的频率值除 2,即可得到输入信号的频率。频率单位可选择 Hz 或 kHz。

(5) 虚拟示波器的前面板设计

虚拟示波器的前面板如图 8.25 所示。

在前面板的右半边区域,放置了物理通道选择控件,用来选择 A,B 通道的采集卡通道号;放置了两个旋钮控件,用来调节垂直灵敏度和时基;放置了两个水平滑动杆控件,用来显示波形的水平移动和触发电平;放置了 4 个垂直滑动杆控件,用来调节 A,B 通道显示波形的垂直移动和耦合方式。

在前面板的左半边区域,放置了波形图显示控件和 XY 图显示控件,用来显示两种模式下的波形;放置了 1 个垂直滑动杆控件,用来选择显示通道;放置了 4 个数值显示控件,用来显示 A,B 通道的峰-峰值和频率测量值,频率显示单位可选择 kHz 或 Hz;放置了 5 个开关控件,用来控制示波器的启动、触发方式、显示模式、触发极性、触发源等。

当选择 A&B 显示模式时,双通道测量波形如图 8.26 所示。图中,同时显示了 A,B 通道的峰-峰值和频率测量值。

虚拟示波器除具有多种显示方式、数字显示测量结果等特点外,还可以在不改变或少量改变仪器硬件的情况下,通过改变软件来扩展仪器功能,这是任何传统仪器都无法做到的。

8.4.3 基于 LabVIEW 和声卡的数据采集系统

数据采集的主要任务是将被测对象的各种参数经模数转换后送入计算机,并对采集的信号做相应的处理。从数据采集的角度看,PC 声卡本身就是一个优秀的数据采集系统,同时具有

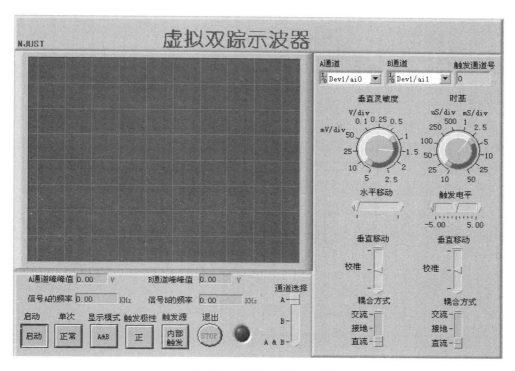

图 8.25 虚拟示波器的前面板

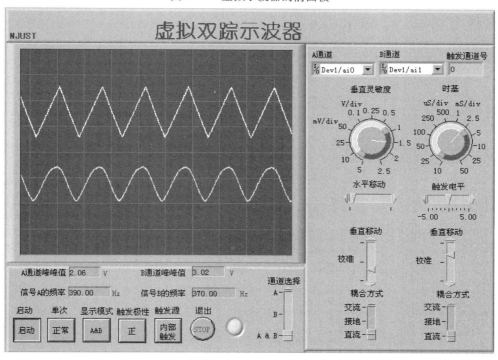

图 8.26 双通道测量波形

A/D和D/A转换功能,不仅价格低廉,而且兼容性好、性能稳定、灵活通用,软件特别是驱动程序升级方便。ISA 总线向 PCI 总线的过渡,解决了以往声卡与系统交换数据的瓶颈问题,同时也充分发挥了 DSP 芯片的性能,而且声卡用 DMA(直接存储器存储)方式传送数据,极大地降低了 CPU 的占用率。一般声卡 16 位的 A/D 转换精度比通常 12 位的精度高,这对于许多工程测量和科学实验来说都是足够的,其价格却比后者便宜很多。

如果利用声卡作为数据采集设备,可以组成一个低成本高性能的数据采集与分析系统。当然,它只适合采集音频域的信号,即输入信号的频率必须处于 20Hz~20kHz 内。如果需要处理直流或缓变信号,则需要其他技术的配合。

1. 声卡的工作原理

声音的本质是一种波,表现为振幅、频率、相位等物理量的连续变化。声卡作为语音信号与计算机的通用接口,其主要功能就是将所获取的模拟音频信号转换为数字信号,经过 DSP 音频芯片的处理,将该数字信号转换为模拟信号输出。声卡的工作原理如图 8.27 所示。

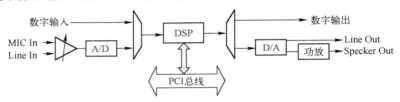

图 8.27 声卡的工作原理图

声卡主要由 A/D、D/A 转换器、DSP 音频处理器、计算机总线和 I/O 接口等几部分组成。

(1) 输入/输出

一块声卡通常会有 Line In/Line Out,MIC In/Speaker Out 两组输入、输出插孔及一个 15 引脚的 MIDI 接口,如果要输入 CD 或卡带的音乐,可以连接 Line In,至于用麦克风来输入声音,就要连接在 MIC In 接口。这两种输入的差别在于其信号的放大率不同,因为一般的麦克风的信号较小,所以 MIC In 端的放大率会设计得较大,并且会配合麦克风的特性来修正。Line Out 与 Speaker Out 的区别也大致相同,如果声卡输出的声音要通过具有功率放大功能的扬声器播出,使用 Line Out 就可以了,如果扬声器没有任何放大功能而且也没有使用外部的放大器,建议最好使用 Speaker Out 输出,因为通常声卡会利用内部的功率放大功能将声音从 Speaker Out 输出。一般声卡的最大输出只有 4W 左右。

(2) A/D 与 D/A 转换

输入的模拟音源经过 A/D 转换后会被转换成一系列的数字信息,而 D/A 转换将数字化的声音信号转换成模拟信号,再经过音箱等播放装置播放出来。

(3) 数字音频处理器(DSP)

DSP(Digital Signal Processor)是一种数字信号处理芯片,DSP 的功能通常包括取样频率的控制、对声音的录制与播放控制、处理 MIDI 指令等。有些声卡的 DSP 还有音源数据压缩的功能。另外,如果声卡有混音芯片(Mixer Chip),则可以通过软件操作来对声音做各种控制,例如,音量的高低控制、音场调整效果等。所以 DSP 是声卡中非常重要的芯片,所有数字音源信号的处理都可以说是 DSP 的功能范围。

声卡的工作流程为:输入时,麦克风或线路输入获取的音频信号,通过 A/D 转换器转换成数字信号,送到计算机进行播放、录音等各种处理;输出时,计算机通过总线将数字化的声音信号以 PCM(脉冲编码调制)方式送到 D/A 转换器,变化成模拟的音频信号,进而通过功率放大器或线路输出送到音箱等设备转换为声波。

现在越来越多的主板上集成有声卡。民用声卡的价格十分低廉;普通声卡,具有 16 位的量化精度、数据采集频率是44kHz,完全可以满足特定应用范围内数据采集的需要,个别性能指标还优于普通商用数据采集卡。如果将工程中所需采集的信号仿照声音信号输入,即可实现对信号的采集和存储。

2. 声卡的主要技术参数

声卡的技术参数主要有:采样频率、采样位数(即量化精度)等。

(1) 采样频率

采样频率指每秒采集声音样本的数量。采样频率越高,记录的声音波形就越准确,保真度就越高,但采样数据量相应变大,要求的存储空间也越多。声卡的采样频率一般不是很高,因为它只是处理音频信号。目前普通声卡的采样频率一般设为4挡:44.1kHz,22.05kHz,11.025kHz和8kHz。

根据采样定理,采样频率应为被测信号频率的2倍以上,因此声卡的采样频率决定了可以被测信号的频率。

(2) 采样位数

声卡位数的概念和数据采集卡的位数概念是一样的,指将声音从模拟信号转化为数字信号的二进制位数(bit)。它客观地反映了数字声音信号对输入声音信号描述的准确程度。采样位数可以理解为声卡处理声音的解析度。这个数值越大,解析度就越高,记录的音质也就越高。例如,16位声卡把音频信号的大小分为 $2^{16}=65536$ 个量化等级来实施转换。

目前市面上几乎所有声卡的主流产品都是16位,而一般数据采集卡大多数是12位,所以从这方面来讲,声卡的精度是比较高的。

(3) 缓冲区

与一般数据采集卡不同,声卡面临的D/A和A/D任务通常都是连续状态。为了节省资源,计算机的CPU并不是在每次声卡D/A或A/D结束后进行一次中断,交换数据,而是采用了缓冲区的工作方式。在这种工作方式下,声卡的A/D、D/A对某一缓冲区进行操作。以输入声音的A/D变换为例,声卡控制芯片将采集到的数据存放在缓冲区中,待缓冲区存满时,发出中断给CPU,CPU响应中断后一次性将缓冲区内的数据全部读走。因为计算机总线的数据传输速率非常高,读取缓冲区数据所用的时间极短,这样就不会影响A/D变换的连续性。缓冲区的工作方式大大降低了CPU响应中断的频度,节省了系统资源。

一般声卡使用的缓冲区长度默认值是8KB(8192字节)。这是由于对x86系列处理器来说,在保护模式(Windows使用的CPU工作方式)下,内存以8KB为单位被分成很多页,对内存的任何访问都是按页进行的,CPU保证了在读/写8KB长度的内存缓冲时速度足够快,并且一般不会被其他外来事件打断。设置8192字节或其整倍数(如32768字节)大小的缓冲区,可以较好地保证声卡与CPU的协调工作。

目前一般的声卡最高采样频率可达96kHz;采样位数可达16位甚至32位;声道数为2,即立体声双声道,可同时采集两路信号,需要时还可选用多路输入的高档声卡或配置多块声卡;每路输入信号的最高频率可达22.05kHz,输出16位的数字音频信号,而16位数字系统的信噪比可达96dB。

3. 声卡数据采集的硬件结构

基于声卡的数据采集硬件结构,如图8.28所示。

首先利用传感器将各种待采集的信号转换为模拟电信号,然后通过信号预处理电路对模拟电信号进行预处理,使其满足声卡所要求的信号特征。声卡一般有Line In和MIC In两个信号输入插孔,输入信号可通过这两个插孔连接到声卡。若由MIC In输入,由于有前置放大器,容易引入噪

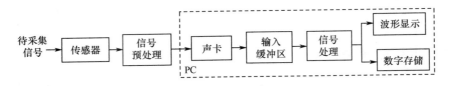

图 8.28　基于声卡的数据采集硬件结构

声且会导致信号过负荷,故推荐使用 Line In,其噪声干扰小且动态特性良好。声卡测量信号的引入应采用音频电缆或屏蔽电缆以降低噪声干扰。若输入信号电平高于声卡所规定的最大输入电平($\pm 1V$),则应在声卡输入插孔和被测信号之间配置一个衰减器,将被测信号衰减至不大于声卡最大允许输入电平,以便对声卡的输入电路进行保护。否则一旦输入过载,极易损坏声卡。

图 8.29 为实际应用的一种衰减电路,压敏电阻 10K560 实际上是一种伏安特性呈非线性的敏感元件,在正常电压条件下,相当于一只小电容器,而当电路出现过电压时,它的内阻急剧下降并迅速导通,其工作电流增加几个数量级,从而有效地保护了电路中的其他元器件不致过压而损坏。保护二极管最好用 1.5V 的瞬态抑制二极管或稳压管,瞬态抑制二极管(TVS)又叫钳位二极管,是国际上普遍使用的一种高效能电能保护器件,其外形与普通二极管相同,能有效地吸收浪涌功率。它的特点是在反向应用条件下,当承受一个高能量的大脉冲时,其工作阻抗立即降至极低的导通值,从而允许大电流通过,同时把电压钳制在预定的水平,其响应时间仅为 $10\sim 12\mathrm{ms}$,因此可有效地保护电子线路中的精密元件。不推荐使用普通二极管串联的方式,因为普通二极管的高频特性差。因为工作于交流状态,需两只瞬态抑制二极管反向串联。电路中的电位器可以用带刻度的精密电位器,但最好不要用多圈线绕式的电位器,因其电感量大,易使高频信号衰减严重。最好用多段开关配合固定电阻来构成,如用优质的多段音量电位器。

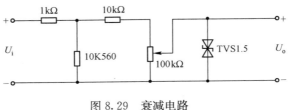

图 8.29　衰减电路

4. LabVIEW 中与声卡有关的节点

LabVIEW 2015 提供了一系列使用 Windows 低层函数编写的与声卡有关的函数。这些函数位于 LabVIEW 2015 函数选板的【编程】→【图形与声音】→【声音】子选板中,如图 8.30 所示。利用声卡进行数据采集主要用到声音输入函数,声音【输入】子选板如图 8.31 所示。

图 8.30　【声音】子选板

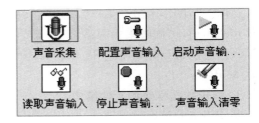

图 8.31　声音【输入】子选板

声音【输入】子选板共包括 6 个节点,这 6 个节点的功能如表 8.1 所示。

表 8.1 声音输入节点的功能

名　　称	功　　能
声音采集	从声音设备采集数据。该 Express VI 自动配置输入任务,采集数据,在采集完毕后清除任务
配置声音输入	配置声音输入设备,采集数据并将数据发送到缓存
启动声音输入采集	开始从设备上采集数据。只有停止声音输入采集已被调用时,才需使用该 VI
读取声音输入	从声音输入设备读取数据。必须使用配置声音输入 VI 配置设备
停止声音输入采集	停止从设备采集数据
声音输入清零	使设备停止播放音频,清空缓存,任务返回至默认状态,并清除与任务相关的资源,任务变为无效

利用 LabVIEW 提供的这些节点,可将从麦克风等声音输入设备采集到的声音数据输入计算机中。

LabVIEW 2015 处理声卡的过程如下。

(1) 打开/释放声卡

在使用声卡之前,必须先对其进行初始化。一般声音输出设备不可共享,若在某个程序运行之前,设备已被其他应用程序占用,则此应用程序不能再使用该设备。所以,在程序中一旦对声卡使用完毕,应立即释放。"配置声音输入"函数和"启动声音输入采集"函数分别用于配置和开启声卡;"声音输入清零"函数用于释放已经打开的声卡。

(2) 数据采集与缓冲

利用"读取声音输入"函数采集数据并写入缓冲区。

基于声卡的数据采集流程如图 8.32 所示。

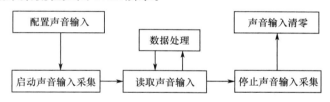

图 8.32 声卡的数据采集流程

LabVIEW 中,声卡的声道可分为 mono 8-bit(单声道 8 位)、mono 16-bit(单声道 16 位)、stereo 8-bit(立体声 8 位)和 stereo 16-bit(立体声 16 位);声卡的采样频率(Rate)有 11025Hz、22050Hz 和 44100Hz 等几种,采样频率不同,采样波形的质量也不同,应视具体情况采用合适的频率。

5. 声音信号的采集与存储

利用 LabVIEW 和声卡,可采集由 MIC In 输入的音频信号,并保存成声音文件。声音信号的采集与存储的前面板和程序框图如图 8.33 所示。

程序设计中,利用了"配置声音输入"节点、"读取声音输入"节点和"声音输入清零"节点来设计音频信号的采集程序。同时,为了存储采集的音频信号,利用了"打开声音文件"节点、"写入声音文件"节点和"关闭声音文件"节点。其中"打开声音文件"节点用来创建待写入的新.wav 文件,"写入声音文件"节点将来自声卡采集的波形数组的数据写入.wav 文件,"关闭声音文件"节点关闭.wav 文件。这一组函数节点位于函数选板的【编程】→【图形与声音】→【声音】→【文件】子选板中,注意,要将"打开声音文件"节点下拉选项改为"写入"。

运行该程序后,可在前面板的波形图上看到由传声器输入的声音信号波形,同时,可保存为

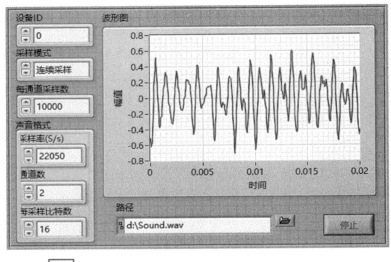

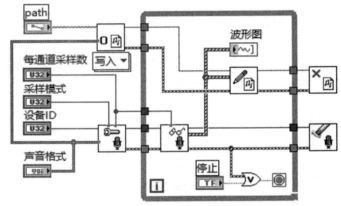

图 8.33 声音信号的采集与存储的前面板和程序框图

音频文件。该音频文件可利用 Windows Media Player 软件播放。

通过本例可以看出,利用 PC 声卡作为 DAQ 卡采集数据构建一个简单的数据采集系统非常简单快捷。

6. 应用实例

如图 8.34 所示,在光学-机械系统中,由于光路的需要,光学元件调整架固定在一套桁架的悬臂结构上。光学元件的基座振动常常会影响光学系统的传输性能,因此有必要对其加以采集、分析,并以此为依据采取相应的解决方法。

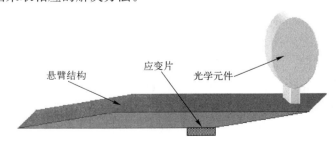

图 8.34 光学-机械系统

选择应变片作为传感器,粘贴在悬臂结构的下表面,测试此基座的振动特性。信号调理采用应变片直流电桥测量电路,如图 8.35 所示。图中 AD8221 是美国 AD(Analog Devices Inc)公司于 2003 年推出的增益可编程高性能仪用放大器,该放大器的突出优点是具有优异的直流特性,共模抑制比最高可达 145dB。其主要性能指标为:最大输入失调电压为 $25\mu V$,最大输入失调电流为 0.4nA,最大输入失调电压温漂为 $0.3\mu V/℃$,工作温度范围为 $-40\sim125℃$,供电电压范围 $\pm(2.3\sim18)V$,可单电源供电也可双电源供电。AD8221 的交流特性同样优异,其工作带宽可达 825kHz,当输入信号频率为 10kHz 时,仍可获得高于 80dB 的共模抑制比。

AD8221 的另一显著优点是增益可编程,从而为用户提供了较大的使用灵活性,其增益调节范围为 $1\sim1000$ 倍。

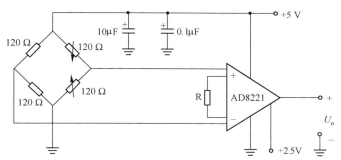

图 8.35　应变片直流电桥测量电路

图 8.35 中由两个工作应变片和两个高精度电阻构成测量电桥。为了简化电路结构,AD8221 采用了 +5V 单电源供电。在电路设计时,可将测量电桥所获得的应变信号直接与 AD8221 相连,十分方便,改变 AD8221 的 2、3 脚之间电阻 R 的阻值可以对增益进行直接控制。

该测量电路利用了 AD8221 低温漂和高共模抑制比的优良特性,可获得精确的测量结果,其输出信号为与被测量相关的电压值,将其输出连接到声卡的输入端口 Line In 上。

采集软件采用 LabVIEW 编制。根据需要,采集程序除存盘和显示采集信号波形外,还应同时显示功率谱密度波形。采集程序的程序框图如图 8.36 所示。

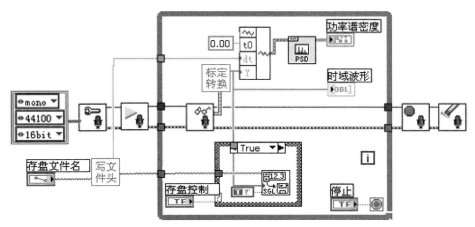

图 8.36　采集程序的程序框图

采集前设置好各采集参数,并在计算机的"录音控制"设置面板中将录音选项的音源选为 Line In。采集到基座的阻尼衰减振动波形后,对其进行频域分析,得到它的功率谱密度波形。程序运行结果如图 8.37 所示。上下波形对比参考,可知该悬臂结构自振频率约为 7.41Hz。

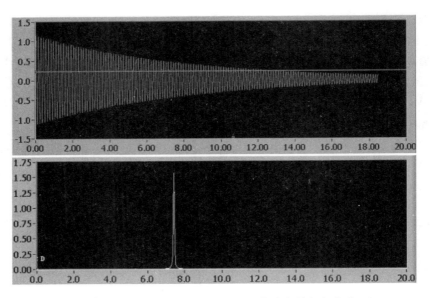

图 8.37　阻尼衰减振动时域波形(上)及其功率谱密度波形(下)

8.4.4　基于 NI myDAQ 和 LabVIEW 的音频信号处理系统

随着科技的进步,多媒体技术的不断发展,人们对音乐品质的追求越来越高。音频信号处理作为提升音乐聆听效果的一种技术,可用来对原始的声音添加各种效果,改变音色,提升音乐的感染力和表现力。因此,合理地设计音频信号处理系统,对满足人们需求具有十分重要的意义。

1. 基于 NI myDAQ 的音频信号处理系统硬件结构

NI myDAQ 有两个模拟输入通道,可配置为音频输入。在音频模式下,两个通道分别表示左、右立体声通道电平输入。同样,myDAQ 的两个模拟输出通道可配置为音频输出,在音频模式下,这两个通道分别表示左、右立体声信号输出。因而可利用 myDAQ 作为音频信号的采集与输出设备,构成音频信号处理系统。基于 NI myDAQ 音频信号处理系统硬件结构如图 8.38 所示。

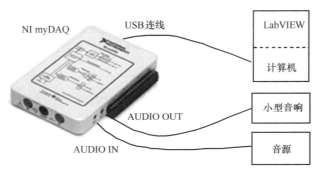

图 8.38　基于 NI myDAQ 的音频信号处理系统硬件结构

图 8.38 中,音源(如 iPad、手机等)的音频输出线连接至 myDAQ 的音频输入接口(AUDIO IN),myDAQ 的音频输出接口(AUDIO OUT)与小型音响(扬声器、耳机等)相连,myDAQ 的 USB 线缆与计算机的 USB 接口连接。其工作过程为:在计算机上,利用 LabVIEW 编写音频信号采集程序,控制 myDAQ 采集外部音源信号,LabVIEW 对采集的信号进行处理,获得理想的声音处理效果后,通过 myDAQ 的音频输出接口将处理之后的信号 D/A 转换输出,再通过小型音响收听处理后的音频信号。这样就可基于 myDAQ 和 LabVIEW 构成一个在线实时音效处理系统。

2. 音频信号处理系统软件设计

音频信号处理系统的软件采用模块化设计，主要包括音频信号采集、音频均衡、音效处理、频域分析和音频信号输出等模块，软件功能框图如图8.39所示。

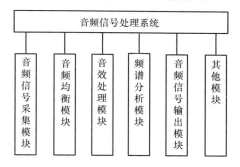

图8.39　音频信号处理系统软件功能框图

（1）音频信号采集

音频信号采集的主要功能是将音源输出的模拟音频信号转换为数字音频信号，便于计算机进行处理。程序设计中，可利用函数选板【Express】→【输入】子选板中的"DAQ助手"快速VI来实现信号采集。配置过程为：选择DAQ助手后，在打开的DAQ助手任务配置界面中，选择【采集信号】→【模拟输入】→【电压】，弹出如图8.40所示的物理通道选择界面。在图8.40中，选择"audioInputLeft"（myDAQ音频输入端口的左声道），单击【完成】按钮，将出现如图8.41所示的DAQ助手参数设置界面。

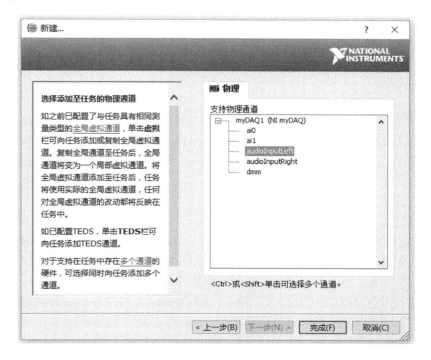

图8.40　物理通道选择界面

在图8.41中，设置输入信号范围为±2V（音频信号的幅值过大，会对人耳造成伤害），采样模式选为连续采样，待读取采样设置为20kHz，采样率设置为100kHz。配置完左声道后，单击通道设置下的"＋"号，在弹出的"添加通道至任务"的界面中，选择"audioInputRight"（myDAQ

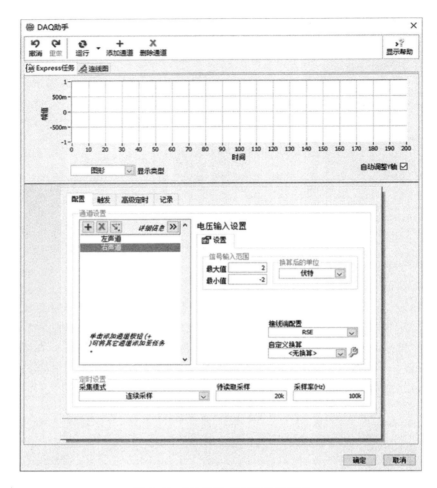

图 8.41 DAQ 助手参数设置界面

音频输入端口的右声道),单击【确定】按钮,可看到在通道设置下增加了一个音频信号采集通道,可同左声道的设置参数一样配置右声道。另外,也可通过单击通道设置下的"详细信息",查看两个通道的详细配置信息。左、右两个声道配置完成后,单击【确定】按钮,即可完成 DAQ 助手的参数设置。

(2) 音频均衡

均衡的作用是让人们更加方便地根据自己的听音习惯对音乐进行调整,以补偿和修饰各种声源。为了补偿和修饰各种声源或其他特殊作用,一般针对低频、中频、高频频率段的听觉效果不同,对其进行改变,达到听觉效果要求。对声音进行处理,其实质就是对音乐不同频率信号的处理,得到想要的结果。利用 LabVIEW 实现音频均衡的程序框图如图 8.42 所示。

音频均衡主要使用滤波器进行滤波,得到不同频率的语音信号组成成分,将其叠加就可以获得整体的语音。程序设计中,对 myDAQ 采集的左、右声道音频信号利用了 3 个滤波器快速 VI(位于【Express】→【信号分析】子选板中),将音频信号分割至低频、中频、高频 3 个频段。每个频段代表的听觉感受不同,音乐信号的均衡就是基于不同频率对于人耳的感觉不同来实现的。在信号被分开之后,3 个频段的音频分量通过前面板上的相应控件 Bass,Midtone,Treble 进行提升或衰减再求和,调节各频段信号的强弱,实现均衡处理。

(3) 音效处理

所谓音效处理就是对音频信号进行各种效果处理,改变音乐聆听效果。比如,为了削弱人

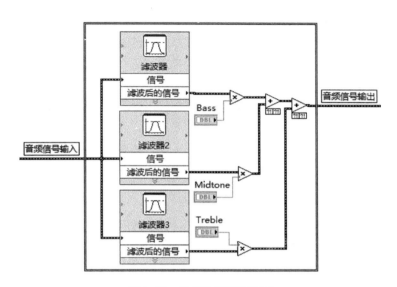

图 8.42 音频均衡程序框图

声,增强伴奏声,就可通过音效处理来实现。在混合录音时,通常人声的轨迹平均混合到歌曲伴奏中,也就是说,人声的声波波形在歌曲的两个声道是相同或者相似的,因此,可以采取两个声道相减的办法来削弱立体声歌曲中的人声。利用 LabVIEW 编写的削弱人声的音效处理程序框图如图 8.43 所示。

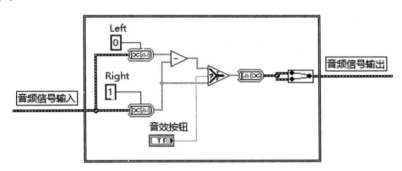

图 8.43 削弱人声的音效处理程序框图

当前面板上的"音效按钮"被按下时,程序中的"选择"节点将选择左、右声道相减后的结果输出,起到削弱人声,伴奏声相对增强的效果。

(4) 频谱分析

傅里叶变换是进行频谱分析的基础,信号的频谱分析是指按信号的频率结构,求取其分量的幅值、相位等按频率分布规律。程序设计中,主要运用了函数选板【Express】→【信号分析】子选板中的"频谱测量"快速 VI 来实现频谱分析。配置过程为:选择频谱测量快速 VI 后,在弹出的配置频谱测量界面中,选择测量功率谱,结果线性,Hamming 窗,单击【确定】按钮。完成配置后的频谱测量快速 VI 如图 8.44 所示。

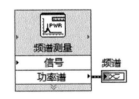

图 8.44 完成配置后的频谱测量快速 VI

(5) 音频信号输出

音频信号输出模块的功能是将音频信号处理后的数字音频信号转换为模拟音频信号输出。程序设计中,利用了函数选板【Express】→【输出】子选板中的"DAQ 助手"快速 VI 来实现信号转换。配置过程与输入 DAQ 助手的配置过程类似,只是在打开的 DAQ 助手任务配置界面中,选择【生成信号】→【模拟输出】→【电压】,在物理通道选择界面中,选择"audioOutputLeft"和"audioOutputRight"两个 myDAQ 的音频输出端口的左、右声道。基于 NI myDAQ 的音频信号处理系统总体程序框图如图 8.45 所示。

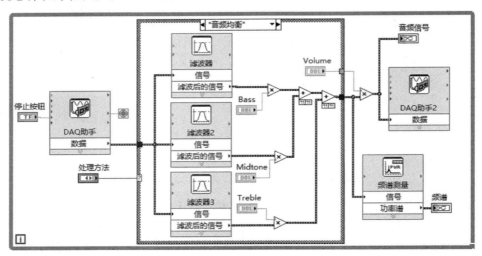

图 8.45 音频信号处理系统总体程序框图

总体程序可根据选择的音频处理方法,在线循环采集、处理与输出音频信号。若按下停止按钮,将停止程序执行。例如,若选择的音频处理方法为音频均衡,其运行结果如图 8.46 所示。通过拉动前面板上的 Bass、Midtone、Treble 以及 Volume 拉杆,可改变音频信号的输出效果。

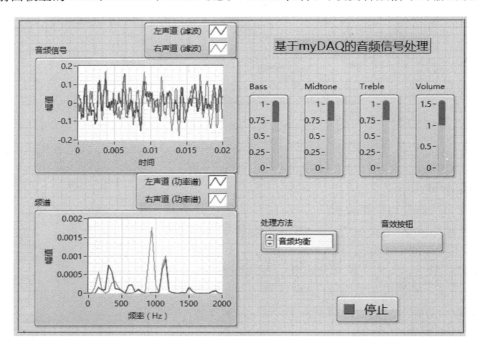

图 8.46 选择音频均衡运行的前面板

8.4.5 基于虚拟仪器的电能质量监测系统

随着我国国民经济和工业技术的快速发展,各行业对电力系统供电质量的要求越来越高,一方面由于用电负荷日趋复杂化和多样化,特别是干扰性负荷,如各种电力整流设备、电弧炉、大容量调速电机、电气化铁道、无功补偿等电力电子装置和非线性设备的不断涌入,使电力系统的电能质量受到严重影响和威胁;另一方面,随着高新技术的迅猛发展,许多设备和装置都带有基于计算机的控制器和功率电子器件等,与传统设备不同,设备和装置对电能质量的变化非常敏感,电能质量的瞬间变化就可能造成巨大的经济损失。

另外,电力在市场运行机制下,电能质量作为商品的主要属性,将直接与价格及服务质量相联系。因此,不论是发电方、供电公司还是用户,都对电能质量给予了越来越多的关注。

为了保证电力系统的安全和用户用电的可靠性,需要对电能质量进行监测和分析,以提供整改方案,加强防范措施,限制强干扰源(如谐波源等),从而保证电力系统安全、可靠、经济地运行。

1. 电能质量指标及其测量方法

电能质量指标是电能质量各个方面的具体描述,不同的指标有不同的定义。我国最新制定的电能质量指标主要包括 5 项:电压偏差、频率偏差、谐波、电压波动和闪变、三相不平衡度。其中频率取决于供求关系的平衡,电压取决于电网的无功运行状况,而后三者则不仅与电力系统有关,而且受用户负荷特性的影响。

(1) 电压偏差

供电电压允许偏差是指电力系统电压缓慢变化时,实测电压与额定电压之差。通常指电压变化率小于每秒 1% 时的实测电压与额定电压之差,即

$$电压偏差 = \frac{实测电压 - 额定电压}{额定电压} \times 100\%$$

电压偏差一般是由线路的电压损耗造成的。电压偏差超标对用电设备、电网稳定及经济运行都有十分严重的影响。

(2) 频率偏差

电力系统频率是指单位时间内电信号周期性运动的次数,所谓频率偏差是指电力系统频率的实际值和标称值(工频)之差,即

$$频率偏差 = f - f_N$$

式中,f 为实际供电频率(Hz),f_N 为供电网额定频率(Hz)。

由于系统电压波形中可能含有谐波、噪声及系统大扰动时所含暂态高频噪声污染,所以电力系统频率的测量必须排除谐波和噪声污染,以及暂态高频噪声污染,这是频率测量的难点。

(3) 谐波

国际上公认的谐波含义为:"谐波是一个周期电气量的正弦波分量,其频率为基波频率的整数倍"。由于谐波的频率是基波频率的整数倍,所以也常称之为高次谐波。

波形畸变现象的产生主要是由于大容量电力设备和用电整流或换流设备,以及其他非线性负荷造成的。当正弦基波电压施加于非线性负荷时,负荷吸收的电流与施加的电压波形不同,畸变的电流回流到系统中,将在阻抗上产生电压降,因而产生畸变电压,而畸变电压将对所有负荷产生影响。一个正常的 50Hz 线路的电压在示波器上是一个很好的正弦波,当谐波出现时,波形会明显失真,即使谐波含量不高,不至于产生严重的危害,但也会使电力系统的功率因数下降。

对三相电压和三相电流实现无时延同步采样,采样数据通过 FFT 算法,求出各次谐波的电压、电流的幅值和相位,并计算各次谐波含有率和总谐波畸变率。

n 次谐波含有率为

$$\mathrm{HRU}_n = \frac{X_n}{X_1} \times 100\%$$

总谐波畸变率为

$$\mathrm{THD} = \sqrt{\sum_{n=2}^{\infty} \left(\frac{X_n}{X_1}\right)^2} \times 100\%$$

式中，X_1 和 X_n 分别表示基波和各次谐波电压或电流的幅值。

(4) 电压波动和闪变

电压波动是由于部分负荷在正常运行时出现冲激性功率变化，造成实际电压在短时间里较大幅度波动，并且连续偏离额定电压，所以也称为快速电压变动。

电压波动取单位时间（1min）内，各个周期测量的电压有效值（均方根值）的两个极值 $U_{\max}$ 和 $U_{\min}$ 之差 ΔU，与其标称电压 U_N 的百分数表示，即

$$d = \frac{U_{\max} - U_{\min}}{U_N} \times 100\%$$

电压波动常会引起许多电气设备不能正常工作。一般来说，因计算机和控制设备容量小且能加装成本较低的抗干扰设施，故不需要特别关注。

广义的闪变虽然包括电压波动，但它的概念主要是从人的主观视感角度来定义的，即闪变是人对照度波动的主观视感。

电力系统中瞬时耗电较大的负荷会引起电压的重复性波动（0.5～30Hz），影响灯光的强度，造成的这种现象通常被称为闪变。

电压闪变不仅与电压波动的大小有关，而且与波动的频率及人的视觉等有关。为此，由 ΔU_{10} 值来衡量电压闪变的强度。其大小为

$$\Delta U_{10} = \sqrt{\sum a_f^2 \Delta U_f^2}$$

式中，a_f 为电压调幅波中频率为 f 的正弦分量的视感加权系数；ΔU_f 为电压调幅波中频率为 f 的正弦分量 1min 均方根平均值，以额定电压的百分数表示。

(5) 三相不平衡度

在理想的三相交流电力系统中，三相相量大小相等、频率相同且按互差 $2\pi/3$ 时，称为三相平衡系统，否则称为三相不平衡，此时三相相量中有正序分量和负序分量，把负序分量有效值与正序分量有效值之比称为不平衡度。三相系统不对称的原因是：电力系统三相负载以及元件参数往往很难做到完全对称，另外，当三相系统发生一相（或两相）短路（或断线）故障时也会造成系统的不平衡。

三相系统的不平衡工况对电力系统的发、输、变、配、用等设备的运行都有危害，因此必须加以限制和改善。

在研究不对称的三相电力系统时，广泛使用对称分量法，即将任何一组不对称的三相相量（电压或电流）分解成相序各不相同的三相对称的三相相量。以三相电压为例，三相电压畸变不对称时，对于三相四线制电路，电压中除含有谐波分量外，还含有正序、负序、零序分量。对于三相三线制电路，只含有正、负序分量。三相电压的不平衡度通常以负序分量与正序分量均方根值的百分比来表示，即

$$\varepsilon = \frac{U_2}{U_1} \times 100\%$$

式中，U_1 为三相电压正序分量的均方根值，U_2 为三相电压负序分量的均方根值。

2. 硬件设计

电能质量在线监测所需的原始信号是供电系统一次侧电压和电流,其中额定电压输出一般为 100V,电流为 5A,这样的信号并不能直接进行 A/D 转换,而是需要一个信号调理器将其转换到数据采集卡合适的范围之内,然后才能送入计算机进行下一步的分析处理。因此,基于虚拟仪器的电能质量监测系统硬件部分主要应有传感器、信号调理电路、数据采集卡(A/D 采集卡)和计算机(PC)系统组成,其硬件结构框图如图 8.47 所示。

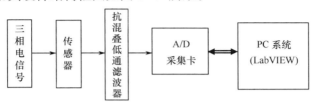

图 8.47 电能质量监测系统的硬件结构框图

监测系统的工作原理为:测试时,从电压互感器和电流互感器的次级引入输入信号,形成适宜于模数转换器处理的电压信号,经过抗混叠滤波器,滤去高频的干扰噪声,再经过采样/保持、A/D 转换,将采集数据送 PC 处理,最终由 PC 完成计算分析、显示、存储及打印等功能。

(1) 传感器

传感器使用 WBI1411S,WBV1411S 型电量隔离传感器。该类传感器采用特制隔离模块,对电网和电路中的交流电流、电压进行实时测量,将其变换为标准的跟踪电压输出。这类传感器把 3 只单相产品的电路组装在一起,具有高精度、高隔离、宽频响、低漂移、温度范围宽等特点。WBV1411S 的主要技术指标如表 8.2 所示。

表 8.2 WBV1411S 的主要技术指标

项目名称	技术指标	项目名称	技术指标
精度等级	0.2 级	输出标称值	5V
线性范围	0～120%标称输入	辅助电源	±12V～±15V
输入频响	25Hz～5kHz	静态功耗	60mW
响应时间	15μs	隔离耐压	>2.5kV DC,1 分钟
过载能力	2 倍标称输入值,可持续	温度漂移	10^{-4}/℃
负载能力	5mA	环境条件	0～50℃

WBV1411S 型电量隔离传感器外部结构,如图 8.48 所示。

图 8.48 WBV1411S 型电量隔离传感器外部结构

（2）抗混叠低通滤波器

抗混叠低通滤波器的作用是滤掉周期信号中 50 次谐波（2.5kHz）以上的高频成分，使输入的模数转换器的信号为有限带宽信号，并且以很小的衰减让各个有效频率信号通过，而抑制这个频带以外的频率信号，防止信号的频谱发生混叠及高频干扰。根据电能质量国家标准中对谐波测量仪器的要求，A 级仪器频率测量范围是 0～2500Hz。本系统的频率测量范围以 A 级为标准，即分析到 50 次谐波，所以抗混叠滤波器的高截止频率应为 2.5kHz，并且在频带宽度内特性曲线应尽可能平坦，当频率高于该截止频率时应尽可能快地衰减。工程上认为，若要保证 2.5kHz 频率以内的信号不受影响，就应让 $78f_1$（f_1 为被测信号的基频）频率以上的信号衰减到 30% 以下。从巴特沃斯低通滤波器频率特性曲线可知，四阶巴特沃斯低通滤波器就可满足上述要求。在此采用美国 MAXIM 公司的 MAX275 滤波芯片，组成四阶低通滤波器。其原理电路如图 8.49 所示。

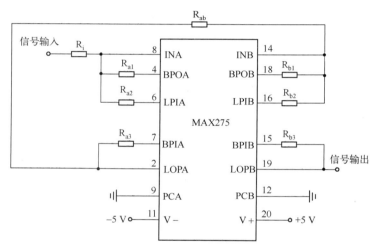

图 8.49　四阶低通滤波器的原理电路

MAX275 是包括两个独立的二阶连续时间有源滤波器的集成芯片，其中心频率范围是 100Hz～300kHz，中心频率精度可达 ±0.9%，谐波失真度不大于 −86dB。在整个温度范围内，信噪比最大为 83dB。根据抗混叠低通滤波器的设计要求，可取截止频率为 2.8kHz，品质因数 Q 为 2.5，作为选择芯片的外接电阻的计算参考。具体计算方法可参考 MAX275 手册。

（3）A/D 采集卡

考虑到电力参数检测的实时性要求，A/D 采集卡选用 A/D 转换器 ADS7864 进行设计。

ADS7864 是一种高速、低功耗、内部 2.5V 电压基准、6 个数据寄存器和 1 个高速并行接口、6 通道同时采样的双 12 位逐次逼近型 A/D 转换器。工作温度范围为 −40～85℃。两个 A/D 转换器对应 3 对输入端，可以同时采样、转换，因此可以保证两个模拟输入信号的相对相位信息。主要应用于电机控制、三相电检测与控制等领域，可同时满足系统的精度和实时性要求。ADS7864 内部结构如图 8.50 所示。

ADS7864 的输入端有 6 只宽频带（40MHz）采样/保持器。采样/保持器采用差分输入，其共模抑制比达 80dB。6 只采样/保持器分为 3 组，分别为（A0，A1）、（B0，B1）、（C0，C1），每组分别由采样/保持信号 $\overline{\text{HOLDA}}$、$\overline{\text{HOLDB}}$、$\overline{\text{HOLDC}}$ 控制。若 6 个采样/保持端连在一起，则可同步采样 6 个通道的模拟输入，即可将 6 个通道的相对相位信息保存下来。这一特性特别适合三相电网参数等需要相对相位信息的模拟信号采样。

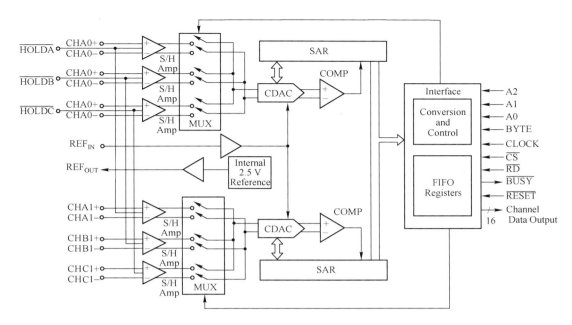

图 8.50 ADS7864 的内部结构

6 只采样/保持器的输出经两只多路模拟开关后,进入两只分辨率为 12 位的逐次逼近型 A/D 转换器。A/D 转换器的基准电压可由内部电路提供,转换精度为 ±1LSB。当外部时钟为 8MHz 时,A/D 转换时间为 $1.75\mu s$,相应的采样时间为 $0.25\mu s$,因此,对双通道信号采样的最高速率为 500kHz。

ADS7864 提供了一个功能丰富的数字并行接口电路,其内部 6 只 FIFO 寄存器用于保存 6 个通道的 A/D 转换结果。通过该接口电路,可以控制 ADS7864 的工作方式,检测 ADS7864 的工作状态,读出 ADS7864 的 A/D 转换结果等。

归纳起来,ADS7864 的主要特点为:
- 可实现 6 通道同步采样;
- 每通道采样时间仅为 $2\mu s$;
- 高共模抑制比的差分输入方式;
- 输出端有 6 只 FIFO 寄存器;
- 灵活的并行接口输出电路;
- 低功耗(5mW)。

电能质量监测系统中采用 ADS7864 模数转换器所设计的 A/D 卡原理框图如图 8.51 所示。

① 电平转换电路

图 8.51 中的电平转换电路主要实现对输入的电压、电流信号的电平偏移,以满足数模转换器 ADS7864 的输入要求。ADS7864 在 +5V 电源供电时,模拟输入电压极限范围为 −0.3 ~ +5.3V。采用电平转换电路的目的就是将前端传感器输出的双极性信号(±5V)变换为 ADS7864 要求的模拟输入电压范围。以单端输入为例,实现电平偏移的电平转换电路如图 8.52 所示。

电平转换的关系表达示为

$$V_{in} = \left(1 + \frac{R_4}{R_2}\right)\left(\frac{R_1}{R_1+R_3}V_{REF} + \frac{R_3}{R_1+R_3}V_i\right)$$

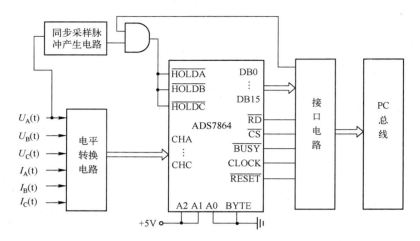

图 8.51　A/D 卡原理框图

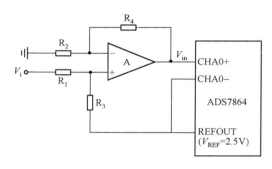

图 8.52　电平转换电路

例如,当 ADS7864 的 $V_{REF}=2.5V$,双极性输入信号 V_i 为 $\pm 5V$ 时,取 $R_1=20k\Omega$,$R_2=4k\Omega$,$R_3=10k\Omega$,$R_4=2k\Omega$,图 8.52 所示的电平转换电路可将 $\pm 5V$ 双极性输入信号变换为 $0\sim 5V$ 的输入。

② 同步采样脉冲产生电路

要获得精确的测量结果,就要选择合适的采样点数。根据国家对谐波测量仪器的要求,A 级仪器频率测量范围是 $0\sim 2500Hz$,及被测信号的最高频率约为 2500Hz。对于电能质量监测系统,采样频率 $f_s=N/T$,其中 N 为单周期的采样点数,T 为被测信号的周期,对于三相电信号,T 的标称值为 $1/50s$。根据采样定理,采样频率必须大于被测信号的最高频率的 2 倍,即 $N\geqslant 100$。又因为若单周期内采样点数为 N,则包含的谐波范围为 $0\sim(N/2-1)$。若要分析 50 次谐波就必须是 $(N/2-1)\geqslant 50$,即 $N\geqslant 102$。考虑到谐波分析要使用快速傅里叶变换,采样点数应为 2 的幂次方,即 $2^m\geqslant 102$。m 取 7,$N=128$,即每周波每路采样点数为 128 点。

实际电网的频率总是在 50Hz 左右变化,如果采用不变的采样间隔时间,势必造成频谱泄露,使测量产生误差。因此在对三相电网信号进行采集时,要准确地测量被测信号周期,以确定实际采样速率是三相电压信号或三相电流信号的一个基频周期的整数倍。同步采样脉冲产生电路的作用就是跟踪电网频率的变化,保证 A/D 转换速率是信号基频的 128 倍。

同步采样脉冲产生电路主要由锁相环构成,其原理框图如图 8.53 所示。

同步采样脉冲产生电路的工作原理为:被测信号经过零比较器 LM339 后,形成方波 f_i 作为锁相环 CD4046 的输入,用 CPLD(Complex Programmable Logic Device)器件实现 128 分频,增

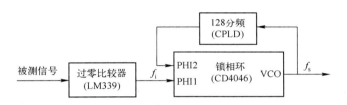

图 8.53 同步采样脉冲产生电路的原理框图

加到锁相环的压控振荡器(VCO)到相位比较器的反馈回路中,以实现对输入信号 f_i 的 128 倍频。当锁相环达到锁定状态时,其 VCO 的输出信号频率 f_s 就为 f_i 的 128 倍频。利用该信号作为 A/D 转换的采样控制信号,即可保证采样速率是基频周期的整数倍。

CD4046 是一种低频多功能单片数字集成锁相环集成电路,最高工作频率为 1MHz,电源电压为 5～15V。主要由 3 个基本单元构成:相位比较器(PD)、压控振荡器(VCO)和低通滤波器(LPF)。以 CD4046 为主所构成的同步采样脉冲产生电路的原理电路,如图 8.54 所示。

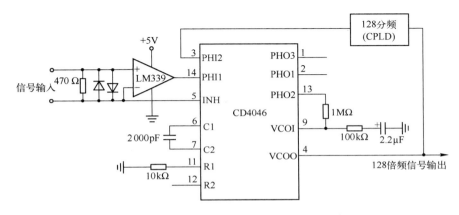

图 8.54 同步采样脉冲产生电路的原理电路

③ A/D 转换接口电路

为使三相电压和三相电流 6 路信号同时采样,将 ADS7864 的 3 个采样/保持端连接在一起,由同步采样脉冲产生电路输出的 128 倍基频信号进行控制。

表 8.3 DB14,DB13,DB12 输出值

数据通道	DB14	DB13	DB12
CHA0	0	0	0
CHA1	0	0	1
CHB0	0	1	0
CHB1	0	1	1
CHC0	1	0	0
CHC1	1	0	1

ADS7864 的 $\overline{\text{BUSY}}$ 信号为转换状态指示,当内部 A/D 开始转换时,该信号变低,约 13 个时钟周期后 A/D 转换结束,转换结果被锁存至输出寄存器,$\overline{\text{BUSY}}$ 信号恢复高电平,此时可读出刚转换完成的 A/D 转换结果,整个过程需 16 个时钟周期。

ADS7864 有 16 位数据输出线,其中 DB15 表明数据是否有效(有效为 1),DB14,DB13,DB12 用于表示通道号(见表 8.3),其余的 DB11～DB0 为该通道转换的数据值。当读取转换数据时,$\overline{\text{RD}}$,$\overline{\text{CS}}$ 控制信号应为低电平,BYTE 为低电平时每次读取 16 位数据。

ADS7864 与 PC 总线的接口逻辑由 CPLD 器件实现。其功能包括使能 A/D 转换、检查 A/D 转换状态、控制 A/D 转换结果的输出。A/D 转换控制逻辑时序如图 8.55 所示。

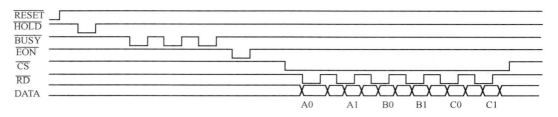

图 8.55　A/D 转换控制逻辑时序图

3. 软件设计

电能质量监测系统以 LabVIEW 作为开发环境。根据层次化及面向对象的编程思想,把整个系统分成以下几个模块:数据采集模块、频率测量模块、伏安测量模块、三相不平衡度测量模块、功率测量模块、谐波分析模块、数据存储模块等。通过各个模块的组合,实现电能质量监测与分析功能。软件结构如图 8.56 所示。

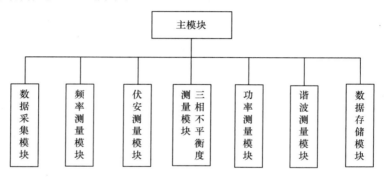

图 8.56　电能质量监测系统的软件结构

下面对电能质量监测系统的几个主要功能模块的 LabVIEW 实现方法进行介绍。

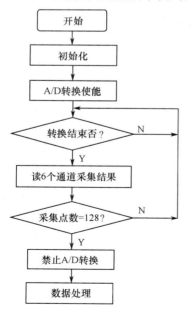

图 8.57　数据采集流程图

(1)数据采集模块

根据电能质量监测系统的 A/D 卡结构,三相电压和三相电流可同步控制采集,因此,完成一个周期信号的 128 点数据采集流程图如图 8.57 所示。

设 A/D 卡的接口地址分配为:A/D 使能端口地址为 280H,转换状态检查端口地址为 282H,读转换结果端口地址为 284H,利用 LabVIEW 的 IN Port.vi 和 OUT Port.vi 控制 A/D 卡完成一个周期信号采集的程序框图,如图 8.58 所示。

程序框图设计中,利用了顺序结构控制采集程序的执行顺序,利用了 while 循环控制一个信号周期的 128 点数据采集,利用了 for 循环读取 6 个通道的一次采样数值。

(2)频率测量模块

电能质量监测系统采用过零测频法测量电网的频率,考虑到相邻几个周期的频率值变化较小,采用连续采样 3 次,每次采样 128 个点,计算 3 次平均频率作为电网的频率。

频率测量程序框图如图 8.59 所示。

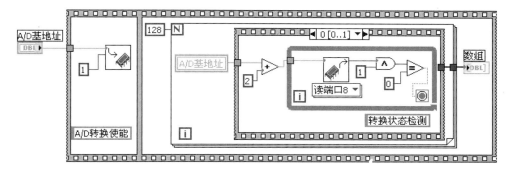

(a) A/D转换使能和转换状态检测程序框图

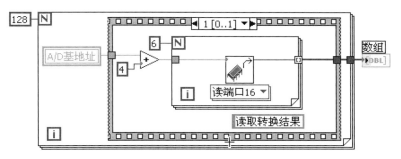

(b)读转换结果程序框图

图8.58 完成一个周期信号采集的程序框图

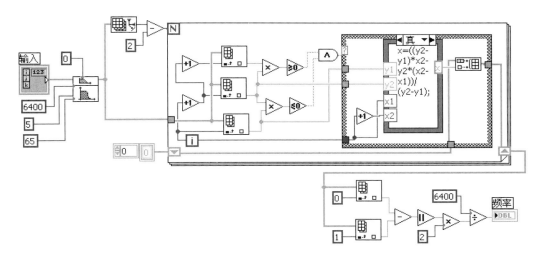

图8.59 频率测量程序框图

程序框图设计中,利用了LabVIEW的巴特沃斯滤波器实现低通滤波,滤除采集信号中的高频噪声。为了降低过零检测的误差,程序设计中运用了内插法求零点的位置,再利用 $f_i=f_s/N$ 计算电网的频率。其中 f_i 代表被测频率,f_s 代表采样频率,N 代表采样点数。

(3)有效值测量模块

有效值测量模块主要完成三相电压有效值和三相电流有效值的测量。对随时间变化的电压信号和电流信号,根据采样得到的离散化序列值,由以下公式,可计算出三相电压和三相电流的有效值。

$$U = \sqrt{\frac{1}{N}\sum_{k=0}^{N-1} u_k^2}$$

$$I = \sqrt{\frac{1}{N}\sum_{k=0}^{N-1} i_k^2}$$

式中，N 是信号一个周期内的采样点数，$k=0,1,\cdots,N-1$。

电压有效值测量程序框图如图 8.60 所示。

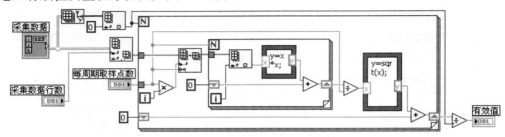

图 8.60　电压有效值测量程序框图

程序设计中，利用了 LabVIEW 的公式节点计算平方与开方。

(4)三相不平衡度测量模块

当三相电量中不含零序分量时(如三相线电压、无中线的三相线电流)，在已知三相电量 U_a，U_b，U_c 时，可用下式求解三相不平衡度

$$\varepsilon = \sqrt{\frac{1-\sqrt{3-6\beta}}{1+\sqrt{3+6\beta}}}$$

式中，$\beta = \dfrac{U_a^4 + U_b^4 + U_c^4}{(U_a^2 + U_b^2 + U_c^2)^2}$。

类似地，三相电流不平衡度也可以用其相应的公式计算，只需将其中的电压符号换为相对应的电流符号。

以电压为例，计算三相电压不平衡度的程序框图如图 8.61 所示。

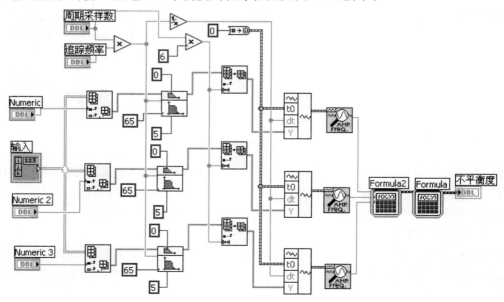

图 8.61　计算三相电压不平衡度的程序框图

程序设计中,利用了索引数组函数将采集的三相电压按列取出,利用巴特沃斯滤波器滤去采集信号中的高频噪声,利用"提取单频信息"函数(Extract Single Tone Information.vi)将三相数字信号中的基波电压提取出来,求它们的幅值和相角,然后再利用公式节点按求解三相不平衡度的公式计算三相电压的三相不平衡度。

(5)功率测量模块

功率测量模块需要计算的参数有:有功功率、功率因数、无功功率、视在功率。根据采样得到的三相电压有效值 U、三相电流有效值 I,根据下面的公式,可计算出一个周期内采样点数为 N 点的电网功率参数。

有功功率

$$P = \frac{1}{N}\sum_{k=0}^{N-1} u_k i_k$$

功率因数

$$\cos\varphi = \frac{P}{UI}$$

无功功率

$$Q = UI\sin\varphi$$

视在功率

$$S = UI$$

功率测量模块的程序框图如图 8.62 所示。

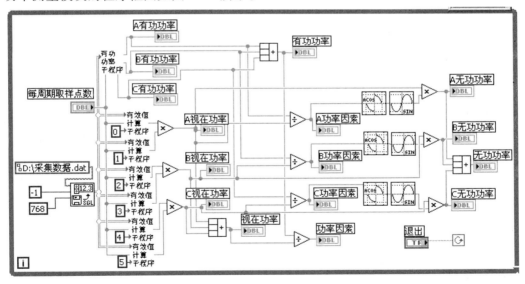

图 8.62 功率测量模块的程序框图

(6)谐波测量模块

谐波测量模块主要实现各次谐波频率、各次谐波幅值和总谐波畸变率(THD)3 个参数的测量。以单相电压谐波测量为例,谐波测量程序框图如图 8.63 所示。

程序设计中,利用了 Auto Power Spectrum.vi 计算采样序列的自功率谱,利用 Harmonic Analyzer.vi 测量谐波参数。

基于 LabVIEW 设计电能质量监测系统不仅界面友好,同时,检测结果显示直观,便于用户掌握电能质量的全面信息。图 8.64 为伏安测量及三相不平衡度测量的前面板。

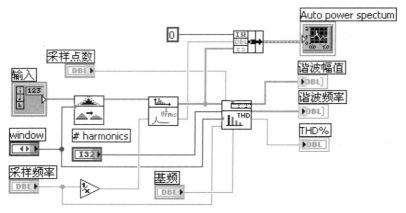

图 8.63 谐波测量程序框图

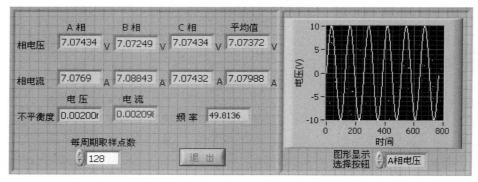

图 8.64 伏安测量及三相不平衡度测量的前面板

本 章 小 结

本章介绍了虚拟仪器的设计原则和设计步骤,以及软面板的设计方法。并通过数字电压表、数字示波器、基于声卡的数据采集、基于 NI myDAQ 的音频信号处理和电能质量监测这几个虚拟仪器系统,展示了基于 LabVIEW 的虚拟仪器系统的硬件配置和软件编制。希望这些例子能够给读者组建自己的虚拟仪器系统有所帮助。

思考题和习题 8

1. 简述虚拟仪器的设计原则。
2. 虚拟仪器设计大致要经历哪些阶段?
3. 虚拟仪器软面板设计的基本思想是什么?这种设计方法会带来哪些好处?
4. 虚拟仪器程序一般由哪些模块构成?
5. 利用 DAQ 卡的模拟输出通道,实现一个简单的信号产生器,要求能产生正弦波、三角波、方波、锯齿波,且可改变各波性的频率与振幅。
6. 基于声卡实现双声道模拟输入。
7. 基于声卡实现双声道模拟输出。
8. 使用 DAQ 卡的模拟输入通道构建一个低端的示波器。要求具备动态数据采集功能,能够实时显示采集到的波形,并给出一些基本的时域和频域测试值。

参 考 文 献

[1] 张毅,周绍磊,杨秀霞.虚拟仪器技术分析与应用.北京:机械工业出版社,2004.
[2] 陈长龄等.自动测试及接口技术.北京:机械工业出版社,2005.
[3] 赵会兵.虚拟仪器技术规范与系统集成.北京:清华大学出版社,2003.
[4] 雷霖.微机自动检测与系统设计.北京:电子工业出版社,2003.
[5] 刘笃喜等.基于LXI总线的网络化虚拟仪器技术研究.工业仪表与自动化装置,2006(6):13~17.
[6] 李华.开放和灵活的新一代仪器接口标准LXI.国外电子测量技术,2006,25(1):1~4.
[7] 张重雄.现代测试技术与系统(第2版).北京:电子工业出版社,2014.
[8] 刘建刚等.仪器设备SCPI命令集的使用方法探讨.计测技术,2001(5):35~37.
[9] 黄艳,肖铁军,黄建文.虚拟仪器技术中的VISA及其实现.江苏理工大学学报,2000,21(1):11~14.
[10] 李泽安,张颖超.应用IVI技术建立与硬件无关通用测试程序.电测与仪表,2003,40(1):51~53.
[11] 杨乐平,李海涛,杨磊.LabVIEW程序设计与应用.北京:电子工业出版社,2005.
[12] 程学庆等.LabVIEW图形化编程与实例应用.北京:中国铁道出版社,2005.
[13] 白云,高育鹏,胡小江.基于LabVIEW的数据采集与处理技术.成都:电子科技大学出版社,2009.
[14] National Instruments Corporation. High-Speed M Series Multifunction Data Acquisition,2014.
[15] National Instruments Corporation. NI myDAQ用户指南,2014.
[16] 王京春,姜立标,李建如.基于LabVIEW的车速信号采集与处理.东北林业大学学报,2004,32(4):102~104.
[17] 刘其和,李云明.LabVIEW虚拟仪器程序设计与应用.北京:化学工业出版社,2011.
[18] 杨秀敏,秦宏.虚拟仪器软面板的(界面)设计.微处理机,2001(4),24~26.
[19] 黎琼,陈文庆,温泉彻.通用数据采集系统的信号调理.湛江师范学院学报,2004,25(6):119~123.
[20] 陆绮荣.基于虚拟仪器技术个人实验室的构建.北京:电子工业出版社,2006.
[21] National Instruments Corporation. NI USB-6008/6009用户指南,2015.
[22] 魏晨阳,朱健强.基于LabVIEW和声卡的数据采集系统.微计算机信息,2005,21(1):191~192.
[23] 陈海燕,王书杰.电阻应变片直流电桥测量电路的研究.泰州职业技术学院学报,2005,5(4):23~24.
[24] 陈昭平.虚拟仪器技术在电能质量监测系统中的应用研究.西南交通大学学位论文,2006.

反侵权盗版声明

电子工业出版社依法对本作品享有专有出版权。任何未经权利人书面许可，复制、销售或通过信息网络传播本作品的行为；歪曲、篡改、剽窃本作品的行为，均违反《中华人民共和国著作权法》，其行为人应承担相应的民事责任和行政责任，构成犯罪的，将被依法追究刑事责任。

为了维护市场秩序，保护权利人的合法权益，我社将依法查处和打击侵权盗版的单位和个人。欢迎社会各界人士积极举报侵权盗版行为，本社将奖励举报有功人员，并保证举报人的信息不被泄露。

举报电话：（010）88254396；（010）88258888
传　　真：（010）88254397
E-mail：　　dbqq@phei.com.cn
通信地址：北京市万寿路 173 信箱
　　　　　电子工业出版社总编办公室
邮　　编：100036